月刊誌

数理科学

毎月20日発売
本体954円

予約購読のおすすめ

本誌の性格上、配本書店が限られます。**郵送料弊社負担**にて確実にお手元へ届くお得な予約購読をご利用下さい。

年間 **11000円**
（**本誌12冊**）

半年 **5500円**
（**本誌6冊**）

予約購読料は**税込み価格**です。

なお、**SGC** ライブラリのご注文については、予約購読者の方には、商品到着後のお支払いにて承ります。

お申し込みはとじ込みの振替用紙をご利用下さい！

サイエンス社

「数理科学」のバックナンバーは下記の書店・生協の自然科学書売場で特別販売しております

紀伊國屋書店本店(新　宿)
オリオン書房ノルテ店(立　川)
くまざわ書店八王子店
くまざわ書店桜ヶ丘店(多　摩)
書泉グランデ(神　田)
三省堂本店(神　田)
ジュンク堂池袋本店
MARUZEN & ジュンク堂渋谷店
八重洲ブックセンター(東京駅前)
丸善丸の内本店(東京駅前)
丸善日本橋店
MARUZEN 多摩センター店
ジュンク堂吉祥寺店
ブックファースト新宿店
ブックファースト中野店
ブックファースト青葉台店(横　浜)
有隣堂伊勢佐木町本店(横　浜)
有隣堂西口(横　浜)
有隣堂アトレ川崎店
有隣堂厚木店
ジュンク堂盛岡店
丸善津田沼店
ジュンク堂新潟店

ジュンク堂甲府岡島店
ジュンク堂大阪本店
紀伊國屋書店梅田店(大　阪)
MARUZEN & ジュンク堂梅田店
アバンティブックセンター(京　都)
ジュンク堂三宮店
ジュンク堂三宮駅前店
ジュンク堂大分店
喜久屋書店倉敷店
MARUZEN 広島店
紀伊國屋書店福岡本店
ジュンク堂福岡店
丸善博多店
ジュンク堂鹿児島店
紀伊國屋書店新潟店
紀伊國屋書店札幌店
MARUZEN & ジュンク堂札幌店
金港堂(仙　台)
金港堂パーク店(仙　台)
ジュンク堂秋田店
ジュンク堂郡山店
鹿島ブックセンター(いわき)

——大学生協・売店——
東京大学 本郷・駒場
東京工業大学 大岡山・長津田
東京理科大学 新宿
早稲田大学 理工学部
慶応義塾大学 矢上台
福井大学
筑波大学 大学会館書籍部
埼玉大学
名古屋工業大学・愛知教育大学
大阪大学・神戸大学 ランス
京都大学・九州工業大学
東北大学 理薬・工学
室蘭工業大学
徳島大学 常三島
愛媛大学 城北
山形大学 小白川
島根大学
北海道大学 クラーク店
熊本大学
名古屋大学
広島大学 (北 1 店)
九州大学 (理系)

SGCライブラリ-176

確率論と関数論

伊藤解析からの視点

厚地 淳 著

サイエンス社

── SGC ライブラリ（The Library for Senior & Graduate Courses）──

近年，特に大学理工系の大学院の充実はめざましいものがあります．しかしながら学部上級課程並びに大学院課程の学術的テキスト・参考書はきわめて少ないのが現状であります．本ライブラリはこれらの状況を踏まえ，広く研究者をも対象とし，**数理科学諸分野および諸分野の相互に関連する領域**から，現代的テーマやトピックスを順次とりあげ，時代の要請に応える魅力的なライブラリを構築してゆこうとするものです．装丁の色調は，

  数学・応用数理・統計系（黄緑），物理学系（黄色），情報科学系（桃色），

  脳科学・生命科学系（橙色），数理工学系（紫），経済学等社会科学系（水色）

と大別し，漸次各分野の今日的主要テーマの網羅・集成をはかってまいります．

まえがき

　本書は確率微積分を用いて関数論のいくつかの話題について見てみようというものである．ここで言う確率微積分とは，伊藤解析と呼ばれるものである．通常の微積分においては，微分・積分の定義をしただけでは関数を調べることはできない．関数を調べるために微分・積分を利用した関数の展開を考える．確率微積分においてはこのような展開に対応するものとして思い浮かぶのは，伊藤の公式であろう．これは，B_t を $\mathbb{R}^m$ 上のブラウン運動，f を C^2 級関数とすると，

$$f(B_t) = f(B_0) + \int_0^t \nabla f(B_s) \cdot dB_s + \frac{1}{2} \int_0^t \Delta f(X_s) ds$$

というものである．ここで，右辺第 2 項の積分はブラウン運動による確率積分 (伊藤積分)，Δ はラプラシアンを表す．1 次元のときは田中の公式として知られている次も成り立つ．

$$|B_t| = |B_0| + \int_0^t \mathrm{sgn}(B_s) dB_s + L_t.$$

L_t は局所時間と言われ，B_t が 0 にいるときだけ増加するような確率過程である．この公式から発展させて局所的に凸関数の差で書けるような関数に対しても伊藤の公式の類似が得られる．さらに，適当なソボレフ空間に属する連続な関数 u に対しては，

$$u(B_t) = u(B_0) + M_t + N_t$$

という分解もできる．M_t は局所マルチンゲール，N_t はエネルギー零の加法的汎関数と呼ばれる確率過程である．これは福島分解と呼ばれている．これらの公式は，静的なものではなく，ブラウン運動という確率過程で展開するので，関数の様子をよりダイナミックに見ることができるだろう．

　いろいろな多様体とその上の特徴的な関数族を訪ね歩きたいのだが，このように調べたい関数にその土地固有の確率過程を放り込んで展開すれば，何かしら見えてくると思われるのではないだろうか．このような確率微積分の道具を利用して関数論の何が見えるか，雑駁かつ限られた話題ではあるが，読者を僅かなりともご案内できればと思う．

　具体的な内容については以下のようになる．第 1 章では確率微積分の概観を行う．ここでは上述したブラウン運動，確率積分，伊藤の公式，田中の公式のほかにマルチンゲールが重要なキーワードとなる．第 2 章では調和関数とブラウン運動の関係について見る．ここでさらに，マルチンゲールという概念がブラウン運動と調和性を結び付けるものであることがわかる．応用として，調和関数の境界挙動などを大まかではあるが眺めることにする．第 3 章からは多様体上のブラウン運動を考える．確率論的方法ではブラウン運動に限らず拡散過程と言われる連続な経路を持つマルコフ過程が重要な役割を果たす．その有力な構成法として知られているディリクレ形式の理論を駆け足で

概観する．ここで上述の福島分解についても紹介する．また，調和関数や劣調和関数のあるクラスの存在・非存在と密接な関係があるブラウン運動の大域的挙動について見る．第4章からは，より関数論的な問題について見よう．第3章までは実の確率過程を扱うが，ここからは複素のものも扱う．複素構造に対応した確率過程として正則拡散過程についても紹介する．第5章と第6章は筆者が関心を持っている調和写像と正則写像の値分布に関連した事柄について述べている．第5章では多様体上のマルチンゲールの概念を導入し，それを利用した調和写像の比較的簡単に証明できるリューヴィル型定理について述べている．第6章では有理形関数の値分布論で主要な役割を果たしているネヴァンリンナ理論について，ブラウン運動との関係について述べる．

　本書の読者としては，主に学部4年から修士程度の学生を対象に書いている．学生の読者に対して仮定する知識としては，数学を専門とする学部3年生辺りまでの解析学，積分論，確率論，関数論，微分幾何学のそれぞれの初歩である．本書は上で述べたような案内書であるから詳細な記述はしていない．比較的容易な議論で進められることについては証明を与えているが，込み入った議論などは参考文献に委ねている．本書で扱っている分野で参考にもしている基本的文献は以下のようなものである．

　　　　確率微積分の基礎：[47]，確率論と解析学の関係：[3]，確率解析・確率微分方程式：[22]，

　　　　ディリクレ形式：[13], [14]，確率微分幾何学入門：[21]，劣調和関数：[18], [19]，

　　　　幾何学的関数論の基礎：[41], [39]，ネヴァンリンナ理論入門：[30].

　[30] の元になっているセミナリーノートは筆者が確率論とネヴァンリンナ理論を結び付けて考える契機を与えてくれた本であり，筆者にとっては思い出深いものである．これが英語版として復活したのは大変喜ばしいことである．また，[18], [19] は劣調和関数の枠組みでネヴァンリンナ理論の一般化を考えているようでもあり，本書と通底するところがあるようにも思われる．

　本書の執筆と出版に関しては「数理科学」編集部の大溝良平氏と平勢耕介氏に大変お世話になった．ここに御礼申し上げる．

2022 年 2 月

厚地 淳

記号

$\mathbb{R}^m$：m 次元ユークリッド空間．$\mathbb{C}^n$：n 次元複素ユークリッド空間．

∂D：領域 D の境界．

$\mathcal{B}(S)$：位相空間 S 上のボレル可測集合の全体．

$\mathcal{B}_b(\mathcal{M})$：$\mathcal{M}$ 上の有界ボレル可測関数の全体．

$\mathcal{B}_+(\mathcal{M})$：$\mathcal{M}$ 上の非負値ボレル可測関数の全体．

$C(\mathcal{M})$：$\mathcal{M}$ 上の連続関数の全体．

$C_0(\mathcal{M})$：$\mathcal{M}$ 上のコンパクトな台を持つ連続関数の全体．

$C_b(\mathcal{M})$：$\mathcal{M}$ 上の有界連続関数の全体．

$C^k(\mathcal{M})$：$\mathcal{M}$ 上の k 回連続微分可能関数の全体 $(1 \leq k \leq \infty)$．

$C_0^k(\mathcal{M})$：$\mathcal{M}$ 上のコンパクトな台を持つ k 回連続微分可能関数の全体 $(1 \leq k \leq \infty)$．

$B_x(r)$：中心 x 半径 r の測地球．

$dv(x)$：ユークリッド空間 $\mathbb{R}^m$ 上のとき m 次元ルベーグ測度，リーマン多様体上のときリーマン計量より定まる体積測度．

$\mathrm{vol}(A) = \int_A dv \ (A \in \mathcal{B}(\mathcal{M}))$．

$||\cdot||$：ユークリッド空間の標準ノルム．

$x = (x_1, \ldots, x_n) \in \mathbb{R}^m$ のとき，$||x||^2 = |x_1|^2 + \cdots + |x_m|^2$．

$z = (z_1, \ldots, z_n) \in \mathbb{C}^n$ のとき，$||z||^2 = |z_1|^2 + \cdots + |z_n|^2$．

$a, b \in \mathbb{R}$ に対して，$a \wedge b := \min\{a, b\}$，$a \vee b := \max\{a, b\}$．

$X^+ = X \vee 0$．$\log^+ x = (\log x) \vee 0$，$\log^- x = (-\log x) \vee 0$．

$A(x) \asymp B(x)$：正定数 c_1, c_2 が存在して $c_A(x) \leq B(x) \leq c_2 A(x)$ が成り立つ．

Δ：特に断りがなければ，考えているリーマン多様体上のリーマン計量より定まるラプラス–ベルトラミ作用素 (ラプラシアン) である．定義域の多様体を強調して $\Delta_\mathcal{M}$ と書くこともある．複素多様体上で考える場合，標準接続より定まる複素ラプラシアンを考えるときがあるが，これは $\Delta_\mathbb{C}$ と記している．

$d = \partial + \overline{\partial}$，$d^c = i(\overline{\partial} - \partial)$，$dd^c = 2i\partial\overline{\partial} \ (i = \sqrt{-1})$．文献によっては定数倍だけ異なるものも多いので，注意されたい．関数 u の複素ヘッシアンを $dd^c u$ によって定義する際，ラプラシアンとの関係でこのようにするのが本書の扱う問題では好都合と思われる．

$\mathcal{F}_t$：フィルトレーション．$\mathcal{F}_\infty := \sigma(\bigcup_{t>0} \mathcal{F}_t)$．

1_A：集合 A の定義関数．$1_A(x) = 1 \ (x \in A)$，$1_A(x) = 0 \ (x \notin A)$．

目　次

第 1 章
確率微積分からの準備

　本章では，本書で用いる確率微積分の基礎事項について概観する．本書では専ら連続な標本路を持つ確率過程を考えるので，まず基本的な記号等とあわせてこの基本事項について見る．次に，最も基本的かつ本書の主役でもあるブラウン運動について見る．ブラウン運動は，マルコフ過程と言う性質とマルチンゲールと言う性質を併せ持つ．確率微積分ではこの 2 者が重要な役割を果たす．本章ではこの概念をブラウン運動を通して眺めつつ，確率微積分の基本的手法を概観する．

1.1　連続な経路を持つ確率過程

1.1.1　確率過程と記号
　確率過程とは，時間をパラメータとする確率変数の族である．今，確率空間 $(\Omega, \mathcal{F}, P)$ があって，この上の確率変数の族 $\{X_t\}_{t \geq 0}$ を考える．すなわち，$\omega \in \Omega$ と $t \in [0, \infty)$ に対して，$X_t(\omega)$ が定まっている．これが取りうる値としては，実数であったり，$\mathbb{R}^m$ であったり，リーマン多様体上の点であったりいろいろな場合が考えうる．まずは実数に値を取るものとして考えよう．パラメータ t は時間と見る．このパラメータの集合 (時刻集合とも言う) は，$[0, \infty)$ に限らず，$\{0, 1, 2, \dots\}$，$(-\infty, \infty)$ などいろいろ考えうる．本書では，主に $[0, \infty)$ の場合を考える．

　$\omega \in \Omega$ を一つ固定すると，$t \mapsto X_t(\omega) \in \mathbb{R}$ と言う写像が得られるが，本書ではこれが連続関数になるときを主に考える．すべての $\omega \in \Omega$ または，確率測度 P に関してほとんどすべての ω に対して，$t \mapsto X_t(\omega)$ が連続となるとき，連続な確率過程と言うことにする．確率過程は ω と t の 2 変数関数だが，確率論では，ほとんどすべての ω に対して $t \mapsto X_t(\omega)$ がどのようなふるまいをするか，と言うことに興味があるので，$X_t(\omega)$ の ω は省略し，X_t と書く．また，確率過程の表示としては，$\{X_t\}_{t \geq 0}$ と書くのが正確にも思われるが，しば

しば，X_t と書く．しかし，これも時刻 t の値 X_t もそのように書くので少々紛らわしいこともある．そこで，t も省略して単に X と書くこともある．確率論の現状としてはこれらの表記は混在して用いられており，本書でも確率過程を意味する場合，X_t と書いたり X と書いたりする．これは慣習的に広く用いられており，本書でも特に統一はしないでおくので，混乱のないようにお願いしたい．

1.1.2 可測性と分布

引き続き，確率空間 $(\Omega, \mathcal{F}, P)$ 上で定義されている確率過程 X を考えよう．今，すべての $\omega \in \Omega$ の対して，$t \mapsto X_t(\omega)$ を連続としよう．$W := C([0, \infty) \to \mathbb{R})$ を $[0, \infty)$ 上の実数値連続関数の全体とする．$\omega \in \Omega$ を一つ取れば，$X.(\omega) \in W$ が与えられる．この W に値を取る写像も X と書くことにしよう．すなわち，$\omega \mapsto X(\omega) \in W$.

W の部分集合で，$C := \{w \in W : w_{t_1} \in A_1, \ldots, w_{t_n} \in A_n \ (0 \le t_1 < t_2 < \cdots < t_n, \ A_1, \ldots, A_n \in \mathcal{B}(\mathbb{R})\}$ の形の集合を筒集合と言う．W の筒集合全体で生成される σ-加法族を $\mathcal{C}$ と書くことにしよう．

定義 1.1. 連続な確率過程 X が可測とは，$X : \Omega \to W$ が，

$$X^{-1}(C) \in \mathcal{F} \quad (\forall C \in \mathcal{C})$$

を満たすことを言う．

問 1. W には広義一様収束の位相が入っているとする．$\mathcal{C} = \mathcal{B}(W)$ を示せ．すなわち，確率過程 X が可測とは，写像 $X : \Omega \to W$ がボレル可測と言うことに他ならない．

X が可測ならば，P の X による像測度 μ を考えることができる．すなわち，$\mu(A) = P(X^{-1}(A)) \ (A \in \mathcal{C})$ が定義される．これを X の W 上の分布と言う．連続な確率過程を扱う場合，確率空間としては，もともと与えられた $(\Omega, \mathcal{F}, P)$ で考えるよりも $(W, \mathcal{C}, \mu)$ で考える方が好都合なことが多い．確率過程としては，$Y_t(w) = w_t \ (w \in W)$ とする．明らかに，X と Y の W 上の分布は等しい．この Y のことを X の標準過程と呼ぶことがある．これについては，次節のブラウン運動の項でまた考える．

最後に連続確率過程の相等について注意しておく．確率過程 X, Y が**区別できない**とは $P(X_t = Y_t \ (\forall t \ge 0)) = 1$ が成り立つことである．X, Y が連続な確率過程のときは，これより弱い条件：$P(X_t = Y_t) = 1 \ (\forall t \ge 0)$ が成り立つならば，これが言えることは容易にわかる．以下の議論においては，この事実を特に注意せずに用いるので注意されたい．

1.2 ブラウン運動

1.2.1 ブラウン運動の定義

ここでは，本書で最も基本的な確率過程ブラウン運動を導入する．

定義 1.2 (標準ブラウン運動). B_t を確率空間 $(\Omega, \mathcal{F}, P)$ 上の $\mathbb{R}$ に値を取る確率過程とし，次の条件 i)-iii) を満たすとする．

i) $P(B_0 = 0) = 1$.

ii) 任意のボレル集合 A に対し，

$$P(B_{t+s} - B_s \in A | \sigma(B_u : u \le s)) = \int_A \frac{1}{\sqrt{2\pi t}} e^{-\frac{x^2}{2t}} \, dx.$$

iii) $P(任意の\ t \ge 0\ に対し, t \mapsto B_t\ は連続\ ) = 1$.

このとき，確率過程 B_t を**標準ブラウン運動**と言う．

上の定義で，条件 ii) は $B_{t+s} - B_s$ が $\sigma(B_u : u \le s)$ と独立であることと，$B_{t+s} - B_s$ の分布が平均 0, 分散 t の正規分布 (ガウス分布) に従うことの二つの性質を意味している．前半の独立性に関する性質は，時間の任意の分点 $0 = t_0 < t_1 < \cdots < t_n$ に対して，$B_{t_n} - B_{t_{n-1}}, \ldots, B_{t_1} - B_{t_0}$ が独立確率変数列であることを意味する．このような性質を持つ確率過程を独立増分過程または加法過程と呼ぶ．さらに ii) の性質から B_t はガウス過程であることもわかる．

iii) の条件から可測写像 $B : \omega \in \Omega \to \{B_t(\omega) : t \ge 0\} \in C([0, \infty))$ が得られる．$W = \{\omega \in C([0, \infty)) |\ \omega(0) = 0\}$ と置くと，この写像による像測度は W のボレル集合族 $\mathcal{B}(W)$ 上の確率測度となる．

定義 1.3 (ウィーナー測度). $\omega \in W$ に対し，$B_t(\omega) = \omega(t)$ と置く．W のボレル集合上の確率測度 μ の下で B_t がブラウン運動となるとき，μ を 1 次元ウィーナー測度と言う．

物理現象としてのブラウン運動の発見者としては，イギリスの植物学者 R. ブラウンの名が知られており，ブラウン運動の名はこれにちなむ．さらに，ブラウン運動の物理的理論の創始者としては，A. アインシュタイン (1905) の名が第一に上がるだろうが，それに先立つこと 1900 年にはポアンカレの弟子，L. バシェリエが市場の経済現象のモデルにブラウン運動を用いたとされる．いずれも数学的には不十分な形であったが，N. ウィーナーが，$C([0, \infty))$ 上の測度を構成する形で，初めて数学的に明確な形にした．これよりウィーナー測度の名がある．また，研究者によってはブラウン運動ではなく，ウィーナー過程と呼ぶべきだと主張する人もいる．ちなみに，ウィーナーはブラウン運動の構成法として，ランダムなフーリエ級数を用いる方法を与えている (ペーリー–ウィーナーの構成法). このほかにも P. レヴィによる構成法が知られている．

また，コルモゴロフの連続性定理によれば，i),ii) の条件を満たす確率過程があれば，ブラウン運動の存在を示すことができる．

いずれにせよ，我々はこの標準ブラウン運動の存在を仮定して話を進めることにする．上で見たように，よくわからない与えられた確率空間 $(\Omega, \mathcal{F}, P)$ から議論を始めてもウィーナー測度から始めても同じである．数学的対象としてはっきりしている空間から始めたほうがよりやりやすいようにも思われる．我々はしばしば基礎となる確率空間を後者のように取る．後者で考える場合，パス空間上で考えると言うときがある．また，いくつかの連続な確率過程を考えるときはパス空間を確率空間の基礎となる空間 Ω と取ることによって，話をこの共通の空間に限定することができる．

標準ブラウン運動の周辺分布が空間的対称性を持つのは明らかであろうが，次のような時空変換に対する不変性を持つことがわかる．

命題 1.4. B を標準ブラウン運動とする．次のように確率過程 X, Y, Z を定義する．

   i) $X_t := -B_t$.

   ii) $a > 0$ とする．$Y_t := \frac{1}{a} B_{a^2 t}$.

   iii) $Z_t := t B_{1/t}$ $(t > 0)$, $Z_0 = 0$.

このとき，X, Y, Z いずれも標準ブラウン運動である．

標準ブラウン運動は 0 を出発点とする確率過程である．これから少し拡張して，$x \in \mathbb{R}$ から出発するブラウン運動を

$$B_t = B_t^0 + x, \ \text{ただし } B_t^0 \text{ は標準ブラウン運動}$$

と定義する．B_t の法則を P_x と書くと，前と同様に $W_x = \{\omega \in C([0, \infty)) | \ \omega(0) = x\}$ 上の測度が得られ，これもウィーナー測度と呼ばれる．記号としてはこの $C([0, \infty))$ 上の測度も P_x と書くことにしよう．

多次元のブラウン運動は次のように定義する．

定義 1.5. $B_t = (B_t^1, \ldots, B_t^d) \in \mathbb{R}^d$, $B_0 = (x_1, \ldots, x_d)$ は $\mathbb{R}^d$ 上の連続な確率過程とする．各 $k = 1, \ldots, d$ に対し B_t^k は x_k から出発するブラウン運動で，$\{B_t^1\}, \ldots, \{B_t^d\}$ は独立な確率過程であるとき，B_t は x から出発する d 次元ブラウン運動であると言う．

ブラウン運動は，マルコフ性とマルチンゲール性と言う基本的性質を備えている．まず，本書でも重要な役割を果たすマルコフ性についてみてみよう．

1.2.2 ブラウン運動のマルコフ性

本節ではブラウン運動をパス空間 $\Omega = C([0, \infty) \to \mathbb{R}^d), \mathcal{F} = \mathcal{B}(\Omega)$ 上で考える．また，P_x を $x \in \mathbb{R}^d$ から出発するブラウン運動 $B_t(\omega) = \omega(t)$ の法則

とする. Ω 上の作用素 $\theta_s : \Omega \to \Omega$ $(s \geq 0)$ を次のように定義する.

$$(\theta_s \omega)(t) = \omega(t + s) \ (s, t \geq 0).$$

これは Ω 上の汎関数に対しても拡張され, 例えば, $B_t \circ \theta_s = B_t(\theta_s \omega) = B_{t+s}(\omega)$ となる. さらにまた $f \in \mathcal{B}_b(\mathbb{R}^d)$ に対し, $U_t := f(B_t) - f(B_0)$ と置くと, $U_t \circ \theta_s = f(B_{t+s}) - f(B_s)$ となる. これを書き直すと,

$$U_t \circ \theta_s = U_{t+s} - U_s \tag{1.1}$$

を満たす. このように, 一般に関係式 (1.1) を満たす U_t を B_t の**加法的汎関数**と言う. $f \in \mathcal{B}_b(\mathbb{R}^d)$ に対し, $A_t = \int_0^t f(B_u) du$ と置くと, A_t は B_t の加法的汎関数となる. 確かめてみよ.

$\mathcal{F}_t = \sigma(B_s; s \leq t)$ と置く.

定理 1.6 (ブラウン運動のマルコフ性). Y を有界 $\mathcal{F}$-可測確率変数とする. 任意の $x \in \mathbb{R}^d, t \geq 0$ に対し,

$$E_x[Y \circ \theta_t | \mathcal{F}_{t+}] = E_{B_t}[Y], \quad P_x\text{-a.s.}$$

ここで, $\mathcal{F}_{t+} := \bigcap_{\epsilon > 0} \mathcal{F}_{t+\epsilon}$.

上より直ちに, $E_x[Y \circ \theta_t] = E[E_{B_t}[Y]]$.

注意 1.7. 一般に, $\mathcal{F}_t \subset \mathcal{F}_{t+}$ であり, 前者は後者の真の部分集合である. ところが, この差は零集合であることがわかる. すなわち, 任意の $A \in \mathcal{F}_{t+}$ に対して, $A_1 \in \mathcal{F}_t$ があって, $P_x(A \ominus A_1) = 0$ が成り立っている. よって後述する設定では, $\mathcal{F}_t = \mathcal{F}_{t+}$ (右連続) を仮定する.

$t > 0, A \in \mathcal{B}(\mathbb{R}^d)$ に対して, $Y = 1_A(B_t)$ のとき, 定理 1.6 が成り立つことを見てみよう. $Y \circ \theta_t = 1_A(B_{t+s})$ だから, ブラウン運動の独立増分性に注意すると,

$$E_x[Y \circ \theta_s | \mathcal{F}_s] = E_x[1_A(B_{t+s} - B_s + B_s) | \mathcal{F}_s]$$
$$= E_x[1_A(\tilde{B}_t + B_s) | \mathcal{F}_s]$$
$$= E_{B_s}[1_A(\tilde{B}_t)] = E_{B_s}[1_A(B_t)], \quad \text{a.s.}$$

となる. ここで, $\tilde{B}_t$ は $\{B_t\}$ と独立なブラウン運動である.

Y として, 前に現れた加法的汎関数 A, U にマルコフ性を適用すると,

$$E_x[f(B_{t+s}) | \mathcal{F}_s] = E_{B_s}[f(B_t)] + f(B_s), \quad \text{a.s.,}$$
$$E_x\left[\int_0^{t+s} f(B_u) du | \mathcal{F}_s\right] = E_{B_s}\left[\int_0^t f(B_u) du\right] + \int_0^s f(B_u) du, \quad \text{a.s.}$$

が得られる. 推移作用素 P_t を $P_t f(x) := E_x[f(B_t)]$ によって定義すると, こ

のマルコフ性より，P_t の半群性: $P_{t+s} = P_t P_s$ が従う．なお，ブラウン運動の定義より，

$$P_t f(x) = \int_{\mathbb{R}^d} \frac{1}{(2\pi t)^{d/2}} e^{-\frac{||x-y||^2}{2t}} f(y) dy$$

である．$p(t, x, y) := \frac{1}{(2\pi t)^{d/2}} e^{-\frac{||x-y||^2}{2t}}$ をブラウン運動の**推移密度関数**と言う．これは熱方程式の基本解とも呼ばれる．よく知られているように，熱方程式

$$\begin{cases} \frac{\partial u}{\partial t}(t, x) & = \frac{1}{2}\Delta u(t, x) \quad (t > 0, x \in \mathbb{R}^d) \\ u(0, x) & = f(x) \ (f \in C_b(\mathbb{R}^d)) \end{cases}$$

の解 $u(t, x)$ は，

$$u(t, x) = P_t f(x) = \int_{\mathbb{R}^d} p(t, x, y) f(y) dy$$

と表示される．$f \in C_b(\mathbb{R}^d)$ に対して，この解が一意であることは，

$$P_t 1(x) = \int_{\mathbb{R}^d} p(t, x, y) dy = 1 \ (\forall t > 0, \ \forall x \in \mathbb{R}^d)$$

からわかる．この性質は後ほどもう少し詳しく見るが，ブラウン運動の保存性と呼ばれる性質である．

1.2.3　重複対数の法則

1 次元ブラウン運動の大域的挙動のうちで特徴的なものとして重複対数の法則がある．後述するようにこれは関数論とも深いかかわりを持っている．

定理 1.8 (重複対数の法則 (Law of iterated logarithm)). B を 1 次元ブラウン運動とする．

$$\limsup_{t \to \infty} \frac{B_t}{\sqrt{2t \log\log t}} = 1, \qquad \liminf_{t \to \infty} \frac{B_t}{\sqrt{2t \log\log t}} = -1 \ \text{ a.s.}$$

が成り立つ．

命題 1.4 の iii) の変換より，上の $t \to \infty$ の挙動から，$t \to 0$ のときも同様な重複対数の法則が成り立つことがわかる．

$$\limsup_{t \to 0} \frac{B_t}{\sqrt{2t \log\log 1/t}} = 1, \qquad \liminf_{t \to 0} \frac{B_t}{\sqrt{2t \log\log 1/t}} = -1 \ \text{ a.s.}$$

1.3　マルチンゲール

マルチンゲールと言う概念は，ランダムウォークやブラウン運動の持つ「公平な賭け」という側面を抽象化したものであるが，確率解析の基盤をなし，また我々の関数論への応用という場面でも重要な役割を果たす．また，原初的な確率論からの抽象化のほかにも調和関数の確率論的対応物という側面も持つ．

ここでは一般的な設定を行う．一般的な確率空間 $(\Omega, \mathcal{F}, P)$ を考える．この節で現れる確率変数は特に断らなければ常にこの上の確率変数である．

1.3.1　フィルトレーション

定義 1.9. $\mathcal{F}$ の部分 σ-加法族の列 $\{\mathcal{F}_t\}_{t\geq 0}$ が

$$\mathcal{F}_s \subset \mathcal{F}_t \quad (0 \leq s \leq t)$$

を満たすとき，**フィルトレーション**と言う．フィルトレーションが与えられた確率空間 $(\Omega, \mathcal{F}, \mathcal{F}_t, P)$ を**フィルトレーション付き確率空間** (filtered probability space) と呼ぶ．

本書ではフィルトレーションを考えるときは，完備性（$\mathcal{F}_0$ は P-零集合をすべて含む）と右連続性（$\bigcap_{\epsilon > 0} \mathcal{F}_{t+\epsilon} = \mathcal{F}_t$ $(\forall t \geq 0)$）を満たすと仮定する．

定義 1.10. 確率過程 X_t が $\mathcal{F}_t$-**適合**とは，任意の $t \geq 0$ に対し，X_t が $\mathcal{F}_t$-可測であることである．

ブラウン運動の項のように $\mathcal{F}_t = \sigma(X_s; s \leq t)$ ならば，X_t は $\mathcal{F}_t$-適合である．このようなフィルトレーションを X_t の**自然なフィルトレーション**と呼ぶ．X_t が連続な確率過程であるとき，$\sigma(X_s; s \leq t) \subset \mathcal{F}_t$ であり上の仮定を満たす最小のフィルトレーションが存在する．本書ではこれを自然なフィルトレーションと呼ぶことにする．

1.3.2　止め時

定義 1.11. T を $[0, \infty]$ に値を取る確率変数とする．T が $\mathcal{F}_t$-**止め時** (停止時刻) とは，任意の $t \geq 0$ に対し，$\{T \leq t\} \in \mathcal{F}_t$ となることである．

フィルトレーションが一つ固定されているような場合は，単に止め時と言う．止め時は，stopping time の訳語であり，しばしば，停止時刻とも呼ばれるが，本書では [23] の語に従っている．

例 1 (到達時間)．X_t を $\mathbb{R}^d$ に値を取る連続な確率過程，$\mathcal{F}_t$ を X_t の自然なフィルトレーションとする．$B \in \mathcal{B}(\mathbb{R}^d)$ に対し，$\sigma_B := \inf\{t > 0 : X_t \in B\}$ (ただし，下限を取る集合が空集合のときは，∞ とする) と置くと，σ_B は $\mathcal{F}_t$-止め時となる．これを特に，X_t の B への**到達時間**と呼ぶ．

問 2. 上の例で，B が開集合または閉集合のとき，σ_B が止め時になることを示せ．一般の場合は [35],[7] 等を見よ．

1.3.3 連続マルチンゲールの定義

定義 1.12. M_t を連続な確率過程とする. 次の 3 条件を満たすとき, M_t は (連続) $\mathcal{F}_t$-マルチンゲールであると言う.

i) $E[M_t] < \infty \ (\forall t \geq 0)$.

ii) $\{M_t\}$ は $\mathcal{F}_t$-適合.

iii) 任意の $0 \leq s \leq t$ に対し,

$$E[M_t | \mathcal{F}_s] = M_s.$$

上の定義の iii) の条件を

$$E[M_t | \mathcal{F}_s] \geq M_s$$

に置き換えて成り立つ場合, M_t を**劣マルチンゲール**と言う. $-M_t$ が劣マルチンゲールのとき, M_t は**優マルチンゲール**と呼ばれる. マルチンゲールとは, 劣かつ優マルチンゲールである.

例 2. B を 1 次元ブラウン運動, $\mathcal{F}_t$ を B の自然なフィルトレーションとすると, B は $\mathcal{F}_t$-マルチンゲールである. 実際, ブラウン運動の定義と条件付き期待値の性質から, $E[B_t | \mathcal{F}_s] = E[B_t - B_s + B_s | \mathcal{F}_s] = E[B_t - B_s] + B_s = B_s$. 同様に $B_t^2 - t$ もマルチンゲールとなることがわかる. これから, B_t^2 が劣マルチンゲールになることもわかる.

上の定義に見るようにマルチンゲールはフィルトレーション $\{\mathcal{F}_t\}$ に依存した概念である. 文脈でフィルトレーションについて断る必要がないとき, $\mathcal{F}_t$-を省略し, 単にマルチンゲールと言うことにする.

また, ここでは可積分性と条件付き期待値に現れているが, 確率測度 P にも依存している. ある確率測度の下ではマルチンゲールではないが, 測度を適当に変換するとマルチンゲールとなることもある. 数理ファイナンスではこの性質はリスク中立確率として積極的に使われている.

注意 1.13. 今, 時間集合を $[0, \infty)$ として連続な確率過程を考えているが, 時間集合を $\{0, 1, 2, \ldots\}$ のような離散集合とした場合でも, 上の定義において $s, t \in \{0, 1, 2, \ldots\}$ として全く同様にマルチンゲールを定義することができる. マルチンゲールの基本的な性質はこのような離散時間の場合に示しておけば, 連続時間の場合に容易に拡張することができる.

マルチンゲールを用いて問題を考える場合, しばしば止め時を用いて時間局所化することがある. $T > 0$ を止め時とするとき, 確率過程 X_t に対して, 確率過程 X_t^T を $X_t^T := X_{t \wedge T}$ によって定義する. X^T は X の停止過程 (stpped process) などと呼ばれる. M がマルチンゲールならば, M^T もマルチンゲールであることはすぐにわかる.

さらに，マルチンゲールの概念を時間局所化することにより拡張したものが局所マルチンゲールである．

定義 1.14. X を連続な確率過程とする．止め時の増加列 $\{T_n\}_{n=0}^{\infty}$ で $T_n \uparrow \infty$ a.s. となるものが存在して，任意の n に対して $X_t^{T_n}$ がマルチンゲールとなるとき，X を**局所マルチンゲール**と言う．

局所劣 (優) マルチンゲールも同様に定義する．マルチンゲールの多くの性質は時間局所化することにより局所マルチンゲールでも成り立つことに注意しておこう．これにも注意しながら，マルチンゲールの基本的な性質を概観しよう．

1.3.4 マルチンゲールの性質

定理 1.15. M を連続な可積分，$\mathcal{F}_t$-適合過程とする．M がマルチンゲールであるための必要十分条件は，任意の有界な止め時 T に対し，$E[M_T] = E[M_0]$ が成り立つことである．

上の定理は**任意停止定理**とも呼ばれる．

止め時 T に対して σ-加法族 $\mathcal{F}_T$ を次で定義する．

$$\mathcal{F}_T = \{A \in \mathcal{F} : A \cap \{T \le t\} \in \mathcal{F}_t\}.$$

次の定理はマルチンゲールの定義 iii) の性質をランダムな時間に対して拡張したものであるが，**任意抽出定理**と呼ばれる．

定理 1.16. M を一様可積分なマルチンゲールとする (補遺参照)．$S \le T$ を止め時とするとき，

$$E[M_T|\mathcal{F}_S] = M_S$$

が成り立つ．

X がマルチンゲールならば，定数 N に対し X^N は一様可積分マルチンゲールとなるから，次が成り立つ．

系 1.17. M をマルチンゲール，$S \le T$ を有界な止め時とするとき，$E[M_T|\mathcal{F}_S] = M_S$ が成り立つ．

劣マルチンゲールについては，次の分解定理がよく知られている．

定理 1.18 (ドゥーブ–メイエの分解定理)．X を連続な劣マルチンゲールとする．このとき，

$$X_t = X_0 + M_t + A_t \ (t \ge 0), \quad M_0 = A_0 = 0 \text{ a.s.}$$

を満たす連続なマルチンゲール M と $\mathcal{F}_t$-適合増加過程 A が一意に存在する．

A が増加過程とは，$A_s \leq A_t$ $(0 \leq s \leq t)$ a.s. を満たすことである．

イェンセンの不等式 (補遺参照) より，ϕ が $\mathbb{R}$ 上の凸関数で M がマルチンゲール，$\phi(M_t)$ が任意の $t \geq 0$ に対し可積分ならば，$\phi(M)$ は劣マルチンゲールである．特に，M_t^2 は劣マルチンゲールである．これに定理 1.18 を適用すると，$M_t^2 - A_t$ がマルチンゲールとなるような増加過程 A が存在する．この増加過程を $\langle M \rangle_t$ と書き，M の **2 次変動過程** (quadratic variation process) と呼ぶ．2 次変動過程の名の由来は後で見る．また，これを 2 次変分過程とも呼ぶこともある．

この過程はマルチンゲールのふるまいを記述する上で重要な役割を果たす．前に見たように，B を 1 次元ブラウン運動のときは，$\langle B \rangle_t = t$ であった．実はこれがブラウン運動の特徴づけとなっていることがわかる．

定理 1.19 (レヴィの定理)．連続なマルチンゲール M がブラウン運動となるための必要十分条件は，$\langle M \rangle_t = t$ $(\forall t \geq 0)$ a.s. となることである．

さらに次が知られている．これによって多くのマルチンゲールの性質はブラウン運動と 2 次変分過程に帰着される．

定理 1.20. M を連続な局所マルチンゲールとし，$\langle M \rangle_\infty = \infty$ a.s. とする．このとき，$M(\langle M \rangle_t^{-1})$ はブラウン運動である．言葉を換えれば，ある 1 次元ブラウン運動 B が存在して，

$$M_t = B(\langle M \rangle_t) \ (\forall t \geq 0) \text{ a.s.}$$

が成り立つ．

ここで，$\langle M \rangle_t^{-1}$ は $t \mapsto \langle M \rangle_t$ の逆関数であり，正確には，

$$\langle M \rangle_t^{-1} := \inf\{s : \langle M \rangle_s > t\}$$

と定義する．

すなわち，マルチンゲールの道ごとの行動は，$\langle M \rangle_t$ とブラウン運動の道によって記述されるということである．特に，調和関数のブラウン運動の道に沿った挙動を観察するには有用である．

2 次変分過程は，次の **B-D-G 不等式**を経由することでマルチンゲールの可積分性を調べるにも役に立つ．

定理 1.21 (バークホルダー–デイヴィス–ガンディの不等式 (B-D-G 不等式))．M を $M_0 = 0$ なる局所マルチンゲール，T を止め時とする．このとき，$p > 0$ 対し，定数 $C_p > 0, c_p > 0$ が存在して，

$$c_p E[\langle M \rangle_T^{p/2}] \leq E[\sup_{0 \leq t \leq T} |M_t|^p] \leq C_p E[\langle M \rangle_T^{p/2}]$$

が成り立つ. ここで, c_p, C_p は p のみによる定数である.

B-D-G 不等式はバークホルダーによってブラウン運動のときに証明された. 定理 1.20 を合わせれば, ブラウン運動の場合に証明されれば十分であることがわかる. バークホルダーは調和関数の性質をこの不等式を利用して調べた. バークホルダーの証明は "good-λ" 不等式と呼ばれる不等式をまず示すことによってなされた. 最近ではガンディによる伊藤解析に基づく証明が与えられることが多いが, この "good-λ" 不等式もいくつかの場面で遭遇する. 我々は第 6 章でネヴァンリンナ理論への確率論の応用の場面でその亜種を用いる.

劣マルチンゲールについては次のドゥーブの不等式が有用である.

定理 1.22 (ドゥーブの不等式). $\{U_t\}_{0 \le t \le T}$ を正値劣マルチンゲール, $p > 1$ とする. このとき, p にのみによる正定数 c_p があって,

$$E[\sup_t U_t^p] \le c_p E[U_T^p]$$

が成り立つ.

関数の定義域の空間での大域的挙動を調べるには, ブラウン運動の道に沿ってその時間大域的な挙動を調べることが行われる. このためには, マルチンゲールの収束定理が有用である. 確率過程 X が L^p-有界であるとは,

$$\sup_t E[|X_t|^p] < \infty$$

を満たすことである.

定理 1.23 (マルチンゲールの収束定理). M を連続マルチンゲールとする.

 i) (ドゥーブの概収束定理) M が L^1-有界ならば, $t \to \infty$ のとき M_t は概収束し, その極限値 M_∞ は可積分である.

 ii) (L^2-収束定理) M が L^2-有界ならば, $t \to \infty$ のとき M_t は概収束かつ L^2-収束し, その極限値 M_∞ は $E[M_\infty^2] = E[\langle M \rangle_\infty]$ を満たす.

 iii) (一様可積分の場合) M が一様可積分ならば, $t \to \infty$ のとき M_t は概収束かつ L^1-収束する. その極限値を M_∞ とすると, M_∞ は可積分であり, $M_t = E[M_\infty | \mathcal{F}_\infty]$ a.s. が成り立つ.

ドゥーブの概収束定理に対応する劣マルチンゲール, 優マルチンゲールの収束定理は次のように述べることができる.

定理 1.24. $\{U_t\}_{t \ge 0}$ を劣マルチンゲールとする. $\sup_t E[U_t^+] < \infty$ ならば, $\lim_{t \to \infty} U_t$ が a.s. に存在する. ここで, $U_t^+ := U_t \vee 0 = \max\{U_t, 0\}$ である.

系 1.25. $\{V_t\}_{t \ge 0}$ を下に有界な優マルチンゲールとする. このとき, $\lim_{t \to \infty} V_t$ が a.s. に存在する.

1.3.5 破綻関数

破綻関数 (default function) は，局所劣マルチンゲールが真の劣マルチンゲールかどうかの指標である．マルチンゲールの種々の研究において以前から考えられてきた量と思われるが，[69] によってこの名前が与えられた．本書ではこの単純な量が関数論の研究において重要な役割を果たし得ることを強調したい．

命題 1.26. U を正値局所劣マルチンゲール，A を U のドゥーブ–メイエ分解における増加過程部分とする．止め時 T が $E[A_T] < \infty$ を満たすならば，

$$\lim_{t \to \infty} \lambda P(\sup_{0 \le t \le T} U_t > \lambda) =: N(T, U) \tag{1.2}$$

が存在し，

$$E[U_T] - E[U_0] + N(T, U) = E[A_T] \tag{1.3}$$

が成り立つ．

証明. $S_\lambda := \inf\{t > 0 : U_t > \lambda\}$ と置く．$U_{t \wedge S_\lambda}$ は劣マルチンゲールとなり，ドゥーブ–メイエ分解のマルチンゲール部分はマルチンゲールとなるから，止め時 T に対して，

$$E[U_{T \wedge S_\lambda}] - E[U_0] = E[A_{T \wedge S_\lambda}].$$

左辺は $E[U_{T \wedge S_\lambda}] = E[U_T : T \le S_\lambda] + \lambda P(T > S_\lambda)$ であり，$\{T > S_\lambda\} = \{\sup_{0 \le t \le T} U_t > \lambda\}$，$S_\lambda \uparrow \infty \ (\lambda \to \infty)$ に注意すれば，単調収束定理により，(1.2) における極限の存在と等式 (1.3) がわかる． $\square$

定義 1.27. 上の命題の $N(T, U)$ を U の T における**破綻関数**と呼ぶ．

次は容易にわかる．

命題 1.28. U を正値局所劣マルチンゲールとし，その増加過程部分 A は任意の $t > 0$ に対し，$E[A_t] < \infty$ とする．このとき，次は同値．

　i) U は劣マルチンゲール．

　ii) 任意の $t > 0$ に対して $N(t, U) = 0$．

これより，正値局所マルチンゲール M がマルチンゲールになるための必要十分条件は，$N(t, M) = 0 \ (\forall t > 0)$ であることがわかる．

1.4　確率積分と伊藤の公式

確率積分はブラウン運動の道の沿った積分として伊藤清によって与えられたが，のちに国田寛と渡辺信三により，L^2 マルチンゲールの枠組みにおいて定式化された．ここではその定式化による定義を与える．このためにいくつかの

準備をする．前節と同様にフィルトレーション付き確率空間 $(\Omega, \mathcal{F}, \mathcal{F}_t, P)$ を考え，フィルトレーションは完備，右連続とする．

1.4.1 セミマルチンゲールと 2 次変動過程

まず，2 次変動過程の名の由来ともなる性質を見てみよう．

命題 1.29. M を連続マルチンゲールとする．任意の $t > 0$ に対し，区間 $[0, t]$ の分割 $\Delta : 0 = t_0 < t_1 < \cdots < t_n = t$, $|\Delta| := \max_k |t_k - t_{k-1}|$ を取る．このとき，

$$\lim_{|\Delta| \to 0} \sum_k |M_{t_k} - M_{t_{k-1}}|^2 = \langle M \rangle_t \ \text{in prob.}$$

これから，連続マルチンゲールはいかなる区間においても確率 1 で有界変動でないこともわかる．

定義 1.30. i) 確率過程 $\{A_t\}_{t \geq 0}$ が有界変動過程とは，$t \mapsto A_t$ が任意の閉区間において確率 1 で有界変動であることを言う．

ii) $\mathcal{F}_t$-適合過程 X が局所マルチンゲール M と $\mathcal{F}_t$-適合有界変動過程 A を用いて，

$$X_t = X_0 + M_t + A_t \ (t \geq 0), \quad M_0 = A_0 = 0$$

と表されるとき，X をセミマルチンゲールと言う．

注意 1.31. X がセミマルチンゲールならば，上の定義 ii) の分解は一意である．セミマルチンゲール X に対して，M を X のマルチンゲール部分，A を有界変動部分と言う．

定義 1.32. X, Y をマルチンゲールとする．

$$\langle X, Y \rangle_t := \frac{1}{4} \{ \langle X + Y \rangle_t - \langle X - Y \rangle_t \}$$

と置く．

定義から $\langle X, X \rangle_t = \langle X \rangle_t$ である．明らかに，$(X, Y) \mapsto \langle X, Y \rangle$ は双線形である．また，命題 1.29 より，$\Delta : 0 = t_0 < t_1 < \cdots < t_n = t$, $|\Delta| := \max_k |t_k - t_{k-1}|$ とすると，

$$\langle X, Y \rangle_t = \lim_{|\Delta| \to 0} \sum_k (X_{t_k} - X_{t_{k-1}})(Y_{t_k} - Y_{t_{k-1}}) \quad \text{in prob.}$$

が成り立つ．また，止め時 T によるマルチンゲール X, Y の停止過程 X^T, Y^T に対して，

$$\langle X^T, Y^T \rangle_t = \langle X, Y^T \rangle_t = \langle X, Y \rangle_t^T$$

もわかる．よって，X, Y が局所マルチンゲールのときも，$\langle X, Y \rangle_t$ を矛盾なく定義できる．

X, Y を連続セミマルチンゲールとし，X, Y のマルチンゲール部分をそれぞれ，M, N とする．このとき，$\langle X, Y \rangle_t := \langle M, N \rangle_t$ と置く．

これは X がマルチンゲールで，Y が有界変動なら $\langle X, Y \rangle_t = 0$ $(\forall t \geq 0)$ を意味するが，上で見たことから納得のいくものであろう．

問 3. 次を示せ．

i) X, Y ; 連続マルチンゲールならば，$X_t Y_t - \langle X, Y \rangle_t$ はマルチンゲールとなる．

ii) X, Y : 独立な連続マルチンゲールならば，$\langle X, Y \rangle_t = 0$.

1.4.2 マルチンゲールの空間 H^2 と確率積分

国田–渡辺による確率積分の理論は，L^2 空間の枠組みで与えられる．L^2 有界な連続マルチンゲールの全体を H^2 と置く．前に見たマルチンゲールの収束定理より，$M \in H^2$ ならば，$\lim_{t\infty} M_t =: M_\infty$ が a.s. かつ L^2 で存在する．

命題 1.33. $\|M\|_{H^2} := (E[M_\infty^2])^{1/2}$ とすると，H^2 は $\|M\|_{H^2}$ をノルムとするヒルベルト空間となる．

H^2 の内積は $(M, N)_{H^2} = E[M_\infty N_\infty]$ $(M, N \in H^2)$ である．

確率積分の被積分関数のクラスを導入する．

定義 1.34. 実数値確率過程 K_t に対し，写像 $(t, \omega) \mapsto K_t(\omega)$ が $\mathcal{B}([0, t]) \times \mathcal{F}_t$ 可測となるとき，K_t は発展的可測であると言う．

定義 1.35. $M \in H^2$ とする．

$$\mathcal{L}^2(M) := \{K : \text{発展的可測} \mid E\left[\int_0^\infty K_s^2 d\langle M \rangle_s\right] < \infty\},$$

$\|K\|_{\mathcal{L}^2(M)} = (E[\int_0^\infty K_s^2 d\langle M \rangle_s])^{1/2}$ $(K \in \mathcal{L}^2(M))$ と置く．

定理 1.36. $M \in H^2, K \in \mathcal{L}^2(M)$ に対し，次を満たす $K \cdot M \in H^2$ が唯一つ存在する．

- $(K \cdot M)_0 = 0$
- $\forall N \in H^2$ に対し，$\langle K \cdot M, N \rangle_t = \int_0^t K_s d\langle M, N \rangle_s$ $(\forall t \geq 0)$ a.s.

さらに，$\mathcal{I}(K) := K \cdot M$，$H_0^2 := \{M \in H^2 \mid M_0 = 0\}$ と置くと，$\mathcal{I} : \mathcal{L}^2(M) \to H_0^2$ は等長写像となる．

証明のあらましを述べよう．$N \in H_0^2$ に対し，$\phi(N)_t := \int_0^t K_s d\langle M, N \rangle_s$ と置く．国田–渡辺の不等式:

$$E\left[\left|\int_0^\infty K_s d\langle M, N \rangle_s\right|\right] \leq E\left[\int_0^\infty K_s^2 d\langle M \rangle_s\right]^{1/2} E[\langle N \rangle_\infty]^{1/2}$$

に注意すると，$E[\phi(N)_\infty] < \infty$ がわかり，さらに，$\Phi(N) := E[\phi(N)_\infty]$

と置くと，$|\Phi(N)| \leq ||K||_{\mathcal{L}^2(M)}||M||_{H^2}$ もわかる．すなわち，Φ は H_0^2 上の連続線形汎関数である．ヒルベルト空間におけるリースの表現定理より，$\Phi(N) = (N, K \cdot M)_{H^2} = E[N_\infty(K \cdot M)_\infty]$ を満たす $K \cdot M \in H_0^2$ が存在する．マルチンゲールの収束定理 (定理 1.23) より，$(K \cdot M)_t = E[(K \cdot M)_\infty | \mathcal{F}_t]$ となることに注意すると，任意の有界な止め時 T に対し，$E[(K \cdot M)_T N_T] = E[(K \cdot M)_\infty N_T] = E[(K \cdot M)_\infty N_\infty^T]$ となる．さらに，前に見た 2 次変動過程と停止過程の関係より，$E[(K \cdot M)_\infty N_\infty^T] = E[\int_0^\infty K_s d\langle M, N^T \rangle_s] = E[\int_0^\infty K_s d\langle M, N \rangle_s^T] = E[\int_0^T K_s d\langle M, N \rangle_s]$．すなわち，$E[(K \cdot M)_T N_T - \int_0^T K_s d\langle M, N \rangle_s] = 0$. 定理 1.15 より，$\{(K \cdot M)_t N_t - \int_0^t K_s d\langle M, N \rangle_s\}$ がマルチンゲールであることがわかる． □

この定理 1.36 に現れた $K \cdot M$ を M による K の**確率積分 (伊藤積分)** と言い，$\int_0^t K_s dM_s := (K \cdot M)_t$ と書く．M が局所マルチンゲールのときは，

$$\mathcal{L}_{\mathrm{loc}}^2(M) := \{K : \text{発展的可測} \mid \exists T_n \uparrow \infty : \text{止め時} ,$$

$$E\left[\int_0^{T_n} K_s^2 d\langle M \rangle_s\right] < \infty(\forall n)\},$$

とするとき，$\int_0^t K_s dM_s$ が矛盾なく定義できる．セミマルチンゲール $X_t = X_0 + M_t + A_t$ に対しては，$\int_0^t K_s dX_s := \int_0^t K_s dM_s + \int_0^t K_s dA_s$ とする．右辺第 2 項の積分は有界変動関数 A に関するスティルチェス積分である．

$K \cdot M$ が素朴な意味での積分であることは次に注意すればよい．

命題 1.37. $M \in H^2$, K を $\mathcal{F}_t$-適合，連続な確率過程とする．$\Delta : 0 = t_0 < t_1 < \cdots < t_n = t, |\Delta| := \max_k |t_k - t_{k-1}|$ とすると，

$$\int_0^t K_s dM_s = \lim_{|\Delta| \to 0} \sum_k K_{t_{k-1}}(M_{t_k} - M_{t_{k-1}}) \quad \text{in prob.,}$$

$$\int_0^t K_s d\langle M \rangle_s = \lim_{|\Delta| \to 0} \sum_k K_{t_{k-1}}(M_{t_k} - M_{t_{k-1}})^2 \quad \text{in prob.}$$

ここで，右辺の「リーマン和」の分点の取り方に注意してほしい．ここでは，K_t の値は，$t = t_{k-1}$ すなわち，時間の小区間の左端の値を用いている．このように取るとマルチンゲールとなる確率積分に収束するが，ほかの取り方では収束先が異なってくる．例えば，小区間の中点を取ると収束先はストラトノヴィッチ積分と呼ばれるものに収束する．これはこれで確率解析においては重要な役割を果たす．これについては後述する．

1.4.3 伊藤の公式

この節ではマルチンゲールによる伊藤の公式を紹介する．

定理 1.38 (伊藤の公式 (1 次元)). X を連続セミマルチンゲール，$f \in C^2(\mathbb{R})$ とする．このとき，

$$f(X_t) = f(X_0) + \int_0^t f'(X_s)dX_s + \frac{1}{2}\int_0^t f''(X_s)d\langle X\rangle_s \quad (t \geq 0)$$

が確率 1 で成立する．

証明．簡単のため，$f \in C_b^3(\mathbb{R})$ の場合に示す．$x = x_0$ の周りでの f のテイラー展開は，

$$f(x) = f(x_0) + f'(x_0)(x - x_0) + \frac{1}{2}f''(x_0)(x - x_0)^2 + R_3(x_0, x),$$

ここで，$R_3(x_0, x) = \frac{1}{6}f'''(x_0 + \theta(x - x_0))(x - x_0)^3$ $(\theta \in (0, 1))$. 任意の $t > 0$ に対して $[0, t]$ の分割 $\Delta : 0 = t_0 < t_1 < \cdots < t_n = t$ を考える．

$$f(X_{t_k}) = f(X_{t_{k-1}}) + f'(X_{t_{k-1}})(X_{t_k} - X_{t_{k-1}}) + \frac{1}{2}f''(X_{t_{k-1}})(X_{t_k} - X_{t_{k-1}})^2$$
$$+ R_3(X_{t_{k-1}}, X_{t_k}).$$

両辺の和を取って，

$$f(X_t) = f(X_0) + \sum_{k=1}^n f'(X_{t_{k-1}})(X_{t_k} - X_{t_{k-1}})$$
$$+ \frac{1}{2}\sum_{k=1}^n f''(X_{t_{k-1}})(X_{t_k} - X_{t_{k-1}})^2 + \sum_{k=1}^n R_3(X_{t_{k-1}}, X_{t_k}).$$

$|\Delta| \to 0$ とすると，命題 1.37 より，右辺第 1 項 $\to \int_0^t f'(X_s)dX_s$，第 2 項 $\to \frac{1}{2}\int_0^t f''(X_s)d\langle X\rangle_s$ in prob. となる．$f \in C_b^3(\mathbb{R})$ だから，$C > 0$ があって，第 3 項 $\leq C\sum_{k=1}^n |X_{t_{k-1}} - X_{t_k}|^3 \leq C\sup_k |X_{t_{k-1}} - X_{t_k}|\sum_{k=1}^n |X_{t_{k-1}} - X_{t_k}|^2$ となり，X の連続性 (一様連続性) より，第 3 項 $\to 0$ in prob. がわかる．必要なら適当な部分列を取れば概収束させることができるから，右辺全体は所望のものに概収束する．よって等式は a.s. に成立する．一般の $f \in C^2(\mathbb{R})$ については各コンパクト集合上で一様近似すればよい (このとき，適当な止め時による停止過程の議論を用いる)． □

定義 1.39. $X_t = (X_t^1, \ldots, X_t^d)$ が $\mathbb{R}^d$ 上の連続セミマルチンゲールとは，各成分 X_t^k $(k = 1, \ldots, d)$ が連続セミマルチンゲールであることである．

定理 1.40 (伊藤の公式 (多次元)). $X_t = (X_t^1, \ldots, X_t^d)$ が $\mathbb{R}^d$ 上の連続セミマルチンゲール，$f \in C^2(\mathbb{R}^d)$ とする．このとき，

$$f(X_t) = f(X_0) + \sum_{k=1}^d \int_0^t \frac{\partial f}{\partial x_k}(X_s)dX_s^k + \frac{1}{2}\sum_{i,j=1}^d \int_0^t \frac{\partial^2 f}{\partial x_i \partial x_j}(X_s)d\langle X^i, X^j\rangle_s$$

が $t \geq 0$ で確率 1 で成立する．

$X = B$ ($\mathbb{R}^d$ 上のブラウン運動) のときは,

$$\langle B^i, B^j \rangle_s = \begin{cases} 0 & (i \neq j), \\ s & (i = j) \end{cases}$$

となるから次が成立する.

系 1.41. B を $\mathbb{R}^d$ 上のブラン運動とする. このとき,

$$f(B_t) = f(B_0) + \sum_{k=1}^{d} \int_0^t \frac{\partial f}{\partial x_k}(B_s) dB_s^k + \frac{1}{2} \int_0^t \Delta f(B_s) ds \quad (t \geq 0)$$

が確率 1 で成立する. ここで, $\Delta = \sum_{j=1}^{d} \frac{\partial^2}{\partial x_j^2}$ は $\mathbb{R}^d$ 上のラプラシアンである.

上の系からブラウン運動 B については, $f(B_t) - f(B_0) - \frac{1}{2} \int_0^t \Delta f(B_s) ds$ は局所マルチンゲールとなることがわかる. このように, 連続なマルコフ過程 X に関して, 適当なクラスの f に対し $f(X_t) - f(X_0) - \int_0^t Af(X_s) ds$ が局所マルチンゲールになるような作用素 A を X の**生成作用素**と言う. すなわち, $\frac{1}{2}\Delta$ は $\mathbb{R}^d$ 上のブラウン運動の生成作用素である. 生成作用素については詳述しないが, これが特徴づけの一つになっている. 関連事項については後述.

1.4.4 ストラトノヴィッチ型積分による伊藤の公式

命題 1.37 において, 確率積分 (伊藤積分) がリーマン和の類似の極限として捉えられるという, 確率積分の素朴な意味を確認した. このとき, リーマン和の被積分関数の時間の分点を左端に取った. これによって, マルチンゲールによるリーマン和の極限がマルチンゲールである確率積分に収束した. そこでも注意したように, この分点の取り方はいろいろ考えられる. 例えば, 中点に取るとどうなるであろうか.

命題 1.42. X, Y を連続なセミマルチンゲールとする. $\Delta : 0 = t_0 < t_1 < \cdots < t_n = t$, $|\Delta| := \max_k |t_k - t_{k-1}|$ とすると,

$$\lim_{|\Delta| \to 0} \sum_k Y_{\frac{t_{k-1}+t_k}{2}} (X_{t_k} - X_{t_{k-1}}) = \int_0^t Y_s dX_s + \frac{1}{2}\langle Y, X \rangle_t \quad \text{in prob.}$$

が成り立つ.

定義 1.43.

$$\int_0^t Y_s dX_s + \frac{1}{2}\langle Y, X \rangle_t$$

を Y の X によるストラトノヴィッチ積分と呼び,

$$\int_0^t Y_s \circ dX_s$$

と書く.

X がマルチンゲールであっても，これはマルチンゲールにはならないが，非常に大きな利点がある．伊藤の公式をストラトノヴィッチ積分を用いて書き直すと，次のようになる.

定理 1.44. $X = (X^1, \ldots, X^m)$ を $\mathbb{R}^m$ 上のセミマルチンゲールとし，$f \in C^2(\mathbb{R}^m)$ とする．このとき，

$$f(X_t) - f(X_0) = \int_0^t \nabla f(X_s) \circ dX_s := \sum_{k=1}^n \int_0^t \frac{\partial f}{\partial x_k}(X_s) \circ dX_s^k$$

が成り立つ.

すなわち，ストラトノヴィッチ積分を用いると，伊藤の公式では成り立たなかった連鎖率 (合成関数の微分) が成り立つことがわかる．これは微分幾何学に確率解析を応用するときに非常に役に立つ．いちいち局所座標を用いて表すことなく，大域的に意味のある表現をこの積分を用いて表現することができる．第5章で述べる多様体上の確率微分方程式ではこのストラトノヴィッチ積分を用いることで簡明な表現が可能となる．単に簡明なだけではなく，確率微分を取る操作が，連鎖率によって通常の微分を取る操作と平行に扱うことができるのである.

次の観察も我々にとって意味のあることだろう.

今，$U \subset \mathbb{R}^m$ を開集合とし，この上の完全微分形式 $\omega = \sum_k f_k(x)dx_k$ を考える．X を $\mathbb{R}^m$ 上のセミマルチンゲールとする．ω の $X([0,t])$ に沿った線積分は，

$$\int_{X([0,t])} \omega = \int_0^t f(X_s) \circ dX_s = \sum_k \int_0^t f^k(X_s) \circ dX_s^k$$

と書くことができる．これは $\omega = dg(x)$ と書くことができるから，前述の伊藤の公式と合わせればわかるだろう.

1.4.5　田中の公式と局所時間

伊藤の公式の一つの展開として田中洋による田中の公式がある.

定理 1.45 (田中の公式). X をセミマルチンゲールとする．任意の $a \in \mathbb{R}$ に対して，増加過程 L_t^a が存在して，次を満たす.

$$|X_t - a| = |X_0 - a| + \int_0^t \mathrm{sgn}(X_s - a)dX_s + L_t^a,$$

$$(X_t - a)_+ = (X_0 - a)_+ + \int_0^t 1_{\{X_s - a > 0\}}dX_s + \frac{1}{2}L_t^a,$$

$$(X_t - a)_- = (X_0 - a)_- - \int_0^t 1_{\{X_s - a \le 0\}}dX_s + \frac{1}{2}L_t^a.$$

上の定理の増加過程 L_t^a を X の a における**局所時間** (local time) と言う.

$X = B$ (1 次元ブラウン運動) のときは,

$$L_t^a = \lim_{\epsilon \to 0} \frac{1}{2\epsilon} \int_0^t 1_{\{|B_s - a| < \epsilon\}} ds$$

となることがわかる. すなわち, 直感的には, $L_t^a = \int_0^t \delta_a(B_s) ds$ である. 別の言葉で言えば, L_t^a は X が a にいる間のみ増加する過程である. これから名の由来がわかるだろう. ここで一つ注意するが, L_t^a は $\int_0^t 1_{\{a\}}(B_s) ds$ ではないのか, と思う人もいるかもしれない. そうではない. 実は, $\int_0^t 1_{\{a\}}(B_s) ds = 0$ である. すなわち, B が 1 点 $\{a\}$ に滞在する時間のルベーグ測度は零である. 局所時間は滞在時間の特異な部分を取り出してきているとも言える.

この観察から次の公式も腑に落ちるのではないだろうか.

命題 1.46 (滞在時間公式 (occupation time formula)). $f \in \mathcal{B}(\mathbb{R})_+$ に対して,

$$\int_0^t f(X_s) d\langle X \rangle_s = \int_{\mathbb{R}} f(a) L_t^a da \quad \text{a.s.}$$

すなわち, $\mu(A) := \int_0^t 1_A(X_s) d\langle X \rangle_s$ $(A \in \mathcal{B}(\mathbb{R}))$ とすると, これは測度になるが, これは 1 次元ルベーグ測度に関して絶対連続で, 密度 L_t^a を持つことを意味している. この公式も関数論を考える上では重要で, X がブラウン運動 B と関数 u によって, $X = u(B)$ と書ける場合, 滞在時間公式は積分幾何学で基本的な余積公式 (coarea formula, [36],[11] 等を参照) を意味する. これについては後述する.

田中の公式より凸関数の差で書けるような関数に対する伊藤の公式の発展形も得られる. これは伊藤–田中の公式と呼ばれる. 詳細は [47] を見よ.

1.5 拡散過程

1.5.1 強マルコフ性

本節では 1.2.2 節と同様に, ブラウン運動をパス空間 $\Omega = C([0, \infty) \to \mathbb{R}^d)$, $\mathcal{F} = \mathcal{B}(\Omega)$ 上で考える. $\theta : \Omega \to \Omega$ をそこで定義したシフト作用素, P_x を $x \in \mathbb{R}^d$ から出発するブラウン運動 $B_t(\omega) = \omega(t)$ の法則とする.

ブラウン運動は次の意味で強マルコフ性を持つ.

命題 1.47. T を止め時, Y を $\mathcal{F}$ 可測有界確率変数とする. このとき,

$$E_x[Y \circ \theta_T | \mathcal{F}_T] = E_{X_T}[Y] \quad \text{a.s.}$$

が成り立つ.

すなわち, 定数時刻 t について成り立っていたマルコフ性が止め時 T に置き換えても成り立つということである. この性質を強マルコフ性と言う. 強マルコフ性を持つ確率過程を強マルコフ過程と言う. この概念はより一般な確率

過程にも拡張することができる。連続な強マルコフ過程を**拡散過程**と言う。ブラウン運動は拡散過程である。

1.5.2 拡散過程

拡散過程の概念はブラウン運動より一般な確率過程のクラスとして定式化される。拡散過程が定義される確率空間としては，次の情報が与えられることが必要である。連続な確率過程 X_t は距離空間 S に値を取るものとする。この S を X の状態空間と言う。S としてはより一般な位相空間も考えられるが，本書ではこれで十分である。この確率過程 X は確率空間 $(\Omega, \mathcal{F}, \{\mathcal{F}_t\}_{t \geq 0}, \{P_x\}_{x \in S})$ で定義されているとする。$\{\mathcal{F}_t\}_{t \geq 0}$ は $\mathcal{F}$ の部分 σ-加法族からなるフィルトレーション，$\{P_x\}_{x \in S}$ は確率測度の族で，$P_x(X_0 = x) = 1$ を満たすものである。すなわち，この確率測度は，$X_0 = x$ を満たす X の法則を与えている。一般の Ω に対しても，$X : \Omega \to C([0, \infty) \to S)$ が可測であることから，その像測度を考えることで，ブラウン運動のときと同じように，$\Omega = C([0, \infty) \to S), \mathcal{F} = \mathcal{B}(\Omega)$ としてよい。この確率過程 X が命題 1.47 の意味で強マルコフ性を持つとき，拡散過程と言う。拡散過程を表すとき，以前と同じように，「拡散過程 X」と言うこともあるが，$\{P_x\}$ も重要であるから，「拡散過程 (X_t, P_x)」のような呼び方もすることを注意しておく。

ブラウン運動は拡散過程と述べたが，命題 1.47 はマルコフ性と次に述べる強フェラー性から従う。ブラウン運動のときと同じように，X の推移作用素 P_t を

$$P_t f(x) := E_x[f(X_t)] \quad (f \in \mathcal{B}_b(S))$$

で定義する。

定義 1.48. 任意の $f \in \mathcal{B}_b(S)$ に対し，$P_t f \in C_b(S)$ $(t > 0)$ となるとき，X は**強フェラー性**を持つと言う。

積分論において可測関数を単関数で近似する操作と同じように，止め時 T を離散時刻のみを取る止め時の列で近似することができる。これにより，X が強フェラー性を持てば，マルコフ性から強マルコフ性が従う。一方，強マルコフ性を持っていても，強フェラー性を持つとは限らない。

マルコフ過程は推移作用素 P_t が決まれば決まるが，これに対応していくつかの解析的データ：強連続縮小半群，強連続レゾルベント，生成作用素といたものが対応する。本書ではこれを表立って使うことは少ないが，部分的に用いることもあるので，次にそのような概念について見ておきたい。

1.5.3 生成作用素

推移作用素 P_t に関連してある測度 m が存在し，その測度を用いた $L^2(m)$ を考えることができる。後に述べるディリクレ形式の理論では基礎の測度と呼

ばれるものである．P_t は m-対称:

$$(f, P_t g)_{L^2(m)} = (P_t f, g)_{L^2(m)} \ (f, g \in C_b(S) \cap L^2(m))$$

と仮定する．この L^2 空間上の強連続縮小半群 T_t で $C_b(S) \cap L^2(m)$ 上では $P_t = T_t$ となるものが存在する．これを推移半群と呼ぶことにする．推移半群には，次のように自己共役作用素 A が対応する．

$$\lim_{t \to 0} \frac{I - T_t}{t} = A.$$

ブラウン運動のときは，$A = \frac{1}{2}\Delta$ である．

　我々の考える状態空間 S は多様体であり，A の定義域 $D(A)$ の中に S 上の滑らかな関数は含まれているとする．そして，A は 2 階の楕円型微分作用素であることを想定している．実際，拡散過程の作用素はこのような形であることが証明される．

命題 1.49. (X_t, P_x) を $\mathbb{R}^m$ 上の拡散過程とする．このとき，$C_0^\infty(\mathbb{R}^m) \subset D(A)$ であり，

$$Af = \sum_{i,j} a_{ij} \frac{\partial^2 f}{\partial x_i \partial x_j} + \sum_i b_i \frac{\partial f}{\partial x_i} + cf \ (f \in C_0^\infty(\mathbb{R}^m))$$

となる $(a_{ij}(x),\ b_i(x),\ c(x))$ が存在する．

　このような場合は，A と (X_t, P_x) の関係を特徴づけるものとして次は有用である．

命題 1.50. A が X の生成作用素であることと，任意の $f \in C^2$ に対し，

$$f(X_t) - f(X_0) - \int_0^t Af(X_s)ds$$

が局所マルチンゲールとなることは同値である．

　前に見たようにブラウン運動のときは伊藤の公式を使って，$A = \frac{1}{2}\Delta$ であることが確かめられる．また，後述するマルチンゲール問題もこの関係から自然な発想であることがわかるだろう．

1.5.4　熱方程式との関係

　X を $\mathbb{R}^m$ 上のブラウン運動とする．

　$\phi \in C_b(\mathbb{R}^m)$ に対し，$u(t, x) := E_x[\phi(X_t)]$ と置くと，u は次の方程式を満たす．

$$\begin{cases} \frac{\partial u}{\partial t}(t, x) = \frac{1}{2}\Delta_x u(t, x) \ (t > 0) \\ u(0, x) = \phi(x). \end{cases} \tag{1.4}$$

これは，X の推移密度関数 $p(t, x, y)$ の具体形が

$$p(t, x, y) = \frac{1}{\sqrt{2\pi t^m}} e^{\frac{-||x-y||^2}{2t}}$$

であることがわかっているので，これを用いて直接計算によって確かめることができる．

逆に，方程式 (1.4) の解は，$u(t, x) := E_x[\phi(X_t)]$ で与えられる．このとき，$p(t, x, y)$ を方程式 (1.4) の基本解と言う．

すなわち，方程式 (1.4) の解は存在して一意であることがわかる．

より一般の場合，例えば，リーマン多様体上のブラウン運動を考えたいと思えば，上の熱方程式を多様体上で解いて，$p(t, x, y)$ が得られれば，それを推移密度関数とするマルコフ過程を考えればよいということになるだろう．ただし，一般には方程式 (1.4) が解けたとしても，一意であるかどうかはわからない．そこで基本解の中で最小のものを考え，それを推移関数とする拡散過程を考えることにする．これを強調して最小の拡散過程というときもある．では，この最小の基本解はどうやって得られるだろうか．偏微分方程式では，ディリクレ条件付きの熱方程式を考える．$D \subset \mathbb{R}^m$ を滑らかな境界を持つ有界領域とする．方程式 (1.4) の代わりにまず，

$$\begin{cases} \frac{\partial u}{\partial t}(t, x) = \frac{1}{2}\Delta_x u(t, x) \ (t > 0, \ x \in D) \\ u(0, x) = \phi(x) \ (x \in D), \quad u(t, x) = 0 \ (t > 0, \ x \in \partial D) \end{cases} \tag{1.5}$$

を考える．これは一意の解を持つ．この基本解を $p_D(t, x, y)$ とする．すなわち，方程式 (1.5) の解 u は，

$$u(t, x) = \int_D p_D(t, x, y)\phi(y)dy$$

と表される．$D \uparrow \mathbb{R}^m$ として，$p_D(t, x, y)$ の単調増大極限として $p(t, x, y)$ を得るのである．当然，近似増大列 D の取り方によらないことも言わねばならないから，いくつかの準備は必要である．こうやって得られた基本解はブラウン運動の推移密度関数に一致する．実際，D 上で考えると，

$$\int_D p_D(t, x, y)\phi(y)dy = E_x[\phi(X_t) : t < \tau_D]$$

である．ここで，$\tau_D = \inf\{t > 0 : X_t \notin D\}$ は X の D からの最小脱出時間である．$D \uparrow \mathbb{R}^m$ とすれば，$\tau_D \uparrow \infty$ となって，$E_x[\phi(X_t) : t < \tau_D] \uparrow E_x[\phi(X_t)]$ となるのは納得できるであろう．

一般の拡散過程では，方程式 (1.4) において，$\frac{1}{2}\Delta$ をその生成作用素 A に置き換えたものが対応することは容易に想像できるだろう．

さて，この熱方程式 (1.4) の有界な解の一意性は，その基本解 $p(t, x, y)$ が

$$\int_{\mathbb{R}^m} p(t, x, y)dy = 1 \ (t > 0, \ x \in \mathbb{R}^m)$$

を満たすことから従う．この条件の確率論的意味は次のようなことである．上の条件を確率測度を使って書けば，

$$P_x(X_t \in \mathbb{R}^m) = 1 \ (t > 0, \ x \in \mathbb{R}^m)$$

ということに他ならない．状態空間 S 上の一般の拡散過程 (X_t, P_x) を考えて見よう．$\zeta := \inf\{t > 0 : X_t \notin S\}$ と置く．これを X の **生存時間** と言う．上の条件: $P_x(X_t \in S) = 1 \ (t > 0, x \in S)$ は $P_x(\zeta = \infty) = 1 \ (\forall x \in S)$ と書き換えることができる．このとき，X は **保存的** と言われる．ブラウン運動の場合，熱方程式 (1.4) の有界な解が一意であることと，保存的であることは同値である．ユークリッド空間のブラウン運動を考える限りは保存的であり，あまり問題にならないが，より一般の場合を考えると，保存的でない場合も起こりうる．

1.5.5 保存的でない場合

X が保存的でなければ，その推移密度関数 $p(t, x, y)$ は $\int p(t, x, y) dy < 1$ となるので，確率測度にならない．このようなときは，墓場 (cemetery, coffin 棺桶と呼ぶ人もいる) を用意する．∂ をそれとする．すなわち，状態空間 S に点 ∂ を付け加えた空間 S_∂ を考える．

$$\hat{X}_t := \begin{cases} X_t & (t < \zeta), \\ \partial & (t \geq \zeta) \end{cases}$$

と定義する．$\hat{X}$ の推移関数もこれに伴って次のように拡張して定義すれば，S_∂ 上のマルコフ過程 $(\hat{X}_t, P_x)_{x \in S_\partial}$ が得られる．すなわち，$P_\partial(\hat{X}_t = \partial) = 1 \ (\forall t \geq 0)$ とする．

なお，(X_t, P_x) が状態空間 S 上の拡散過程と言うときは，保存的でない場合でも

$$P_x(t \mapsto X_t : \text{連続} \ (\forall t < \zeta)) = 1 \ (\forall x \in S)$$

のときを言う．保存性については，第 3 章において状態空間が多様体の場合により詳しく見る．

1.6 確率微分方程式

1.6.1 確率微分方程式とは

本書で考える確率微分方程式としてはマルコフ型と呼ばれるもので，その解として拡散過程が得られるようなものを考える．確率微分方程式とは，次のような形の確率積分方程式のことである．適当な条件 (後で明確化する) を満たす行列値関数 $\sigma : \mathbb{R}^m \to \mathbb{R}^m \times \mathbb{R}^d$ とベクトル値関数 $b : \mathbb{R}^m \to \mathbb{R}^m$ が与えられているとする．今，確率空間 $(\Omega, \mathcal{F}, P)$ 上で d 次元ブラウン運動

$B_t = {}^t(B_t^1, \ldots, B_t^d)$, $x \in \mathbb{R}^m$ に対して,

$$X_t^j = \sum_{k=1}^d \int_0^t \sigma_j^k(X_s) dB_s^k + \int_0^t b_j(X_s) ds \ (j = 1, \ldots, m), \ X_0 = x \quad (1.6)$$

を満たす確率過程 X を考える. 今後, 方程式 (1.6) を

$$X_t = \int_0^t \sigma(X_s) dB_s + \int_0^t b(X_s) ds$$

と略記する. 確率微分方程式と言うときは, 方程式 (1.6) の代わりに,

$$dX_t = \sigma(X_t) dB_t + b(X_t) dt, \quad X_0 = x \quad (1.7)$$

と書く. 確率微分方程式は略して SDE と書くこともある.

1.6.2 解の存在と一意性

このような方程式とその解を考えるわけであるが, 何が既知 (所与) で, どれが未知 (解) かという問題がある. 一つの考え方は, 確率空間とその上のブラウン運動 B が任意に与えられたときに, 方程式 (1.7) を満たす確率過程 X を解とするとするものである.

定理 1.51. σ と b が次の 2 条件を満たすとする.

1) (線形増大条件) $C > 0$ が存在して, 任意の $x \in \mathbb{R}^m$ に対し,

$$||\sigma(x)|| + ||b(x)|| \leq C||x||$$

を満たす.

2) (局所リプシッツ条件) 任意のコンパクト集合 $K \subset \mathbb{R}^m$ に対し, $C_K > 0$ が存在して, $x, y \in K$ ならば,

$$||\sigma(x) - \sigma(y)|| + ||b(x) - b(y)|| \leq C_K||x - y||$$

が成り立つ.

このとき, 任意に与えられた確率空間 $(\Omega, \mathcal{F}, P)$ とその上で定義されているブラウン運動 B, $x \in \mathbb{R}^m$ に対し, 確率微分方程式 (1.7) を満たす確率過程 X が同じ確率空間上に存在する. さらに, これは区別できないという意味で一意である.

上の一意性を**道ごとの一意性**と言う. 証明には常微分方程式のときと同じように ピカールの逐次近似法を用いる. このとき, ブラウン運動の道に対して解 X を構成できるので, 解 X はブラウン運動 B と出発点 x の関数 (汎関数) となる. このような解を強い解と言う.

線形増大条件は, 常微分方程式のときと同じように解が爆発しないための条件である. これは得られた解が保存的であることを意味する. 線形増大条件を

仮定しなくとも局所リプシッツ条件があれば，局所的に解の存在と一意性を言うことができる．すなわち，ある止め時 T があって，そこまでの存在と一意性が言える．このような T の上限を爆発時間と言う．

1.6.3　弱い解とマルチンゲール問題

　このように確率微分方程式の係数が良い状況のとき，確率微分方程式 (1.7) は，与えられた状況下で解を持つ．さらにこれはブラウン運動の関数としても捉えることができる．非常に好都合である．例えば，本書では扱わないが，マリアヴァン解析のようなブラウン運動の汎関数に対する強力な手法も適用することができる．では，より悪い状況では確率微分方程式は考えられないのだろうか．我々はより緩い状況下で問題を考えたい．問題によっては必ずしも与えられた確率空間の上で解が得られる必要はない．このようなときは以下で述べる弱い解があれば十分である．

定義 1.52. ある確率空間 $(\Omega, \mathcal{F}, P)$ とブラウン運動 B に対して，各 x に対して確率微分方程式 (1.7) を満たす確率過程 X が存在するとき，X を (1.7) の弱い解と言う．

　X は連続な確率過程だから，結局問題にするのは，P よりも $X : \Omega \to C([0, \infty) \to \mathbb{R}^m)$ の像測度である．前と同じように標準過程を考えることにより，問題を道の空間に限定することができる．この $C([0, \infty) \to \mathbb{R}^m)$ 上の像測度を X の分布と言う．確率微分方程式 (1.7) の**弱い解の一意性**とは，この分布が一意であることである．このとき，X が確率微分方程式 (1.7) の解ならば，X は $\mathbb{R}^m$ を状態空間とする拡散過程を定める．$a = \sigma^t \sigma$，$L = \frac{1}{2} \sum_{i,j} a_{ij} \frac{\partial^2}{\partial x_i \partial_j} + \sum_j b_j \frac{\partial}{\partial x_j}$ と置く．すると，伊藤の公式から，任意の $f \in C^2(\mathbb{R}^m)$ に対し，

$$f(X_t) - f(X_0) - \int_0^t Lf(X_s)ds$$

は局所マルチンゲールとなる．よって，L は X の生成作用素である．

　一方，ストゥルックとヴァラダンはこの問題を次のようにマルチンゲール問題として定式化した．

　$\Omega = C([0, \infty) \to \mathbb{R}^m)$, $X_t(\omega) = \omega(t)$ $(\omega \in \Omega)$, $\mathcal{F} = \mathcal{B}(\Omega)$ とし，$\mathcal{F}_t$ を X の自然なフィルトレーションとする．

定義 1.53. $(\Omega, \mathcal{F})$ 上の確率測度 P で，任意の $f \in C^2(\mathbb{R}^m)$ に対し，

$$f(X_t) - f(X_0) - \int_0^t Lf(X_s)ds$$

が局所マルチンゲールとなるものを L-マルチンゲール問題の解と言う．

命題 1.54. L-マルチンゲール問題の解は，(1.7) の弱い解を与える．

前に見たように伊藤の公式から逆も成り立つ. すなわち, 我々は (1.7) の弱い解あるいは拡散過程 X の存在を解析的データ L を用いて議論することができる.

定理 1.55 (ストゥルック–ヴァラダン). σ, b が有界で a が一様楕円であれば, L-マルチンゲール問題の解は一意に存在する.

弱い解の一意性は, 上述したように, 道の空間 $\Omega = C([0, \infty) \to \mathbb{R}^m)$ 上の像測度 (分布) の一意性を意味するので, 分布の一意性とも言われる. 本書における我々の目的には, この一意性が保証されれば十分である.

1.6.4 1次元拡散過程

L を $\mathbb{R}^m$ 上の 2 階の楕円型微分作用素とする. L が拡散過程 (X_t, P_x) の生成作用素であることと, 任意の $f \in C^2(\mathbb{R}^m)$ に対し,

$$f(X_t) - f(X_0) - \int_0^t Lf(X_s)ds$$

が任意の $x \in \mathbb{R}^m$ に対し, P_x の下で局所マルチンゲールとなることは同値であった.

今, $\mathbb{R}$ 上の確率微分方程式

$$dX_t = \sigma(X_t)dB_t + b(X_t)dt, \quad X_0 = x \in \mathbb{R}$$

の解によって定義される拡散過程 (X_t, P_x) を考える. ただし, σ, b は局所リプシッツ条件を満たし, σ は 0 を取らないものとする.

上の特徴づけから, この拡散過程の生成作用素 L は

$$L = \frac{1}{2}\sigma^2(x)\frac{d^2}{dx^2} + b(x)\frac{d}{dx}$$

で与えられる.

問 4. 伊藤の公式を使って L が生成作用素であることを確かめよ.

今, $c \in \mathbb{R}$ を任意の点として,

$$s(x) = \int_c^x \exp\left(-\int_c^y 2b(z)\sigma(z)^{-2}dz\right)dy$$

と置く. $Ls(x) = 0$ をすぐに確かめることができる. このような単調で $Ls(x) = 0$ を満たす関数 s を X の**尺度関数**と言う.

a への到達時間を $\sigma_a := \inf\{t > 0 : X_t = a\}$ と置く. $a < x < b$ とし, この関数を用いて $P_x(\sigma_a < \sigma_b)$ を計算してみよう.

命題 1.56.
$$P_x(\sigma_a < \sigma_b) = \frac{s(b) - s(x)}{s(b) - s(a)}.$$

証明. $P_x(\sigma_a \wedge \sigma_b < \infty) = 1$ となることを認めて計算を進めよう. これについては後で見ることにする.

$\sigma(X_t^{\sigma_a \wedge \sigma_b})$ は有界なマルチンゲールである. よって, $E_x[\sigma(X_t^{\sigma_a \wedge \sigma_b})] = s(x)$. $t \to \infty$ とすれば,

$$E_x[\sigma(X_{\sigma_a \wedge \sigma_b})] = s(x)$$

となる. 左辺 $= s(a)P_x(\sigma_a < \sigma_b) + s(b)(\sigma_a > \sigma_b)$ となるから, $P_x(\sigma_a < \sigma_b) + (\sigma_a > \sigma_b) = 1$ と合わせて結論を得る. $\square$

1.6.5 カメロン-マルチン-ギルザノフ-丸山の公式

カメロン-マルチン-ギルザノフ-丸山の公式と呼ばれる公式はいろいろな形で記述される. しばしば, 簡単にギルザノフの公式と呼ばれる. ここでは一般的な形の公式を与えずに, 後述の応用の際に必要な形の記述にとどめるとする. 一般的な形は, [47] などを参照されたい.

ギルザノフの公式は確率測度 P に対して絶対連続な測度 Q を考え, その密度 $\frac{dQ}{dP}$ を問題にする.

フィルトレーション付き確率空間 $(\Omega, \mathcal{F}, \mathcal{F}_t, P)$ を考える. Q は $\mathcal{F}_\infty$ 上の測度で, P に対し絶対連続とする. 密度 $\frac{dQ}{dP}$ の $\mathcal{F}_t$ への射影 $E[\frac{dQ}{dP}|\mathcal{F}_t]$ を考えると, これは非負 (局所) マルチンゲールとなるはずだが, 今, マルチンゲール M を用いて

$$E\left[\frac{dQ}{dP}\bigg|\mathcal{F}_t\right] = \exp\left(M_t - \frac{1}{2}\langle M\rangle_t\right)$$

となるときを考える.

$$N_t = \exp\left(M_t - \frac{1}{2}\langle M\rangle_t\right) \tag{1.8}$$

と置く.

問 5. N は局所マルチンゲールであることを示せ.

補題 1.57. $C > 0$ があって, $\langle M\rangle_t \leq Ct$ ならば, N_t はマルチンゲールである.

定理 1.58. 上の設定の下, L は P の下で局所マルチンゲールとする. このとき,

$$\tilde{L} := L - \langle M, L\rangle$$

は Q の下で局所マルチンゲールとなる.

証明. 伊藤の公式より,

$$d(N_t \tilde{L}_t) = \tilde{L}_t dN_t + N_t d\tilde{L}_t + d\langle N, \tilde{L}\rangle_t$$
$$= \text{局所マルチンゲール} - N_t d\langle M, L\rangle_t + N_t d\langle M, L\rangle_t$$

$$= \text{局所マルチンゲール}.$$

$\square$

同様にして，次もわかる．

定理 1.59. B を P の下で，$(\mathcal{F}_t\text{-})$ ブラウン運動とする．このとき，

$$\tilde{B} := B - \langle M, B \rangle$$

は，Q の下で，$(\mathcal{F}_t\text{-})$ ブラウン運動となる．

証明．上の定理とレヴィの定理を用いればよい． $\square$

これを拡散過程に応用する．今，上で述べた確率空間を標準過程が定義されるパス空間と考え，X をこの上で定義された $\mathbb{R}^m$ 上のブラウン運動とする．X は $\frac{1}{2}\Delta$ を生成作用素とする拡散過程だが，これに対し，非負関数 $\phi \in C_b^2(\mathbb{R}^m)$ を用いて

$$L = \frac{1}{2}\Delta + \nabla \log \phi \cdot \nabla$$

と書ける作用素 L を生成作用素とする拡散過程 Y を考えたい．このような作用素はしばしば現れ，勾配型とも呼ばれる．確率微分方程式で書けば，

$$dY_t = dX_t + \nabla \log \phi(Y_t) dt$$

となる．今，$dM_t = \nabla \log \phi(X_t) \cdot dX_t$，$M_0 = 0$ という局所マルチンゲールを考えよう．これに対し前と同じように N を式 (1.8) で定義する．$\|\nabla \log \phi\|$ が有界ならば，補題 1.57 より N はマルチンゲールである．$Q(A) = E[N_t : A]$ $(A \in \mathcal{F}_t)$ とすれば $\mathcal{F}_\infty$ 上の確率測度に拡張できる．P_x に対応して Q_x も定義され，E_x^Q は Q_x による期待値を表す．

命題 1.60. $\|\nabla \log \phi\|$ が有界ならば，$E_x^Q[f(X_t)] = E_x[f(Y_t)]$ $(t \leq 0,\ \forall f \in C_b(\mathbb{R}^m))$ となる．また，このとき，Y は保存的である．

証明．$f \in C_b^2(\mathbb{R}^m)$ とする．$dV_t := \nabla f(X) \cdot dX$ と置く．伊藤の公式より，

$$d(N_t f(X_t)) = f(X_t) dN_t + N_t df(X_t) + d\langle N, f(X) \rangle_t$$

$$= \text{局所マルチンゲール} + \frac{1}{2} N_t \Delta f(X_t) dt + N_t d\langle M, V \rangle_t$$

$$= \text{局所マルチンゲール} + N_t \left(\frac{1}{2} \Delta f(X_t) + \nabla \log \phi \cdot \nabla f(X_t) \right) dt.$$

また，最後の項は，

$$\int_0^T N_t \left(\frac{1}{2} \Delta f(X_t) + \nabla \log \phi \cdot \nabla f(X_t) \right) dt$$

$$= \text{局所マルチンゲール} + N_T \int_0^T \left(\frac{1}{2} \Delta f(X_t) + \nabla \log \phi \cdot \nabla f(X_t) \right) dt$$

と書き直すことができる．これは，Q の下で X が L を生成作用素とする拡散過程であることを示している．　□

後のために N を書き直しておこう．伊藤の公式より，

$$d \log \phi(X_t) = \frac{\nabla \phi \cdot dX_t}{\phi(X_t)} + \frac{1}{2} \frac{\phi \Delta \phi(X_t) - ||\nabla \phi||^2(X_t)}{\phi(X_t)^2} dt$$

であり，また，

$$d \langle M \rangle_t = \frac{||\nabla \phi||^2}{\phi^2}(X_t) dt$$

なので，この 2 式を合わせると，

$$N_t = \frac{\phi(X_t)}{\phi(X_0)} \exp \left(-\frac{1}{2} \frac{\Delta \phi}{\phi}(X_t) \right)$$

を得る．今は，$\mathbb{R}^m$ 上で考えていたが，$\mathbb{R}^m$ の部分領域上でも同様なことを考えることができる．その際，ϕ として正値調和関数を取ると N は非常に簡明な形になる．これが，第 2 章で述べる優調和変換である．

ギルザノフの公式の応用として次に述べるウィーナー測度の台に関する定理 (support theorem) がある．

定理 1.61. $T > 0, x \in \mathbb{R}^m$ とし，$\phi : [0, T] \to \mathbb{R}^m$ を $\phi(0) = x$ となる連続関数とする．X を $\mathbb{R}^m$ 上のブラウン運動とすると，任意の $\epsilon > 0$ に対し

$$P_x \left(\sup_{0 \le t \le T} ||X_t - \phi(t)|| < \epsilon \right) > 0$$

である．

証明．ϕ は滑らかなもので $[0, T]$ 上一様に近似できるから，初めから C^1 級と仮定してよい．確率測度 Q を

$$\left. \frac{dQ}{dP} \right|_{\mathcal{F}_t} = M_t, \quad M_t = \exp \left(\int_0^t \phi'(s) \cdot dX_s - \frac{1}{2} \int_0^t ||\phi'(s)||^2 ds \right)$$

と取る．すると，$X_t - \phi(t)$ は Q の下では，0 から出発するブラウン運動となる．一般に，0 から出発する $\mathbb{R}^m$ 上のブラウン運動 B について，

$$P \left(\sup_{0 \le t \le T} ||B_t|| < \epsilon \right) > 0 \tag{1.9}$$

となることは容易にわかる．これと，シュヴァルツの不等式と $E[M_T^2] < \infty$ となることから結論を得る．　□

上述の定理はより一般的な拡散過程についても拡張できる (cf. [4])．この台に関する定理は，道の空間上の解析学である確率解析においては基本的であり，関数論への応用としても後述するハルナック不等式などを導く議論に使用され，基本的な役割を果たす (cf. [4]).

1.6.6 比較定理

SDE の道ごとの一意性からの帰結として次の確率微分方程式の比較定理が
よく知られている．1 次元の SDE の話になるが，後で見るように我々の目指
す多様体上の話への応用でも有用である．

定理 1.62. $\mathbb{R}$ 上の関数，σ, b^k $(k = 1, 2)$ は定理 1.51 の線形増大条件と局所
リプシッツ条件を満たすとする．$b^1(x) \le b^2(x)$ $(\forall x), x_1 \le x_2$ ならば，確率微
分方程式

$$dX_t^k = \sigma(X_t^k)dB_t + b^k(X_t^k)dt, \ X_0^k = x_k \quad (k = 1, 2)$$

の解 X^1, X^2 は $X_t^1 \le X_t^2$ $(0 < t < \zeta_1 \wedge \zeta_2)$ a.s. を満たす．ただし，ζ_k は
X^k $(k = 1, 2)$ の爆発時間である．

証明．本質的な場合である $\sigma \equiv 1$ のときに示す．一般の場合は，[22] を見よ．
また，[22] では，連続性の条件を緩めた場合についても示している．

b^1, b^2 は局所リプシッツ条件を満たすから，$A_n := \{(x, y) : |x| \le n, |y| \le n\}$
とすると，$C_n \uparrow \infty$ $(n \to \infty)$ が存在して，$A_n \subset \{(x, y) : |b^1(x) - b^1(y)| + |b^2(x) - b^2(y)| \le C_n|x - y|\}$ となる．$T_n := \inf\{t > 0 : (X_t^1, X^2) \notin A_n\}$ と
置けば，$T_n \uparrow \zeta_1 \wedge \zeta_2$ a.s. 各 n に対して，X^k の代わりに停止過程 $(X^k)^{T_n}$ を
考え，同じ記号 X^k と書くことにする．

セミマルチンゲール $d(X_t^1 - X_t^2) = (b^1(X_t^1) - b^2(X_t^2))dt$ に田中の公式を
適用すれば，$b^1(x) \le b^2(x)$ $(\forall x), X_0^1 = x_1 \le x_2 = X_0^2$ に注意すると，

$$
\begin{aligned}
(X_t^1 - X_t^2)_+ &= \int_0^t 1_{X_s^1 > X_s^2}(b^1(X_s^1) - b^2(X_s^2))ds \\
&= \int_0^t 1_{X_s^1 > X_s^2}(b^1(X_s^1) - b^1(X_s^2) + b^1(X_s^2) - b^2(X_s^2))ds \\
&\le \int_0^t 1_{X_s^1 > X_s^2}(b^1(X_s^1) - b^1(X_s^2))ds \\
&\le C_n \int_0^t 1_{X_s^1 > X_s^2}|X_s^1 - X_s^2|ds \\
&= C_n \int_0^t (X_s^1 - X_s^2)_+ ds.
\end{aligned}
$$

よって，$t < T_n$ のとき，$(X_t^1 - X_t^2)_+ = 0$ となる．したがって，$X_t^1 \le X_t^2$ $(0 < t < \zeta_1 \wedge \zeta_2)$. $\qquad\square$

1.6.7 ストラトノヴィッチ積分と確率微分方程式

第 5 章で多様体上の確率微分方程式を考えるが，それは伊藤積分よりもスト
ラトノヴィッチ積分で与えられる．この背景について，ユークリッド空間上で
見てみよう．

$V_1(x), \ldots, V_l(x)$ を $\mathbb{R}^m$ の滑らかなベクトル場とする．すなわち，$V_k(x)$：$\mathbb{R}^m \to \mathbb{R}^m$ $(k = 1, \ldots, l)$ は滑らかな写像である．$B = {}^t(B^1, \ldots, B^d)$ (縦ベクトル) を $\mathbb{R}^m$ 上のブラウン運動とし，確率微分方程式

$$dX_t = \sum_k V_k(X_t) \circ dB_t^k$$

を考える．すなわち，

$$X_t = X_0 + \sum_k \int_0^t V_k(X_s) \circ dB_s^k$$

のことである．$V = (V_1, \ldots, V_l)$ を $m \times l$ 行列とみて，これを伊藤型の確率微分方程式と同じように

$$dX_t = V(X_t) \circ dB_t \tag{1.10}$$

と略記しよう．この方程式は，爆発時間まで一意の解を持つことは前に見たとおりである．また，後述する章ではブラウン運動 B の代わりに，セミマルチンゲールを考えるが，伊藤型の確率微分方程式の形をしたものに限っているので，ブラウン運動の場合に帰着でき，前と同様に解の存在と一意性を述べることができる．ここでは簡単のため，上記のようなものを考える．

ベクトル場は，一般の多様体上では関数に作用するものとする．今の場合，$V_k = {}^t(V_k^1, \ldots, V_k^m)$ ならば，$V_k f(x) = \sum_j V_k^j \frac{\partial f}{\partial x_j}(x)$ (ただし，$x = (x_1, \ldots, x_m)$) である．

命題 1.63. X が確率微分方程式 (1.10) の解であることと，任意の $f \in C^2(\mathbb{R}^m)$ に対し，

$$f(X_t) = f(X_0) + \sum_k \int_0^t V_k f(X_s) \circ dB_s^k$$

を満たすことは同値である．

証明．十分性は $f(x) = x_j$ $(j = 1, \ldots, m)$ に適用すればよい．必要性は，前に見たストラトノヴィッチ型の伊藤の公式を適用すればよい．　　　　□

第 2 章

調和関数とブラウン運動

この章では，$\mathbb{R}^m$ の領域 D 上を動くブラウン運動を考え，D 上の調和関数との関係について見て行く．$\mathbb{R}^m$ の領域は後述する多様体のモデルとも言え，この章で述べる多くの基本事項はリーマン多様体上でも成り立つ．

2.1 調和性とマルチンゲール

重要な概念であるので，まずは調和関数の定義を復習しておこう．$B_a(r) := \{x \in \mathbb{R}^m : ||x - a|| < r\}$ と置く．

定義 2.1. 領域 $D \subset \mathbb{R}^m$ 上の局所可積分関数 u が調和とは，任意の $a \in D$ に対し，$B_a(r) \subset D$ ならば，

$$u(a) = \int_{\partial B_t(a)} u(x) s_t(dx) \; (0 \le t < r)$$

が成り立つことである．

ここで，$s_t(dx)$ は $\partial B_a(t)$ 上の一様測度，すなわち，正規化された球面測度である．

この定義から，軟化子を用いることにより，u は D 上で滑らかであることを示すことができる．よって，よく知られているように，

命題 2.2. u が D 上調和ならば，$\Delta u(x) = 0 \; (x \in D)$ である．

さらに，伊藤の公式を用いると次が成り立つ．

命題 2.3. X が $\mathbb{R}^m$ のブラウン運動，u が D 上調和ならば，$u(X_{\tau_D \wedge t})$ は，任意の $x \in D$ に対し P_x の下で局所マルチンゲールである．

ここで，$\tau_D := \{t > 0 : X_t \notin D\}$ であり，D からの (最小) 脱出時間と呼ばれる．また，マルチンゲールに言及するときは特に断らない限り，X の通常の

条件を満たす自然なフィルトレーションに関するものとする.

条件を加えれば次が言える.

命題 2.4. D を有界領域とし, $u \in C(\overline{D})$ とする. このとき次が成り立つ.

$u : D$ 上調和

$\iff$ 任意の $x \in D$ に対し P_x の下で $u(X_{\tau_D \wedge t})$ はマルチンゲール.

証明. $(\Rightarrow)$ u は有界となるからマルチンゲールとなる.

$(\Leftarrow)$ $a \in D$, $B_a(r) \subset D$ とする. P_a の下で $X_{\tau_{B_t(a)}}$ の分布は, $\partial B_a(t)$ 上の一様分布となるから, 調和関数の定義である平均値の性質が言える. $\quad\square$

上記の調和関数の特徴づけはリーマン多様体上でも変わらない. 微分幾何では, 調和関数は滑らかさをあらかじめ仮定して, $\Delta u = 0$ によって定義されることが多い. これがより一般の空間や劣調和関数に対しては, 事情が少々異なる. これについては後ほど見る.

2.2 容量と極集合

2.2.1 極集合

定義 2.5. $B \subset \mathbb{R}^m$ をボレル集合とし, σ_B を X の B への到達時間とする. 任意の $x \in \mathbb{R}^m$ に対し, $P_x(\sigma_B < \infty) = 0$ のとき, B を (ブラウン運動の) **極集合** (polar set) と言う.

1 次元ブラウン運動はすべての点に到達可能であるから, 極集合は空集合に限る. 一方, 2 次元以上ではいろいろな極集合が存在する. 1 点集合は極集合である. これに対し, $B \subset \mathbb{R}^m$ が m 次元ルベーグ測度正ならば, 極集合ではない (非極集合). ルベーグ測度零であったとしても, 極集合であるとは限らない. 例えば, 2 次元ブラウン運動では, 正の長さを持つ線分は非極集合である. これに対し, 3 次元ブラウン運動では 1 次元直線は極集合である. これは, 2 次元では 1 点集合が極集合であることから導かれる. また, 極集合の可算和も極集合である. 古典的関数論で知られている対数容量, ニュートン容量とは次の関係がある.

定理 2.6. i) $m = 2$ とする. このとき, 極集合は対数容量零の集合である.

ii) $m \geq 3$ とする. このとき, 極集合はニュートン容量零の集合である.

容量に関しては確率過程から定義するやり方もあり, その容量零集合と極集合は一致する. これに関しては後述する.

2.2.2 到達分布と正則点

定義 2.7. $B \subset \mathbb{R}^m$ をボレル集合とし，σ_B を X の B への到達時間とする．$P_x(\sigma_B = 0) = 1$ のとき，x は B に関して正則 (regular) という．正則な点を正則点と言い，B の正則点全体を B^r で表すことにする．

問 6. $m = 1$ のとき，$B^r = \overline{B}$ を示せ．($\sigma_B = \sigma_{\overline{B}}$ であることに注意せよ．)

$m \geq 2, B = \{x\}$ のとき，明らかに x は非正則点である．$B \in \mathcal{B}(\mathbb{R}^m)$ に対して，x が B に関して正則点であるかどうかを判定する簡単な方法の一つとして次の錐条件がよく知られている．

ある $1 > \alpha > 0$ と単位ベクトル u に対して，集合

$$C_\alpha(x) := \{y \in \mathbb{R}^m | (y - x) \cdot u \geq \alpha \|y - x\|\} \tag{2.1}$$

を x を頂点とする錐と言う．α に拘らないときは，これを省略する．

補題 2.8. $B \in \mathcal{B}(\mathbb{R}^m), x \in \mathbb{R}^m$ とする．$r > 0$ と錐 $C(x)$ が存在して，$C(x) \cap B_x(r) \subset B$ ならば，x は B に関して正則である．

これより直ちに，球面 $S_a(r) := \partial B_a(r)$ $(r > 0, a \in \mathbb{R}^m)$ の点はすべて正則であることがわかる．

$$H_B(x, A) := P_x(X_{\sigma_B} \in A, \sigma_B < \infty) \ (A \in \mathcal{B}(\mathbb{R}^m))$$

と置くと，$H_B(x, \cdot)$ は測度になる．これを X の B への到達分布と呼ぶ．いくつかの例を見よう．

命題 2.9. i) $B = S_a(r)$ (半径 $r > 0$ 中心 $a \in \mathbb{R}^m$ の球面) のとき，$x \in B_a(r)$ (半径 $r > 0$ 中心 $a \in \mathbb{R}^m$ の開球) に対して，

$$H_{S_a(r)}(x, dy) = \frac{r^2 - \|x - a\|^2}{\|x - y\|^2} r^{m-2} s_r(a, dy).$$

ここで，$s_r(a, dy)$ は $S_a(r)$ 上の一様確率測度．特に，$x = a$ のときは，$H_{S_a(r)}(a, dy) = r^{m-2} s_r(a, dy)$．

ii) $B = H$ ($\mathbb{R}^m$ 内の超平面) のとき，

$$H_H(x, dy) = \frac{\Gamma(m/2)}{\pi^{m/2}} \frac{d(x, H)}{\|x - y\|^m} S_H(dy).$$

ここで，$S_H(dy)$ は $\mathbb{R}^m$ のユークリッド計量から誘導される H 上の測度．

これらの例では，H_B の台は B そのものだが，1 次元の場合を考えればわかるように，一般には $\mathrm{supp}\, H_B \subset \overline{B}$ である．

注意 2.10. i) $r^{m-2} s_r(a, dy)$ は，$\mathbb{R}^m$ のユークリッド計量から誘導される $S_a(r)$ 上の測度．

ii) $m = 2$ のとき, $H = \{(a,b)|b = 0\}, x \in \mathbb{R} \setminus \{0\}$ とすると,

$$H_H(x, dy) = \frac{|x|}{\pi(x^2 + y^2)} dy$$

となる. これはコーシー分布と呼ばれる.

次の事実は, この到達分布が次節で述べるディリクレ問題の解および正則点と密接に関係していることを意味している.

定理 2.11. $B \in \mathcal{B}(\mathbb{R}^m), b \in \partial B$ とする.

　i) $b \in B^r$ ならば, $x \to b$ のとき $H_B(x, \cdot) \to \delta_b$ (弱収束).

　ii) $x \to b, x \in B^c$ のとき $H_B(x, \cdot) \to \delta_b$ (弱収束) ならば, $b \in B^r$.

2.3 ディリクレ問題

2.3.1 ディリクレ問題と調和測度

$D \in \mathbb{R}^m$ を領域 (すなわち, 連結開集合) とする. $\phi \in C(\partial D)$ に対して,

$$f(x) \to \phi(\zeta) \ (x \to \zeta \in \partial D) \ \text{かつ}, \Delta f(x) = 0 \ (x \in D) \tag{2.2}$$

を満たす関数 f を求める問題をディリクレ問題と言う. 前者の条件を境界条件と言う. すなわち, ディリクレ問題とは, 与えられた境界条件を満たすような D 上の調和関数を求めよ, ということである. この節ではブラウン運動を用いてこの方程式の解を求めよう.

まず, 前節で与えた到達分布を用いて,

$$H_D\phi(x) := \int_{\partial D} \phi(y) H_{D^c}(x, dy) = E_x[\phi(X_{\tau_D}); \tau_D < \infty]$$

と置く. ここで, $\tau_D := \{t > 0 : X_t \notin D\} = \sigma_{D^c}$ であり, X の D からの最小脱出時間である. D が有界のときは, $P_x(\tau_D < \infty) = 1 \ (\forall x \in D)$ であることを容易に示すことができるから, $H_D\phi(x) = E_x[\phi(X_{\tau_D})]$ となる. 簡単のため, 以下では D が有界の場合を考える.

$x \in D$ に対して, D^c への到達分布 $H_{D^c}(x, dy)$ を**調和測度**とも呼ぶ. これを $\omega_D(x, dy)$ と書くときもある.

定理 2.12. $\partial D \subset (D^c)^r$ ならば, $H_D\phi(x)$ はディリクレ問題 (2.2) の一意的な解である.

証明. 境界条件は定理 2.11 よりわかる. 調和性を見る. $U_t := H_D\phi(X_{\tau_D \wedge t})$ と置くと, 任意の $x \in D$ に対して P_x の下でマルチンゲールになる. 実際, T を任意の有界な止め時とすると,

$$E_x[U_T] = E_x\left[E_{X_{\tau_D \wedge T}}[\phi(X_{\tau_D})]\right]$$

$$= E_x \left[E_x [\phi(X_{\tau_D}) \circ \theta_{\tau_D \wedge T} | \mathcal{F}_{\tau_D \wedge T}] \right]$$

$$= E_x \left[E_x [\phi(X_{\tau_D}) \circ \theta_{\tau_D \wedge T}] \right].$$

止め時 $S < \tau_D$ に対しては, $\tau_D \circ \theta_S = \tau_D - S$ だから, $\phi(X_{\tau_D}) \circ \theta_S = \phi(X_{\tau_D})$ となるから,

$$E_x[U_T] = E_x[\phi(X_{\tau_D})] = E_x[U_0]$$

がわかる. 命題 2.4 より調和性がわかる. 次に一意性を見よう. u をディリクレ問題 (2.2) の解とする. 伊藤の公式から $u(X_{\tau_D \wedge t})$ は局所マルチンゲールであり, u は $\overline{D}$ に連続に拡張されるから, $u(X_{\tau_D \wedge t})$ は有界マルチンゲールとなる. マルチンゲールの収束定理により, $\lim_{t \to \infty} u(X_{\tau_D \wedge t})$ が a.s. に存在し, 極限値は $\phi(X_{\tau_D})$ となる. よって, 一様可積分性から, $U_t - u(X_{\tau_D \wedge t}) = 0 \ (t \geq 0)$ a.s. すなわち, $H_D \phi(x) = u(x)$. □

$b \in \partial D$ に対してはブラウン運動の言葉で正則性を与えたが, ディリクレ問題に関して正則, という概念がある. これは, $H_D \phi(x) \to \phi(b) \ (x \to b, x \in D)$ となることである. すなわち, $H_D \phi$ がディリクレ問題の境界条件を満たす点ということである. この意味で ∂D の点すべてが正則のとき, D は正則と言う. このとき, $H_D \phi$ はディリクレ問題 (2.2) の解になっている.

上で見たことにより, ディリクレ問題に関して正則点であることと D^c に関して正則点であることは同値である. さらに, D が正則であることは, $\partial D \subset (D^c)^r$ と同値である.

ところで, この問題はいつでも (どのような D, ϕ に対しても) 解けるであろうか. 答えは否である. S. ザレムバは次のような簡単な例を与えた. $D = B_0(1) \setminus \{0\} \subset \mathbb{R}^2$ とし, $\phi(x) = 0 \ (x \in \partial B_0(1))$, $\phi(0) = 1$ すると, このディリクレ問題は解を持たない. 何となれば, 境界条件 $\phi(x) = 0 \ (x \in \partial B_0(1))$ を満たす解は, 定理 2.12 より, 定数 0 に限る. 一方, $x = 0$ に境界条件を置いたとしても 1 点 0 はブラウン運動の極集合なので, 定理 2.12 の一意性の証明には寄与しない. すなわち, もしこの解 u が存在したとすると, $u(x) = 0 \ (x \in B_0(1) \setminus \{0\})$ となり, 境界条件 $\phi(0) = 1$ を満たさない. また, 点 0 は極集合であるから, 正則ではない.

ディリクレ問題を考え始めたのは, C. ガウスといわれる. ガウスはディリクレ問題はディリクレ積分の最小化問題, 所謂「ディリクレ原理」を用いていつでも解けると考えていたようである. B. リーマンも有名なリーマンの写像定理の証明を考えたときにはこれを用いた. その後 K. ワイエルシュトラスによって批判され, その弟子 H. シュヴァルツによって証明が与えられたことはよく知られている. ディリクレ問題が解けない例については, 上のザレムバや H. ルベーグによって与えられた. その後, ディリクレ問題を解ける問題として定式化したのは N. ウィーナーである. ブラウン運動の数学的理論の創始者

ウィーナーはこの段階でブラウン運動との関係については知らなかったようである. ブラウン運動とディリクレ問題の関係について指摘したのは, 角谷静夫と J. ドゥーブである. ウィーナーはその後, ブラウン運動を用いて, 正則性の条件としてよく知られているウィーナーテストを開発した (ウィーナーテストについては [3], [24] 等を見よ).

2.3.2 ヘルグロッツの表現定理

正値調和関数の基本的事実について見ておくことにする. $D \subset \mathbb{R}^m$ を有界領域とし, ∂D は滑らかとする. $s_{\partial D}(dy)$ を $\mathbb{R}^m$ のユークリッド計量から誘導される曲面積測度とし, 正規化されたものを考える. すなわち, $\int_{\partial D} s_{\partial D}(dy) = 1$ とする. このとき, 調和測度 $\omega_D(x, dy)$ は $s_{\partial D}(dy)$ に関して絶対連続である. さらに互いに絶対連続になる. ラドン–ニコディム微分 $d\omega_D(x, \cdot)/ds_{\partial D}$ をポアソン核と言う. $D = B_a(r)$ のとき, ポアソン核を $P_r(x, y)$ と書くと, 前に見たように

$$P_r(x, y) = \frac{r^2 - ||x - a||^2}{||x - y||^2} r^{m-2}$$

である.

ここで正値調和関数に対するヘルグロッツの表現定理を述べておこう.

定理 2.13. $D = B_a(r)$, D 上のポアソン核を $P_r(x, y)$ とする. h が D 上の正値調和関数ならば, ∂D 上の測度 μ_h が存在して,

$$h(x) = \int_{\partial D} P_r(x, y) d\mu_h(y)$$

と書ける.

証明については若干の解析的議論によって証明できる. [1] 等を見よ.
μ の台については次がわかる.

命題 2.14. $B \in \mathcal{B}(\partial B_a(r))$ に対し, $h(x) \to 0$ $(x \to b \in B)$ ならば, $\mu_h(B) = 0$.

一般の領域 D に対しては, ポアソン核が存在するとは限らないが, マルチン境界を考え, マルチン核を上のポアソン核のように用いて, 上述したヘルグロッツの定理の類似を示すことができる. マルチン境界の理論についてはここで触れないが, 確率論的にもブラウン運動の大域的挙動を考える上で重要な意味を持つ. マルチン境界に関しては [1] が良い教科書となろう.

2.4 グリーン関数

2.4.1 領域のグリーン関数

本節では, 領域 $D \subset \mathbb{R}^m$ は有界とする. 本節で述べるほとんどの事項は,

D をリーマン多様体の相対コンパクトな領域としても成り立つ.

補題 2.15. $\tau_D = \inf\{t > 0 : X_t \notin D\}$ とする. このとき,

$$\sup_{x \in D} E_x[\tau_D] < \infty$$

である.

証明. 十分大きな $R > 0$ を取れば, $D \subset B_o(R)$ となる. $r(x) = d(o, x)$ と置く. $\Delta r(x)^2 = 2m$ となるから, 伊藤の公式より,

$$r(X_{\tau_D \wedge t})^2 - r(X_0)^2 = \text{マルチンゲール} + m\tau_D \wedge t$$

となる. よって, $E_x[\tau_D \wedge t] \leq R^2/m$ となり, $t \to \infty$ とすれば, 単調収束定理より, $E_x[\tau_D] \leq R^2/m$. $\square$

これより, 任意の $f \in \mathcal{B}_b(M)$ に対し, $E_x[\int_0^{\tau_D} f(X_s)ds]$ は有限の値を取ることがわかる. このとき,

$$E_x\left[\int_0^{\tau_D} f(X_s)ds\right] = \int_D f(y)g_D(x, y)dv(y)$$

を満たす非負関数 $g_D(x, y)$ が存在する. これを D の (ディリクレ条件付きの) **グリーン関数** と言う. ここで, dv は $\mathbb{R}^m$ のルベーグ測度である. $f = 1$ とすれば,

$$E_x[\tau_D] = \int_D g_D(x, y)dv(y).$$

今, $f \in C_b(D), \phi \in C(\partial D)$ に対し, ポアソン方程式

$$\frac{1}{2}\Delta u(x) = f(x) \ (x \in D), \quad u(x) = \phi(x)$$

の解 $u \in C(\overline{D})$ を考える. 伊藤の公式により,

$$u(X_{\tau_D \wedge t}) - u(x) = \text{マルチンゲール} + \int_0^{\tau_D \wedge t} f(X_s)ds$$

を得る. これの期待値を取って, $t \uparrow \infty$ とすれば, 解 u は

$$u(x) = H_D\phi(x) - \int_D f(y)g_D(x, y)dv(y).$$

グリーン関数は全空間のグリーン関数と同じように次の性質を満たす.

命題 2.16. D は正則な領域, すなわち, ∂D の点はすべて正則点とする. このとき, 次の i) $\sim$ iii) が成り立つ.

   i) $g_D(x, y) = g_D(y, x) \ (x \neq y)$.

   ii) 超関数の意味で, $\Delta g_D(x, y) = -2\delta_x(y)$. ただし, $\delta_x(y)$ は x における デルタ関数.

   iii) $x \in D$ を固定する. $g_D(x, y) \to 0 \ (y \to b)$.

証明は，i),ii) についてはグリーンの公式を用いればよい (cf. [1]). iii) については，任意の $\epsilon > 0$ に対して，$P_x(\tau_D > \epsilon) \to 0 \ (x \to b)$ となることからわかる.

ii) の性質は，$g_D(x,y)$ は $y \neq x$ のとき，y の関数として正値調和関数となり，また，$d(x,y) \sim 0$ のとき，

$$g_D(x,y) \sim \text{const.} \log \frac{1}{d(x,y)} \ (m = 2),$$

$$g_D(x,y) \sim \text{const.} d(x,y)^{2-m} \ (m \geq 3)$$

となることを意味する．この性質は，グリーン関数を扱うときにしばしば用いられる．

また，ディリクレ熱核 $p_D(t,x,y)$ を

$$\int_D p_D(t,x,y)f(y)dv(y) = E_x[f(X_t) : t < \tau_D]$$

によって定義すると，

$$g_D(x,y) = \int_0^\infty p_D(t,x,y)dt$$

となる.

D の境界 ∂D が滑らかならば，その上のポアソン核とグリーン関数には次の関係がある.

$$P_D(x,y) = -\frac{\partial}{\partial n_y}g_D(x,y). \tag{2.3}$$

ここで，$\frac{\partial}{\partial n_y}$ は $y \in \partial D$ における外向き法線微分である．多くの場合，この公式からポアソン核は求められる．後ほどの比較定理でも活躍する.

2.4.2　グリーン領域

今までは D を有界としたが，この節では領域 $D \subset \mathbb{R}^m$ は有界とは限らないものとする.

今，集合関数 μ を

$$\mu(A) = E_x\left[\int_0^{\tau_D} 1_A(X_t)dt\right] \quad (A \in \mathcal{B}(D))$$

で定義する．任意のコンパクト集合 $K \subset D$ に対して $\mu(K) < \infty$ ならば，μ は局所有限かつルベーグ測度に関して絶対連続な測度を定義する．この測度のルベーグ測度に関する密度関数を D のグリーン関数と呼び，前と同じように $g_D(x,y)$ と書くことにする．グリーン関数が存在するような領域を**グリーン領域**と呼ぶ．ここでは仮定していないが，さらに正則性を仮定するときもある.

例 3. $m \geq 3$ とする．任意の領域 $D \subset \mathbb{R}^m$ はグリーン領域である．特に，$\mathbb{R}^m$ はグリーン領域である.

$\mathbb{R}^m$ $(m \geq 3)$ のグリーン関数は

$$g_{\mathbb{R}^m}(x, y) = \int_0^\infty \frac{1}{(2\pi t)^{m/2}} e^{-\frac{||x-y||^2}{2t}} dt \quad (x \neq y)$$

となる．これに対し，$\mathbb{R}^1, \mathbb{R}^2$ はグリーン領域ではない．この辺りの事情は第3章で見る過渡性・再帰性に関係がある．$D \subset \mathbb{R}^2$ は，D^c が容量正の集合を含めばグリーン領域となる．

ここで，今後，頻繁に用いる言葉を一つ導入しておく．

定義 2.17. D を領域とする．D 内の相対コンパクトな集合列 $\{D_n\}$ で

$$\bar{D}_n \subset D_{n+1}(n = 1, 2, \dots), \qquad D = \cup_{n=1}^\infty D_n$$

を満たすものを D のエグゾースチョンという．

$\{D_n\}$ は，その境界 ∂D_n が滑らかなものを取ることができることを注意しておく．

2.5 調和関数の境界挙動

2.5.1 優調和変換

領域 D 上の正値調和関数 h を用いて，生成作用素

$$L_h u := \frac{1}{2} h^{-1} \Delta(hu) = \frac{1}{2} \Delta u + \frac{\nabla h \cdot \nabla u}{h} \quad (u \in C_0^\infty(D))$$

を持つ拡散過程を考えることができる．この拡散過程をブラウン運動 X の優調和変換と言う．これを X^h，その x から出発する法則を P_x^h と書くことにする．

X^h は次の確率微分方程式の解である．

$$dX_t^h = dB_t + \nabla \log h(X_t^h)dt, X_0 = x.$$

カメロン-マルチン-ギルザノフ-丸山の公式 (1.6.5 節) を適用すると，$A \in \mathcal{F}_T, T < \tau_D$ ならば，

$$P_x^h(A) = E_x[h(X_T) : A]/h(x)$$

となる．

D が $\mathbb{R}^m$ の球 B または上半空間 $H = \mathbb{R}^{m-1} \times (0, \infty) = \{x = (x_1, \dots, x_{n-1}, x_n) : x_n > 0\}$ とするとき，ポアソン核 $P(x, z)$ $(x \in D, z \in \partial D)$ が存在する．これは変数 x に関して正値調和であったことを思い出そう．そこで，h として $P(x, z)$ を取る．対応する $X^{P(\cdot, z)}, P_x^{P(\cdot, z)}$ を X^z, P_x^z と書くことにする．これは単なる簡略表示ではなく，次の意味がある．

$$P_x^z \left(\lim_{t \to \tau_D} X_t^z = z \right) = 1.$$

ここで，τ_D は X_t^z の D からの最小脱出時間である (ブラウン運動のときと同じ記号を用いている)．さらに，任意の $B \in \mathcal{B}(\partial D)$ に対して

$$P_x(A \cap \{X_{\tau_D} \in B\}) = \int_B P_x^z(A) P_x(X_{\tau_D} \in dz) \tag{2.4}$$

が言える．ここで，$P_x(X_{\tau_D} \in dz) = \omega_D(x, dz)$，すなわち，ブラウン運動の ∂D への到達分布，同じことだが，D の調和測度である．これは，直感的に言えば，

$$P_x^z(A) = P_x(A|X_{\tau_D} = z)$$

ということである．事象 $\{X_{\tau_D} = z\}$ は P_x の零集合だからこのような記述は意味がないが，X_t^z はブラウン運動の D からの脱出位置に条件を付けた過程という風に見ることができる．また，等式 (2.4) は P_x-a.s. に起こる事象は，$\omega_D(x, dz)$-a.e. z に対して，P_x^z-a.s. に起こることを意味している．

　この確率過程は関数の境界挙動を調べる上で重要な役割を果たす．その際，次が基本的である．

定義 2.18. $A \in \mathcal{F}_{\tau_D}$ に対し，任意の $T < \tau_D$ を満たす止め時 T に対して $1_A \circ \theta_T = 1_A$ を満たす事象を**ずらし不変** (shift-invariant) な事象と言う．

定理 2.19 (ブロサールの 0-1 則). A をずらし不変な事象とする．このとき，$\omega_D(x, dz)$-a.e. z に対して，

$$P_x^z(A) = 0 \text{ または } 1.$$

証明. D が球の場合を考える．

　まず，$P_x^z(A)P(x, z)$ が D 上の調和関数であることを示す．

　$T < \tau_D$ とする．$\phi(x) := P_x^z(A)$ と置く．

$$E_x^z[\phi(X_T^z)] = E\left[E_x^z[1_A \circ \theta_T | \mathcal{F}_T] \right]$$
$$= E\left[E_x^z[1_A | \mathcal{F}_T] \right]$$
$$= \phi(x)$$

となり，各 $x \in D$ に対し，$\phi(X_{t \wedge \tau_D}^z)$ は P_x^z の下でマルチンゲールになる．すなわち，

$$E_x^z[\phi(X_T^z)] = E_x[P(X_T, z)\phi(X_T)]/P(x, z) = \phi(x).$$

よって，$P(x, z)\phi(x)$ は正値調和になる．次に，$\phi(x)$ が D 上定数関数となることを示す．ヘルグロッツの表現定理 (定理 2.13) により，ある ∂D 上の測度 μ が存在して，

$$P(x, z)\phi(x) = \int_{\partial D} P(x, y) d\mu(y)$$

と書ける. $P(x,z)\phi(z) \to 0 \ (x \to b \neq z)$ となるから, 命題 2.14 より $\mu(\partial D \setminus \{z\}) = 0$. すなわち, $\int_{\partial D} P(x,y)d\mu(y) = \text{const}.P(x,z)$ となり, 各 $A \in \mathcal{F}_{\tau_D}$ に対し, $x \mapsto \phi(x)$ は D 上定数となる. $\{D_n\}$ を D のエグゾースチョンとし, $\tau_n := \tau_{D_n}, A \in \mathcal{F}_{\tau_D}, B \in \mathcal{F}_{\tau_n}$ とする.

$$P_x^z(A \cap B) = E_x^z\left[E_x^z[1_A|\mathcal{F}_{\tau_n}] : B\right]$$
$$= E_x^z\left[E_x^z[1_A \circ \theta_{\tau_n}|\mathcal{F}_{\tau_n}] : B\right]$$
$$= E_x^z\left[E_{X_{\tau_n}}^z[1_A] : B\right]$$
$$= E_x^z[\phi(X_{\tau_n}) : B]$$
$$= P_x^z(A)P_x^z(B).$$

$\mathcal{F}_{\tau_D} = \sigma(\bigcup_n \mathcal{F}_{\tau_n})$ であるから, 測度の一致の定理より, 任意の $A, B \in \mathcal{F}_{\tau_D}$ に対して, $P_x^z(A \cap B) = P_x^z(A)P_x^z(B)$ が成り立つ. $c := \phi(x)$ と置き, $A = B$ とすると, $c = c^2$ となり, $c = 0$ または 1 を得る. $\square$

　一般領域の場合, マルチン核はポアソン核と同じように正値調和関数となり, ポアソン核の代わりにマルチン核を用いて優調和変換を考えると, 前述のような脱出点に関する条件付きブラウン運動 X^z を構成できる.

2.5.2 非接極限

　$D \subset \mathbb{R}^m$ が原点 o を中心とする単位球 $B_o(1)$ の場合を考える.

　$z \in \partial D$ に対し, 錐 $C_\alpha(z)$ の定義 (2.1) において, $u = \vec{zo}$ とする. $V_\alpha(z) := C_\alpha(z) \cap B_z(1/2)$ と置く. $m = 2$ のとき, $V_\alpha(z)$ は 1 変数複素関数論に出てくるシュトルツの路と本質的に同じものである.

定義 2.20. 関数 u が任意の $0 < \alpha < 1$ に対し, α によらない極限値 $\lim_{x \to z, x \in V_\alpha(z)} u(x)$ が存在するとき, u は $x \to z$ のとき, z において**非接極限**を持つと言い, その極限値を u の z における**非接境界値**と言う.

　次の定理はよく知られている.

定理 2.21 (ファトゥーの定理). u が $B_o(1)$ 上の正値調和関数ならば, $\partial B_o(1)$

図 2.1　シュトルツの路.

上の球面測度に関してほとんどすべての $z \in \partial B_o(1)$ に対し, u は z において非接境界値を持つ.

　これは, 解析的には定理 2.13 を用いて証明できる. 一方, X をブラウン運動とすると, $u(X)$ は正値局所マルチンゲールとなり, これは正値優マルチンゲールである. マルチンゲールの収束定理により, $\lim_{t \to \tau_{B_o(1)}} u(X_t)$ が確率 1 で収束する. 前に見たように球の調和測度は球面測度と互いに絶対連続であるから, z で脱出する条件付きブラウン運動 X^z を考えると, 球面測度に関してほとんどすべての z に関して, $\lim_{t \to \tau_{B_o(1)}} u(X_t^z)$ が P_x^z-a.s. に存在する. こうしてみると, 非接極限の存在と (条件付き) ブラウン運動の道に沿った収束の関係はどうなっているか興味が出ることだろう.

　結論から言うと, 一般の正値とは限らない調和関数については, 2 次元の場合は非接極限の存在とブラウン運動の道に沿った収束は一致する. 3 次元以上ではこの限りではない. この事情を正確には次のように述べることができる.

　以下では $D = B_o(1)$ として, ∂D 上の集合をいくつか用意する.

$$\mathcal{L}_\alpha := \{z \in \partial D : \lim_{x \to z, x \in V_\alpha(z)} u(x) \text{ が存在する.}\}$$

とし, $\mathcal{L} := \bigcap_{0 < \alpha < 1} \mathcal{L}_\alpha$ と置く. すなわち, $\mathcal{L}$ は u の非接境界値が存在するような境界点の全体である. 非接最大関数 $N_\alpha u(z)$ を

$$N_\alpha u(z) := \sup\{|u(x)| : x \in V_\alpha(z)\}$$

で定義する. $\mathcal{N}_\alpha := \{z : N_\alpha u(z) < \infty\}$, $\mathcal{N} = \bigcap_{0 < \alpha < 1} \mathcal{N}_\alpha$ とする. 明らかに, $\mathcal{L} \subset \mathcal{N}$ である. また, $\mathcal{N} \setminus \mathcal{L}$ は球面測度に関して零集合であることが知られている. さらに, 面積関数を

$$A_\alpha u(z) := \left(\int_{V_\alpha(z)} |\nabla u|^2(x)(1 - ||x||)^{2-m} dx \right)^{1/2}$$

とし, $\mathcal{A}_\alpha := \{z : A_\alpha u(z) < \infty\}$, $\mathcal{A} := \bigcap_{0 < \alpha < 1} \mathcal{A}_\alpha$ と置く. すると, $\mathcal{N} = \mathcal{A}$ a.e. が知られている. これらの確率論的対応物を考えよう.

$$\hat{\mathcal{N}} := \{z : P_x^z \left(\exists \lim_{t \to \tau_D} u(X_t) \right) = 1\},$$

$$\hat{\mathcal{L}} := \{z : P_x^z \left(\sup_{0 \le t < \tau_D} |u(X_t)| < \infty \right) = 1\},$$

$$\hat{\mathcal{A}} := \{z : P_x^z \left(\int_0^{\tau_D} |\nabla u|^2(X_t) dt < \infty \right) = 1\}$$

と置いてみる.

命題 2.22. $\hat{\mathcal{N}} = \hat{\mathcal{L}} = \hat{\mathcal{A}}$ a.e.

証明. 上に現れている各事象を $N := \{\lim_{t \to \tau_D} u(X_t)) = 1\}, L :=$

$\{\sup_{0\le t<\tau_D}|u(X_t)| < \infty\}, A := \{\int_0^{\tau_D}|\nabla u|^2(X_t)dt < \infty\}$ と置く．$\langle u(X)\rangle_t = \int_0^t|\nabla u|^2(X_s)ds$ であるから，$N=L=A$ a.s. よって，任意の $B \in \mathcal{B}(\partial D)$ に対し，$P_x(N\cap\{X_{\tau_D}\in B\}) = P_x(L\cap\{X_{\tau_D}\in B\}) = P_x(A\cap\{X_{\tau_D}\in B\})$．(2.4) より，$\int_B P_x^z(N)P_x(X_{\tau_D}\in dz) = \int_B P_x^z(L)P_x(X_{\tau_D}\in dz) = \int_B P_x^z(A)P_x(X_{\tau_D}\in dz)$．これらの事象はいずれもずらし不変であるから，ブロサールの 0-1 則により，それぞれの P_x^z で測った確率は x によらず 0 または 1 である．すなわち，$P_x^z(N)=1_{\hat{\mathcal{N}}}(z), P_x^z(L)=1_{\hat{\mathcal{L}}}(z), P_x^z(A)=1_{\hat{\mathcal{A}}}(z)$．よって，$s_1(\hat{\mathcal{N}}\cap B) = s_1(\hat{\mathcal{L}}\cap B) = s_1(\hat{\mathcal{A}}\cap B)$ (s_1 は ∂D 上の球面積測度)．これは，$\hat{\mathcal{N}}=\hat{\mathcal{L}}=\hat{\mathcal{A}}$ a.e. を意味する． □

　$m=2$ のときは，$\mathcal{N}=\hat{\mathcal{N}}$ がわかり，結局，a.e. にすべてのものが一致する．$m\ge 3$ のときは反例が存在する．また，$\mathcal{N}\subset\hat{\mathcal{N}}$ は一般的に成り立つことがわかる．

　ブロサールのアイディアに従って[9]，$\mathcal{N}=\hat{\mathcal{N}}$ の事情を見てみよう．2 次元ブラウン運動については，次の補題が成り立つ．

補題 2.23. $x_1, x_2, \cdots \in V(z), x_n \to z\ (n\to\infty)$ とする．x によらない正定数 $c>0$ があって，任意の n に対して，

　　$P_x^z($ 連続曲線 $\{X_t\ (t\in[0,\tau_D))\}$ は x_n を囲む閉曲線を含む $) > c$．

この補題を認めて，$\mathcal{N}=\hat{\mathcal{N}}$ を見よう．

　上で現れた事象『連続曲線 $\{X_t\ (t\in[0,\tau_D))\}$ は x_n を囲む閉曲線を含む』を S_n と置く．

　$z\in\hat{\mathcal{N}}$ とする．すなわち，$\lim_{t\to\tau_D}u(X_t)$ が P_x^z に存在する．ブロサールの 0-1 則により，この極限値は出発点 x によらない定数となる．これを l とする．u は非接極限を持たないと仮定する．すると，$x_1,x_2,\cdots\in V(z), x_n\to z\ (n\to\infty)$ があって，ある $\epsilon_0>0$ で $u(x_n)>l+\epsilon_0\ (\forall n)$ とする．

　$\tau_n\uparrow\tau_D$ となる止め時の列を取る．上の補題と強マルコフ性を用いると，

$$P_x^z(S_n\circ\theta_{\tau_n}) = E_x^z[P_{X_{\tau_n}}^z(S_n)] \ge c\ (\forall n)$$

となる．$S_n\circ\theta_{\tau_n}$ という事象は τ_n 以降に x_n を囲む閉曲線をブラウン運動が作るという事象である．

$$\{S_n\circ\theta_{\tau_n}\text{ が無限回起こる }\} = \bigcap_n\bigcup_{k\ge n}S_n\circ\theta_{\tau_n}$$

であるから，$B=\{S_n\circ\theta_{\tau_n}\text{ が無限回起こる }\}$ と置くと，

$$P_x^z(B) \ge c > 0$$

である．x_n の周りにブラウン運動の作る閉曲線を C_n とすると，最大値の原理より，$u(x_n)\le\max_{z\in C_n}u(z)$ となる．B 上では，$\sup_{\tau_n\le t<\tau_D}u(X_t)\ge$

$\max_{z \in C_n} u(z) \geq u(x_n)$ となり，$l = \limsup_{t \to \tau_D} u(X_t) \geq l + \epsilon_0$ となって，矛盾である． □

今述べた証明は，状態空間が 2 次元であることに強く依存している．これは，調和関数が正・負両方の符号を取りうる場合，その荒い境界挙動の持つ自由度を制限するために必要なことであった．正値調和関数に対しては，ファトゥーの定理で見るように高次元でも非接極限を持ち，それはブラウン運動の道の沿った極限の存在から導くことができる．この際，今の証明と似たアイディアを使って示すことができる．そのときに有効であるのが境界ハルナック原理である．次節ではそれも含めてハルナック不等式について触れておこう．

2.5.3 ハルナック不等式

u を $B_x(R) \subset \mathbb{R}^m$ 上の正値調和関数とする．ここで，正値とは $u(x) > 0\ (\forall x \in B_x(R))$ を意味する．

定理 2.24. $0 < c < 1$ とする．

$$\frac{1-c}{(1+c)^{m-1}} \leq \frac{u(y)}{u(x)} \leq \frac{1+c}{(1-c)^{m-1}}\ (\forall y \in \overline{B(x, cR)})$$

が成り立つ．

証明．u を $B_x(r)\ (0 < r < R)$ 上のポアソン積分を用いて，

$$u(y) = \int_{\partial B_y(r)} P_r(y, z) u(z) dS_r(z)$$

と書くことができる．ここで，dS_r は $\partial B_y(r)$ 上の (正規化していない) 球面測度で，

$$P_r(y, z) = \frac{r^2 - \|y - x\|^2}{r \|z - y\|^m}$$

である．$\|x - y\| \leq cR < c'R = r$ とすれば，

$$((c')^2 - c^2)R^2 / \{R^{m+1}(c'+c)^m\} \leq P_r(y, z) \leq ((c')^2 - c^2)R^2 / \{R^{m+1}(c'-c)^m\}$$

よりわかる． □

これより，一般の領域で次がわかる (cf. [1])．

定理 2.25. u を領域 D 上の正値調和関数とする．任意のコンパクト集合 $K \subset D$ に対し，K にのみ依存する定数 $C_K > 0$ が存在して，

$$u(y)/u(x) \leq C_K\ (x, y \in K)$$

が成り立つ．

2.5.4 境界ハルナック原理

ハルナック不等式は，領域の境界から離れた内部で成り立つ不等式であっ

た．次の境界ハルナック原理は境界を含めたところでのハルナック不等式を意味するものである．

定理 2.26. $D \subset \mathbb{R}^m$ を境界が滑らかな領域とする．$x_0 \in D$ とし，開集合 $V \subset \mathbb{R}^m$ とコンパクト集合 $K \subset V$ を取る．このとき，D, V, K にのみ依存する定数 $c > 0$ があって，D 上の正値調和関数 u と v が $u(x) = v(x) = 0 \ (x \in V \cap \partial D)$ を満たすならば，

$$\frac{u(x)}{v(x)} \leq c \frac{u(x_0)}{v(x_0)} \quad (x \in K \cap D)$$

が成り立つ．

これより直ちに，前に述べたハルナック不等式のように境界ハルナック不等式を得ることができる．また，上の定理では ∂D は滑らかと仮定したが，局所的にリプシッツ関数のグラフで書けるもの (リプシッツ境界と言う) でよい．

境界ハルナック定理の証明は，箱議論を用いたやや込み入ったものであるので省略する．[3] および [1] を参照してほしい．箱議論は，ハルナック不等式に関連した話でよく用いられる実解析のテクニックである．バスの本 [3] では，これと確率微分方程式を用いた議論を併用している．確率微分方程式

$$dX_t = dB_t + \frac{\nabla v}{v}(X_t)dt$$

の解 X を考える．B は $\mathbb{R}^m$ 上のブラウン運動である．これは，

$$L_v = \frac{1}{2}\Delta + \frac{\nabla v}{v} \cdot \nabla$$

を生成作用素とする拡散過程となる．X はブラウン運動の v に関する優調和変換に他ならない．すぐにわかるように $\frac{u}{v}$ は L_v-調和，すなわち，$L_v \frac{u}{v} = 0$ である．つまり，L_v-調和関数に関するハルナック不等式が，境界ハルナック不等式に対応するものと見ることができる．

さて，この境界ハルナック定理は強力なもので前述した正値調和関数のファトゥーの定理 (定理 2.21) もこれから示すことができる．

$D = B_o(1) \subset \mathbb{R}^m$，$x_0 \in D$ とする．u を D 上の正値調和関数とすると前に見たように，∂D 上の零集合 N があって，$z \in \partial D \setminus N$ に対し $L(z) := \lim_{t \to \tau_D} u(X_t)$ が $P_{x_0}^z$-a.s. に存在する．$L(z)$ は z には依存するが，ブロサールの 0-1 則よりノンランダムである．$z \in \partial D \setminus N$ に対し u は非接極限値 $L(z)$ を持つことを見よう．

今，錐 $C_\alpha(z)$ において

$$\limsup_{y \to z, \, y \in C_\alpha(z)} u(y) > L(z)$$

と仮定する．すなわち，$\epsilon > 0$ と $y_n \to z \,(n \to \infty)$ となる $y_n \in C_\alpha(z)$ が

あって，$u(y_n) > L(z) + \epsilon \ (n = 1, 2, \dots)$ が成り立つとする．$c > 0$ に対し $B_n := B_{y_n}(cd(y_n, \partial D))$ と置く．定理 2.24 より c を十分小さく取れば，$u(y) > L + \frac{\epsilon}{2} \ (y \in B_n)$ が成り立つ．

c を十分小さく取れば，$c_1 > 0$ が存在して，

$$P_{x_0}^z(\sigma_{B_n} < \tau_D) \geq c_1 > 0 \tag{2.5}$$

が任意の n について成り立つことを示すことができる ([3])．ここで，$\sigma_{B_n} = \inf\{t > 0 : X_t \in B_n\}$ である．このような小さな集合への到達確率の一様な評価がこの種の議論では肝となる．今，$m \geq 3, \epsilon = d(y, \partial D)$ (十分小) とすると，

$$P_{x_0}(\sigma_{B_y(\epsilon)} < \tau_D) \asymp \epsilon^{m-2} g_D(x_0, y)$$

が成り立つことは容易に想像できるだろう ($m = 2$ のときはどうなるか考えよ)．これと，$P_{x_0}^z$ に現れるポアソン核 (グリーン関数の比の極限として表される) とグリーン関数に対して境界ハルナック原理を適用することによって (2.5) が得られる．詳細は [3] を見よ (より一般なリプシッツ領域で示している)．

$A_n = \{\sigma_{B_n} < \tau_D\}$ と置く．

$$P_{x_0}^z(A_n \text{ が無限個の } n \text{ について起こる }) = P_{x_0}^z(\bigcap_{j=1}^{\infty} \bigcup_{n=j}^{\infty} A_n)$$
$$= \lim_{j \to \infty} P_{x_0}^z(\bigcup_{n=j}^{\infty} A_n)$$
$$\geq \liminf_{j \to \infty} P_{x_0}^z(A_j) \geq c_1 > 0$$

となり，

$$P_x^z\left(\limsup_{t \to \tau_D} u(X_t) \geq L(z) + \frac{\epsilon}{2}\right) \geq c_1 > 0$$

となる．これは $L(z) = \lim_{t \to \tau_D} u(X_t) \ P_x^z$-a.s. に反する．

2.6 優調和関数・劣調和関数

2.6.1 優調和関数と超過関数

$D \subset \mathbb{R}^m$ を領域とする．

定義 2.27. 恒等的に ∞ でない関数 $f : D \to (-\infty, \infty]$ が D 上の**優調和関数**とは，次の条件 i), ii) を満たすときを言う．

i) f は D 上で下半連続．

ii) 任意の $x \in D$ に対して，$B_r(x) \subset D$ ならば，$f(x) \geq \int_{\partial B_x(t)} f(y) ds_t(y)$ が成り立つ．

また，$-f$ が優調和のとき，f を**劣調和**と言う．

半連続性から，優調和関数は局所的に下に有界，劣調和関数は局所的に上に有界であることに注意しよう．

一方，マルコフ過程論においては超過関数が重要な役割を果たす．G. ハントは超過関数をもとにしたマルコフ過程のポテンシャル論を展開した．

X をブラウン運動とし，τ_D を領域 D からの脱出時間とする．

$$P_D(t)f(x) := E_x[f(X_t) : \tau_D > t]$$

と置く．

定義 2.28. 恒等的に ∞ でない非負関数 f が**超過関数**とは，

i) $P_D(t)f(x) \leq f(x)$ $(t > 0, x \in D)$,

ii) $P_D(t)f(x) \uparrow f(x)$ $(t \downarrow 0)$,

を満たすことを言う．

この超過関数と優調和関数の関係を指摘したのは，ドゥーブ (cf. [8]) である．

定理 2.29. f: D 上の非負優調和関数 $\Leftrightarrow$ f: D 上の超過関数．

極集合と優調和関数と劣調和関数の特異集合の関係についてもよく知られている．

定理 2.30. f が D 上の優調和関数 (resp. 劣調和関数) のとき，集合 $\{x : f(x) = \infty\}$ (resp. $\{x : f(x) = -\infty\}$) は極集合である．

さらに，

定理 2.31. D をグリーン領域とする．ボレル集合 $B \subset D$ が極集合，$x \in D \setminus B$ ならば，D 上の優調和関数 f で $B \subset \{y : f(y) = \infty\}$, $f(x) < \infty$ となるものが存在する．

上の定理で D にグリーン性を仮定することにより，非定数優調和関数の存在が保証される．とにかく，極集合は優調和関数あるいは劣調和関数の特異集合として特徴づけられることがわかった．本によっては極集合の定義を劣調和関数の特異集合として定義しているものもある．一方，この性質は優調和関数や劣調和関数をブラウン運動の道に沿って観察することのメリットも意味する．すなわち，f が優調和関数ならば，$f(X_t) < \infty$ P_x-a.s. q.e. $x \in D$ が成り立つ．ここで，「... q.e.」とは，「容量零の集合 (極集合) を除いて，... が成り立つ」という意味で用いた．これは，「a.e.」と共に今後よく用いる記法である．

定理 2.29 を認めれば，マルチンゲールとの関係も容易にわかる．

命題 2.32. f を D 上の非負下半連続関数とする．このとき，

$$f \text{ が } D \text{ 上の優調和関数} \quad \Leftrightarrow \quad f(x) \neq \infty \text{ ならば}, f(X_{\tau_D \wedge t}) \text{ は}$$
$$P_x \text{ の下で優マルチンゲール}.$$

これには次に注意する.

定義 2.33. D 上の関数 f に対し，$\overline{D}$ 上の関数 f_* を

$$f_*(x) := \begin{cases} \liminf_{y \to x} f(y) \wedge f(x) \ (x \in D), \\ \liminf_{y \to x} f(y) \ (x \in \partial D) \end{cases}$$

で定義する. f_* を f の下半正規化 (lower regularization) という.

f_* は下半連続であり，f:下半連続 $\Leftrightarrow f = f_*$.

補題 2.34. $P_D(t)f(x) \uparrow f_*(x) \ (t \downarrow 0)$.

これより，下半連続関数 f に対し，$f(X_{\tau_D \wedge t})$ が優マルチンゲールならば，f は超過関数となることがわかる. 逆を見てみよう.

補題 2.35. f を D 上の超過関数とすると，$f(X_{\tau_D \wedge t})$ は優マルチンゲールである.

証明. $D_n \uparrow D$ をエグゾースチョン，T を任意の有界な止め時とする. $T_\epsilon := \sum_k k\epsilon 1_{\{(k-1)\epsilon \le T \wedge \tau_{D_n} < k\epsilon\}}$ とする. T_ϵ も止め時である.

$$a_{k-1} := E_x[f(X_{(k-1)\epsilon}) : T_\epsilon > (k-1)\epsilon, \ \tau_D > (k-1)\epsilon]$$
$$\ge E_x[E_{X_{(k-1)\epsilon}}[f(X_\epsilon) : \tau_D > \epsilon] : T_\epsilon > (k-1)\epsilon, \ \tau_D > (k-1)\epsilon]$$
$$= E_x[E_x[f(X_{k\epsilon})1_{\{\tau_D \circ \theta_{(k-1)\epsilon} > \epsilon\}}|\mathcal{F}_{(k-1)\epsilon}] : T_\epsilon > (k-1)\epsilon, \ \tau_D > (k-1)\epsilon]$$
$$= E_x[f(X_{k\epsilon}) : T_\epsilon > (k-1)\epsilon, \ \tau_D > k\epsilon]$$
$$= E_x[f(X_{T_\epsilon}) : T_\epsilon = k\epsilon, \ \tau_D > T_\epsilon] + E_x[f(X_{k\epsilon}) : T_\epsilon > k\epsilon, \ \tau_D > k\epsilon].$$

すなわち，$a_{k-1} \ge E_x[f(X_{T_\epsilon}) : T_\epsilon = k\epsilon, \tau_D > T_\epsilon] + a_k$. k について和を取れば，$f(x) = a_0 \ge E_x[f(X_{T_\epsilon}) : \tau_D > T_\epsilon] = E_x[f(X_{T_\epsilon})]$. $\epsilon \downarrow 0, n \uparrow \infty$ とすると，ブラウン運動の道の連続性と f の下半連続性，ファトゥーの補題により，$f(x) \ge E_x[f(X_{T \wedge \tau_D})]$ を得る. $\qquad \square$

さらに，f が優調和関数のとき，確率過程 $f(X_{\tau_D \wedge t})$ の標本路について次がわかる.

命題 2.36. f を D 上の優調和関数とする. $x \in D$, $f(x) \ne \infty$ ならば，

$$P_x(t \mapsto f(X_{\tau_D \wedge t}) \ は連続 \ (\forall t \ge 0)) = 1$$

が成り立つ.

よって，$f(X_{\tau_D \wedge t})$ は連続な優マルチンゲールとなるから，前に見たマルチンゲールの基本事項を用いて考察を進めることができる.

なお，このようにブラウン運動の道に沿って連続となる関数を細連続関数と

言う.

　前述したように，劣調和関数は局所的に上に有界である．よって，D 上の正値劣調和関数 f に対して $f(X_{\tau_D \wedge t})$ は局所劣マルチンゲールとなる．一般には劣マルチンゲールとなるとは限らない．次は後述の値分布の議論において重要な役割を果たす.

命題 2.37. f を D 上の正値劣調和関数とし，$f(X_{\tau_D \wedge t})$ の増加過程部分を $A_{\tau_D \wedge t}$ とする．このとき，任意の止め時 T に対して

$$E_x[f(X_{\tau_D \wedge T})] - f(x) + N(f, \tau_D \wedge T) = E_x[A_{\tau_D \wedge T}]$$

が成り立つ．ここで，$N(f, \tau_D \wedge T)$ は，$f(X_{\tau_D \wedge t})$ の破綻関数である.

2.6.2　最大値原理

　関数論において基本的な役割を果たす最大値原理について少し触れておこう．最大値原理と呼ばれるものにはいくつかのヴァージョンがあり，ここで述べる調和関数，劣調和関数の最大値原理は最も基本的なものである．複素解析でもしばしば用いられる.

定理 2.38. $D \subset \mathbb{R}^m$ を有界領域とし，u を $\overline{D}$ 上で連続な D 上の非定数劣調和関数とする．このとき，u の $\overline{D}$ における最大値は ∂D 上でのみ取る.

　上を言い換えれば，D で最大値を取るならば，u は D 上の定数関数であるということである.

証明．D は有界であるから，$P_x(\tau_D < \infty) = 1 \ (\forall x \in D)$ である．よって，X_{τ_D} の分布は，確率測度になる.

　u は有界な劣調和関数だから，$u(X_{\tau_D \wedge t})$ は有界な劣マルチンゲールとなる.

$$u(x) \le E_x[u(X_{\tau_D \wedge t})] \ (x \in D)$$

であるが，マルチンゲールの収束定理により，$t \uparrow \infty$ として，

$$u(x) \le E_x[u(X_{\tau_D})] \ (x \in D)$$

を得る．u が $x_0 \in D$ で最大値を取ったとすると，$u(x_0) \le E_{x_0}[u(X_{\tau_D})] \le u(x_0)$ となり，$u(x_0) = E_{x_0}[u(X_{\tau_D})]$．また，劣マルチンゲール性から，

$$u(X_{\tau_D \wedge t}) = u(x_0) \ P_{x_0}\text{-a.s.} \ \ t \in [0, \infty]$$

となる.

$$E_{x_0}[u(X_t) - u(x_0) : t < \tau_D] = \int_D (u(x) - u(x_0)) p_D(t, x_0, x) dv(x) = 0$$

となり，$u(x) = u(x_0)$ a.e. x となる．u の連続性から，$u(x) = u(x_0) \ \forall x \in D$

となる. □

系 2.39. 上の定理でさらに u が D 上で調和ならば，u の最大値，最小値ともに ∂D 上でのみ取る.

証明を見れば次のようにも言える.

定理 2.40. $D \subset \mathbb{R}^m$ を領域とし，u を D 上の劣調和関数とする．u が D 内で最大値を取るならば，u は D 上定数である.

証明. D のエグゾースチョン $D_1 \subset D_2 \subset \dots , \cup_n D_n = D$ を取る．各 D_n 上で u が定数となることを言えばよい．u は D_1 上 $u(x_0)$ $(x_0 \in D_1)$ で最大となるとする．$-k \leq u(x_0)$ となる任意の $k \in \mathbb{N}$ を取り，$u_k = u \vee (-k)$ と置く．u_k は劣調和である．前と同様な議論によって，$u_k = u(x_0)$ a.e. u_k の上半連続性により，u_k は任意の D_n 上で定数となる． □

古典的な最大値原理は次のような形でも述べられる.

命題 2.41. $D \subset \mathbb{R}^2$ を有界領域とし，u を D 上の劣調和関数とする．任意の $\zeta \in \partial D$ に対し $\limsup_{z \to \zeta} u(z) \leq 0$ ならば，$u(z) \leq 0$ $(\forall z \in D)$ である.

ここでは u の連続性と最大値の存在を仮定していないので，前のものより柔らかい形に言える．これの確率版を考えよう．上極限についての仮定をブラウン運動 X に沿った極限に関する仮定に置き換えてみる．次は容易に言える.

命題 2.42. $D \subset \mathbb{R}^m$ を有界領域とし，u を D 上の上に有界な劣調和関数とする．$\lim_{t \to \tau_D} u(X_t) \leq 0$ a.s. ならば，$u(z) \leq 0$ $(\forall z \in D)$ である．ただし，τ_D は X の D からの脱出時間である.

証明. u は上に有界なので，マルチンゲールの収束定理より，命題の仮定における極限の存在が言える．$u^+(x) := u(x) \vee 0$ と置くと，$u^+(X_{\tau_D \wedge t})$ は有界劣マルチンゲールとなるから，$E_x[u^+(X_{\tau_D \wedge t})] \geq u^+(x) \geq u(x)$ であり，$t \to \infty$ とすれば，$u(x) \leq 0$ が従う． □

これは全く簡単なことであったが，[70] では多重劣調和関数に対して上のような確率的最大値原理が成り立つことを示している．多重劣調和関数は複素ヘッセ行列が非負定値となるものであり，劣調和よりも強い条件を満たすものである．劣調和関数の性質はブラウン運動という一つの確率過程だけで記述されたが，このような関数の性質を記述するには，後述する正則拡散過程の族を考える必要がある．多重劣調和関数の最大値原理もそのように捉えられており興味深い.

第 3 章
リーマン多様体上のブラウン運動

　リーマン多様体上のブラウン運動や拡散過程の構成，基本性質を見る．本章では，構成法としてディリクレ形式の理論を導入する．その基本事項を概観した後，関数論への応用で重要な再帰性などのブラウン運動の大域的挙動について考察する．

　以下，本書で多様体と言うときは，σ-コンパクト，連結，向き付け可能な有限次元の多様体を指す．コンパクトな場合は特に断らない限り境界はないものとする．また，リーマン多様体を考えるときは滑らかなものを考える．

3.1　ディリクレ形式によるアプローチ

　多様体上の拡散過程を構成する場合，大きく分けて，確率微分方程式による方法，ディリクレ形式による方法の二つがある．ここでは，関数論への応用やポテンシャル論との親近性から，まず，ディリクレ形式による方法を見よう．確率微分方程式による方法は第5章の多様体上のマルチンゲールについて述べる項で説明したいと思う．ディリクレ形式の理論については，[13] や [14] が大いに参考になるだろう．

3.1.1　ディリクレ形式の一般論

　まず，簡単にディリクレ形式とは何かについて述べよう．ディリクレ形式の理論では状態空間を非常に一般に取ることができる．確率微分方程式で構成できないような特異な状態空間であっても扱えるというのがこの理論の強みだ．少なくとも，状態空間としてはポーランド空間 (完備可分な距離空間)，さらにはルジン空間などにまで広げることができる．後半の話題では解析集合など多様体にならないような空間上の確率過程も考えたいが，ここでは現在いるところのリーマン多様体 $\mathcal{M}$ を念頭に置く．上記のような一般の空間としても問題ないことを付け加えておく．台が $\mathcal{M}$ であるような $\mathcal{M}$ 上のラドン測度 m を

取る．これが基礎の測度となる．

部分空間 $D(\mathcal{E}) \subset L^2(m)$ は稠密とする．$\mathcal{E} : D(\mathcal{E}) \times D(\mathcal{E}) \to \mathbb{R}$ を考える．このような $D(\mathcal{E}) \times D(\mathcal{E})$ 上の関数を $D(\mathcal{E})$ 上の形式と呼ぶことにしよう．

定義 3.1. $D(\mathcal{E})$ 上の形式 $\mathcal{E}$ が対称形式とは，次の条件を満たすものを言う．

   i) (対称性) $\mathcal{E}(u,v) = \mathcal{E}(v,u)$ $(\forall u, v \in D(\mathcal{E}))$．

   ii) (線形性) $\mathcal{E}(au_1 + bu_2, v) = a\mathcal{E}(u_1, v) + b\mathcal{E}(u_2, v)$ $(\forall u_1, u_2, v \in D(\mathcal{E})$, $a, b \in \mathbb{R})$．

   iii) (正値性) $\mathcal{E}(u,u) \geq 0$ $(\forall u \in D(\mathcal{E}))$．

i), ii) より，$\mathcal{E}$ は双線形形式となる．これからは，$(\mathcal{E}, D(\mathcal{E}))$ のように形式と定義域を組にして考える．

$\alpha > 0$ に対し

$$\mathcal{E}_\alpha(u,v) := \mathcal{E}(u,v) + \alpha(u,v)_{L^2(m)}$$

と置く．

定義 3.2. 対称形式 $(\mathcal{E}, D(\mathcal{E}))$ が閉形式とは，$D(\mathcal{E})$ が $\mathcal{E}_\alpha(u,u)^{1/2}$ をノルムとして完備となることである．

上で，ある $\alpha > 0$ に対して完備となれば，任意の $\alpha > 0$ に対して完備となる．すなわち，α の取り方によらない．

定理 3.3. 閉形式 $(\mathcal{E}, D(\mathcal{E}))$ に対し，$L^2(m)$ 上の強連続縮小半群 T_t $(t \geq 0)$ および強連続縮小レゾルベント R_α $(\alpha > 0)$ が 1 対 1 に対応する．

T_t の生成作用素を L とすると，L と $(\mathcal{E}, D(\mathcal{E}))$ は次のようにして対応する．

$$D(\mathcal{E}) = D(\sqrt{-L}), \quad \mathcal{E}(u,v) = (\sqrt{-L}u, \sqrt{-L}v).$$

また，T_t, R_α からは次のようにして，$(\mathcal{E}, D(\mathcal{E}))$ が得られる．$u, v \in L^2(m)$ に対して，次のように置く．

$$\mathcal{E}^{(t)}(u,v) = \frac{1}{t}(u - T_t u, v).$$

$\mathcal{E}^{(t)}(u,u) \geq 0$ であり，$\mathcal{E}^{(t)}(u,u) \uparrow$ $(t \downarrow 0)$ であることは容易に確かめられる．同様に，

$$\mathcal{E}^{(\beta)}(u,v) = \beta(u - \beta R_\beta u, v)$$

と置く．

定理 3.4.

   i) $D(\mathcal{E}) = \{u \in L^2(m) : \mathcal{E}^{(t)}(u,u) < \infty\}$, $\mathcal{E}(u,v) = \lim_{t \to 0} \mathcal{E}^{(t)}(u,v)$．

   ii) $D(\mathcal{E}) = \{u \in L^2(m) : \mathcal{E}^{(\beta)}(u,u) < \infty\}$, $\mathcal{E}(u,v) = \lim_{\beta \to \infty} \mathcal{E}^{(\beta)}(u,v)$．

以上で半群や生成作用素と閉形式が対応するのはわかったが，この閉形式からマルコフ過程が得られることを言うにはもう少し条件が必要である．

定義 3.5. $L^2(m)$ 上の線形作用素 A がマルコフ的であるとは，

$$f \in D(A),\ 0 \le f \le 1\ m\text{-a.e.} \ \Rightarrow\ 0 \le Af \le 1\ m\text{-a.e.}$$

が成り立つことである．

定義 3.6. $L^2(m)$ 上の閉形式 $(\mathcal{E}, D(\mathcal{E}))$ がディリクレ形式とは次の縮小性の条件を満たすときを言う．

$$f \in D(\mathcal{E}) \ \Rightarrow\ g := (0 \vee f) \wedge 1 \in D(\mathcal{E})\ \text{かつ}\ \mathcal{E}(g,g) \le (f,f). \quad (3.1)$$

定理 3.7. $(\mathcal{E}, D(\mathcal{E}))$ を $L^2(m)$ 上の閉形式とし，T_t, R_α をそれぞれ対応する強連続縮小半群，強連続縮小レゾルベントとする．このとき，次は同値．

i) $(\mathcal{E}, D(\mathcal{E}))$ はディリクレ形式．

ii) T_t はマルコフ的．

iii) R_α はマルコフ的．

マルコフ過程の対称性の概念を導入する．

定義 3.8. $\mathcal{M}$ を状態空間とする推移関数 $P_t(x, A)$ が m-対称とは，

$$(f, P_t g)_{L^2(m)} = (P_t f, g)_{L^2(m)}\ (f, g \in \mathcal{B}_+(\mathcal{M}))$$

が成り立つことである．また，マルコフ過程 X の推移関数が m-対称のとき，X は m-対称であると言う．

次に注意するとディリクレ形式とマルコフ過程の対応がわかる．

補題 3.9. m-対称マルコフ過程の推移関数 P_t に対し，

$$T_t f = P_t f\ (f \in \mathcal{B}_b(\mathcal{M}) \cap L^2(m),\ t > 0)$$

を満たすマルコフ的強連続縮小半群 T_t が一意に存在する．

ディリクレ形式にマルコフ過程が対応することがわかったが，強マルコフ性や道の連続性については何もわかっていない．さらにもう少し概念を導入する必要がある．

定義 3.10. $(\mathcal{E}, D(\mathcal{E}))$ を $L^2(m)$ 上のディリクレ形式とする．$\mathcal{C} \subset D(\mathcal{E}) \cap C_0(\mathcal{M})$ が $(\mathcal{E}, D(\mathcal{E}))$ の芯 (core) とは，次の条件を満たすこと．

$$\mathcal{C}\ \text{は}\ (D(\mathcal{E}), ||\cdot||_{\mathcal{E}_1})\ \text{および}\ (C_0(\mathcal{M}), ||\cdot||_\infty)\ \text{で稠密}.$$

ただし，$||u||_{\mathcal{E}_1} := \mathcal{E}_1(u, u),\ ||u||_\infty := \sup_{x \in \mathcal{M}} |u(x)|$.

また，$(\mathcal{E}, D(\mathcal{E}))$ が芯を持つとき，$(\mathcal{E}, D(\mathcal{E}))$ は**正則** (regular) と言う.

定義 3.11. 確率過程 $\{X_t\}_{t \geq 0}$ が準左連続とは，止め時 σ と $\sigma_n \uparrow \sigma \, (n \to \infty)$ に対して，$\sigma < \infty$ ならば，$\lim_{n \to \infty} X_{\sigma_n} = X_\sigma$ a.s. が成り立つことを言う. さらに，X が右連続かつ準左連続な強マルコフ過程のとき，X は**ハント過程**と呼ばれる.

次の定理は福島正俊によるディリクレ形式の理論の金字塔とも言える定理である.

定理 3.12. $\mathcal{M}$ 上の m-対称ハント過程と $L^2(m)$ 上の正則ディリクレ形式は 1 対 1 に対応する.

後は，標本路が連続になるための条件であるが，それは局所性と呼ばれる条件である.

定義 3.13. $(\mathcal{E}, D(\mathcal{E}))$ が**局所的**であるとは，

$$u, v \in D(\mathcal{E}), \, \mathrm{supp}\, u \cap \mathrm{supp}\, v = \emptyset \, \Rightarrow \, \mathcal{E}(u, v) = 0$$

を満たすことである.

この条件から拡散過程が対応することは次節で見よう.

駆け足で見てきたが，以上がディリクレ形式と拡散過程の対応である. この対応を利用してディリクレ形式から拡散過程を構成するのだが，その実際のためにはいくつか注意すべきことがある. まず，閉形式 $(\mathcal{E}, D(\mathcal{E}))$ を得る必要があるが，通常まず $\mathcal{E}$ が与えられるのは，閉形式となる前の定義域 $D_0(\mathcal{E}) \subset D(\mathcal{E})$ の上である.

定義 3.14. $D_0(\mathcal{E}) \subset L^2(m)$ (稠密) とする. 対称形式 $(\mathcal{E}, D_0(\mathcal{E}))$ が，条件

$$u_n \in D_0(\mathcal{E}), \, \mathcal{E}(u_n - u_m, u_n - u_m) \to 0 \, (m, n \to \infty),$$
$$||u_n||_{L^2(m)} \to 0 \, (n \to \infty)$$
$$\Rightarrow \, \mathcal{E}(u_n, u_n) \to 0 \, (n \to 0)$$

を満たすとき，$(\mathcal{E}, D_0(\mathcal{E}))$ は**可閉** (closable) と言う.

$(\mathcal{E}, D_0(\mathcal{E}))$ が可閉ならば，$\mathcal{E}_1$ による $D_0(\mathcal{E})$ の完備化 $\overline{D_0(\mathcal{E})}$ を考え，$D(\mathcal{E}) = \overline{D_0(\mathcal{E})}$ とすることで，閉形式 $(\mathcal{E}, D(\mathcal{E}))$ を得ることができる.

このために可閉であるための十分条件は有用である.

補題 3.15. 条件

$$u_n \in D_0(\mathcal{E}), ||u_n||_{L^2(m)} \to 0 \, (n \to \infty)$$
$$\Rightarrow \, \mathcal{E}(u_n, v) \to 0 \, (n \to 0, \, \forall v \in D_0(\mathcal{E})) \tag{3.2}$$

を満たすならば, $(\mathcal{E}, D_0(\mathcal{E}))$ は可閉である.

問 7. 上を示せ.

閉形式がディリクレ形式となるには, 縮小性の条件 (3.1) を確かめなければ
ならない. このためには以下に述べる縮小性の条件の言い換えが有用である.

補題 3.16. 閉形式 $(\mathcal{E}, D(\mathcal{E}))$ に対し, 次の条件は縮小性の条件 (3.1) と同値
である.

各 $\epsilon > 0$ に対し, 次を満たす $\mathbb{R}$ 上の関数 $\phi_\epsilon(t)$ が存在する.

$$\begin{cases} -\epsilon \le \phi_\epsilon(t) \le \epsilon + 1 \ (\forall t \in \mathbb{R}), \ \phi_\epsilon(t) = t \ (t \in [0, 1]), \\ 0 \le \phi_\epsilon(t') - \phi_\epsilon(t) \le t' - t \ (t < t') \end{cases} \tag{3.3}$$

を満たし,

$$u \in D(\mathcal{E}) \ \Rightarrow \ \phi_\epsilon(u) \in D(\mathcal{E}), \ \mathcal{E}(\phi_\epsilon(u), \phi_\epsilon(u)) \le \mathcal{E}(u, u) \tag{3.4}$$

が成り立つ.

我々の関心はブラウン運動にあるが, 対応する生成作用素はラプラシアン
$\frac{1}{2}\Delta$ であると以前から述べている. $\mathcal{M}$ をリーマン多様体とし, m はリーマン
計量から定まる体積測度 dv としよう. この測度に関する L^2 内積を $(\cdot, \cdot)_{L^2}$
と書くことにする.

$$\mathcal{E}(u, v) = -\frac{1}{2}(u, \Delta v)_{L^2} \ (u, v \in C_0^\infty)$$

と定義する. すると, グリーンの公式より, $\mathcal{E}(u, v) = \frac{1}{2}(\nabla u, \nabla v)_{L^2}$ となる.
これは明らかに対称形式である.

まず, $(\mathcal{E}, C_0^\infty(\mathcal{M}))$ が可閉であることを確かめよう. 補題 3.15 の条件を確
かめる. $u_n \in C_0^\infty(\mathcal{M})$, $\|u_n\|_{L^2} \to 0 \ (n \to \infty)$ とする.

$$2|\mathcal{E}(u_n, v)| = \left| \int_{\mathcal{M}} \langle \nabla u_n, v \rangle dv \right|$$
$$= \left| \int_{\mathcal{M}} u_n \Delta v \, dv \right| \le \|u_n\|_{L^2} \|\Delta v\|_{L^2} \to 0 \ (n \to \infty).$$

よって, $(\mathcal{E}, C_0^\infty(\mathcal{M}))$ は可閉である.

閉形式とするためにノルム $\|\cdot\|_{\mathcal{E}_1}$ で $C_0^\infty(\mathcal{M})$ の閉包を取ることとする. す
なわち,

$$D(\mathcal{E}) = \overline{C_0^\infty(\mathcal{M})}^{\mathcal{E}_1}$$

と定義する. 定義の仕方より, $(\mathcal{E}, D(\mathcal{E}))$ は $C_0^\infty(\mathcal{M})$ を芯として持つ.

さらに, 補題 3.16 の縮小性の条件を確かめる. 条件 (3.3) を満たす関数と
して, $\phi_\epsilon \in C^\infty(\mathbb{R})$ となるものを取ることができる. $\phi_\epsilon(0) = 0$ であるから,
$u \in C_0^\infty(\mathcal{M})$ ならば, $\phi_\epsilon(u) \in C_0^\infty(\mathcal{M})$ である.

$$\mathcal{E}(\phi_\epsilon(u), \phi_\epsilon(u)) = \frac{1}{2} \int_{\mathcal{M}} \phi'_\epsilon(u)^2 ||\nabla u||^2 dv$$
$$= \frac{1}{2} \int_{\mathcal{M}} ||\nabla u||^2 dv \leq \mathcal{E}(u, u).$$

よって，$(\mathcal{E}, D(\mathcal{E}))$ は正則ディリクレ形式となり，ハント過程が対応する．さらに局所的であることは明らかだから，拡散過程が対応する．これが求めるブラウン運動となる．なお，$\mathcal{M} = \mathbb{R}^m$ のとき，関数空間 $D(\mathcal{E})$ はソボレフ空間 $H_0^1(\mathbb{R}^m)$ に他ならない．これに倣い，一般の $\mathcal{M}$ に対してもここで定義した $D(\mathcal{E})$ を $H_0^1(\mathcal{M})$ と書くことがある．

3.1.2 容量

ディリクレ形式に付随した概念として容量がある．ブラウン運動の場合，前章で言及した対数容量やニュートン容量，極集合といった概念と関連する．

$$\mathcal{L}_A := \{u \in D(\mathcal{E}) : u(x) \geq 1 \ m\text{-a.e.}\ x \in A\}$$

と置く．$\mathcal{O}$ を $\mathcal{M}$ の開集合全体とする．

定義 3.17. $A \in \mathcal{O}$ のとき，

$$\mathrm{Cap}(A) := \begin{cases} \inf_{u \in \mathcal{L}_A} \mathcal{E}_1(u, u) & (\mathcal{L}_A \neq \emptyset \ \text{のとき}), \\ \infty & (\mathcal{L}_A = \emptyset \ \text{のとき}) \end{cases}$$

と置く．一般の $A \subset \mathcal{M}$ に対しては，

$$\mathrm{Cap}(A) := \inf_{B \in \mathcal{O}, A \subset B} \mathrm{Cap}(B)$$

とする．$\mathrm{Cap}(A)$ を A の **1-容量** または単に **容量** と言う．

$A \in \mathcal{O}$ ならば，$\{u_n\} \subset \mathcal{L}_A$ が存在して，

$$\mathrm{Cap}(A) = \lim_{n \to \infty} \mathcal{E}_1(u_n, u_n) \geq \liminf_{n \to \infty} (u_n . u_n)_{L^2(m)} \geq m(A)$$

となるから，一般の A に対して $\mathrm{Cap}(A) = 0$ ならば，$m(A) = 0$ となる．よって，容量は測度 m よりも細かい情報を捕まえられるということになる．

命題 3.18. 容量は次の性質を持つ．

　i) $A \subset B \Rightarrow \mathrm{Cap}(A) \leq \mathrm{Cap}(B)$.

　ii) $A_n \nearrow \Rightarrow \mathrm{Cap}(\bigcup_n A_n) = \sup_n \mathrm{Cap}(A_n)$.

　iii) A_n: コンパクト，$A_n \searrow \Rightarrow \mathrm{Cap}(\bigcap_n A_n) = \inf_n \mathrm{Cap}(A_n)$.

容量の概念は一般的に定義されるが，上の命題のような性質を満たす容量をショケー容量と言う．

ディリクレ形式の理論において状態空間の部分集合が除外集合と言うとき

は，容量零の集合を指す．

定義 3.19. X^1, X^2 を $\mathcal{M}$ 上のハント過程とする．X^1 と X^2 が同型とは，X^1 の推移関数と X^2 の推移関数が除外集合を除いて一致することを言う．

ここで，拡散過程の定義を見ておこう．

定義 3.20. X が拡散過程とは，X はハント過程であり，$P_x(t \mapsto X_t$ は連続 $(t < \zeta)) = 1$ $(\forall x \in \mathcal{M})$ となること．ただし，$\zeta = \inf\{t > 0 : X_t \notin \mathcal{M}\}$（$X$ の生存時間）．

次は一般的状況でのディリクレ形式の局所性と拡散過程の関係を述べている．

定理 3.21. X が局所的正則ディリクレ形式に対応するハント過程ならば，X と同型な拡散過程が存在する．

ディリクレ形式の理論においては，一般的な状況下では除外集合を持ち出す必要があるが，次の条件 (AC) が満たされる場合は，種々の場面で除外集合は必要ないことが知られている．

(AC) 任意の $x \in \mathcal{M}, t > 0$ に対し，$P_t(x, dy)$ は $dm(y)$ に関し絶対連続．
(AC) は絶対連続性の条件と呼ばれる．
拡散過程の対応についても次が言える．

定理 3.22. (AC) を仮定する．局所正則ディリクレ形式 $(\mathcal{E}, D(\mathcal{E}))$ には，拡散過程 $(X, P_x)_{x \in \mathcal{M}}$ が一意に対応する．

ブラウン運動の場合は (AC) を満たしている．

我々がディリクレ形式を用いて拡散過程を構成するときは，しばしば局所性よりも強い強局所性という性質を仮定する．

定義 3.23. ディリクレ形式 $(\mathcal{E}, D(\mathcal{E}))$ が**強局所的**であるとは，コンパクトな台を持つ $u, v \in D(\mathcal{E})$ に対し，u が v の台の上では定数ならば，$\mathcal{E}(u, v) = 0$ となることである．

強局所性を仮定すると，対応する拡散過程は $\mathcal{M}$ の内部で消滅することはない．リーマン多様体上のブラウン運動は常にこの仮定を満たしている．

3.1.3 加法的汎関数とルヴュズ測度

A_t が $\mathcal{M}$ 上のブラウン運動 X の加法的汎関数とは，次を満たすことであった．θ_t は前に導入した，ずらし作用素である．

$$A_t \circ \theta_s = A_{t+s} - A_s \quad P_x\text{-a.s.} \quad \forall x \in \mathcal{M}. \tag{3.5}$$

この確率過程はディリクレ形式の理論の範疇でも定式化され，ディリクレ形式

の確率解析は加法的汎関数の解析に基づいている.

ここで再び $L^2(m)$ 上の局所的正則ディリクレ形式 $(\mathcal{E}, D(\mathcal{E}))$ に対応する拡散過程 X を考えることにする.

ディリクレ形式の理論では, 一般には除外集合が必要になるので, この場合, 上の加法的汎関数の定義式 (3.5) の中の $\forall x$ は q.e. x に置き換える.

定義 3.24. 加法的汎関数 A, B が m-同型とは,

$$P_x(A_t = B_t) = 1, \ \forall t \geq 0, \ m\text{-a.e.}\, x$$

となることである. また, A, B が狭義の同型とは

$$P_x(A_t = B_t) = 1, \ \forall t \geq 0, \ \forall x$$

となることである.

加法的汎関数の中でも正値連続加法的汎関数を考えよう. このクラスの加法的汎関数を **PCAF** (positive continuous additive functional) と略記する. PCAF は増加過程である.

定義 3.25. 測度 μ が **滑らか** とは, $\mathrm{Cap}(A) = 0 \ \Rightarrow \ \mu(A) = 0$ となることを言う.

定理 3.26. i) PCAF A に対し, 滑らかな測度 μ_A が存在し, 任意の $f \in \mathcal{B}_+(\mathcal{M})$ に対して

$$\int_{\mathcal{M}} f d\mu = \lim_{t \to 0} \frac{1}{t} \int_{\mathcal{M}} E_x \left[\int_0^t f(X_s) dA_s \right] dm(x)$$
$$= \lim_{\alpha \to \infty} \alpha \int_{\mathcal{M}} E_x \left[\int_0^\infty e^{-\alpha s} f(X_s) dA_s \right] dm(x)$$

が成り立つ.

ii) μ が滑らかな測度であれば, $\mu = \mu_A$ となる PCAF A_t が m-同型を除いて一意に存在する.

注意 3.27. 絶対連続条件 (AC) が満たされれば, 上の ii) の PCAF の同型は狭義の同型とすることができる.

上の定理は, PCAF と滑らかな測度が 1 対 1 に対応することを示している. PCAF A に対応する滑らかな測度 μ_A を A の **ルヴュズ測度** (Revuz measure), また, 定理 3.26 における A と μ_A の対応をルヴュズ対応と言う.

問 8. A は PCAF であり, ある $t_0 > 0$ に対し, $\int_{\mathcal{M}} E_x[A_{t_0}] dm(x) < \infty$ となったとする.

　i) $a_t := \int_{\mathcal{M}} E_x[A_t] dm(x) \ (0 < t < t_0)$ と置くと, $a_{t+s} \leq a_s + a_t \ (t, s > 0, \ t + s < t_0)$ となることを示せ.

ii) $\lim_{t\to 0}\frac{1}{t}\int_{\mathcal{M}}E_x[A_t]dm(x)$ が存在することを示せ.

滑らかな測度 μ が与えられたとき, μ が PCAF A_t のルヴュズ測度となることは次でも特徴づけられる.

命題 3.28. 滑らかな測度 μ が $\mu=\mu_A$ であることは, 任意の $f,h\in\mathcal{B}_+(\mathcal{M})$ に対して

$$\int_{\mathcal{M}}h(x)E_x\left[\int_0^t f(X_s)dA_s\right]dm(x)=\int_0^t\int_{\mathcal{M}}P_sh(x)f(x)d\mu(x)\ (\forall t>0)$$

(3.6)

が成り立つことと同値.

問 9. 式 (3.6) が成り立つことと

$$\int_{\mathcal{M}}h(x)E_x\left[\int_0^\infty e^{-\alpha s}f(X_s)dA_s\right]dm(x)=\int_{\mathcal{M}}R_\alpha h(x)f(x)d\mu(x)\ (3.7)$$

が成り立つことは同値であることを示せ.

次に加法的汎関数のエネルギーを導入する.

定義 3.29. A を加法的汎関数とする.
極限値

$$\lim_{t\to 0}\frac{1}{2t}\int_{\mathcal{M}}E_x[A_t^2]dm(x)\ (\leq\infty)$$

が存在するときその値を A のエネルギーと言い, $\mathrm{e}(A)$ と書く. また, $\mathrm{e}(A)=0$ となる加法的汎関数をエネルギー零の加法的汎関数と言う.

M_t が加法的汎関数で, かつ, q.e. x に対し P_x の下で X の自然なフィルトレーション $\mathcal{F}_t$ に関してマルチンゲールになっている場合を考えよう.
まず次に注意する.

補題 3.30. M_t は $E_x[M_t^2]<\infty$ q.e. x とする.
M_t がマルチンゲール加法的汎関数であることと, M_t が

$$E_x[M_t]=0\ \forall t\geq 0,\ \mathrm{q.e.}\,x$$

を満たす加法的汎関数であることは同値である.

問 10. 上を示せ.

M_t がマルチンゲールであるから, 2 次変動過程 $\langle M\rangle_t$ が存在する. この $\langle M\rangle_t$ も加法的汎関数となるが, 特に PCAF である.

$$\mathrm{e}(M)=\lim_{t\to 0}\frac{1}{2t}\int_{\mathcal{M}}E_x[M_t^2]dm(x)=\lim_{t\to 0}\frac{1}{2t}\int_M E_x[\langle M\rangle_t]dm(x)$$
$$=\mu_{\langle M\rangle}(\mathcal{M})$$

となる．ここで，$\mu_{\langle M \rangle}$ は $\langle M \rangle$ のルヴュズ測度である．

　次に，エネルギー零となる例を見よう．

　$A_t = \int_0^t f(X_s)ds$ と置く．ただし，$f \in L^2(m)$ とする．$E_x[(\int_0^t f(X_s)ds)^2]$
$\leq tE_x[\int_0^t f(X_s)^2 ds]$ となるから，

$$\frac{1}{2t}\int_{\mathcal{M}} E_x[A_t^2]dm(x) \leq \frac{1}{2}\int_{\mathcal{M}} E_x\left[\int_0^t f(X_s)^2 ds\right]dm(x) \to 0 \ (t \to 0)$$

となる．

3.1.4　福島分解と伊藤の公式

定義 3.31. 任意の $\epsilon > 0$ に対して，$\mathrm{Cap}(G_\epsilon) < \epsilon$ となる開集合 G_ϵ が存在して，u が $\mathcal{M} \setminus G_\epsilon$ 上で連続となるとき，u は準連続 (quasi-continuous) であると言う．v に対して $v = \tilde{v}$ m-a.e. となる準連続関数 $\tilde{v}$ が存在するとき，$\tilde{v}$ を v の準連続修正と言う．

　$u \in D(\mathcal{E})$ ならば，準連続修正 $\tilde{u}$ が存在する．

　$u \in D(\mathcal{E})$ のとき，$u(X)$ のドゥーブ–メイエ分解に対応するものとして，次の福島分解がある．

定理 3.32 (福島分解)．$u \in D(\mathcal{E})$ とする．このとき，エネルギー有限なマルチンゲール加法的汎関数 $M^{[u]}$ とエネルギー零の加法的汎関数 $N^{[u]}$ が存在して，

$$\tilde{u}(X_t) - \tilde{u}(X_0) = M_t^{[u]} + N_t^{[u]} \ P_x\text{-a.s. q.e. } x$$

が成り立つ．ここで，$\tilde{u}$ は u の準連続修正である．

　上の分解において，$\tilde{u}(X_t)$ は必ずしもセミマルチンゲールとはならないことに注意しておく．すなわち，$N_t^{[u]}$ は有界変動過程となるとは限らない (cf. [13])．

　PCAF $\langle M^{[u]} \rangle$ のルヴュズ測度を $\mu_{\langle u \rangle}$ と書くことにしよう．

　次にこの公式を局所化する．

定義 3.33. 任意の相対コンパクトな開集合 $G \subset \mathcal{M}$ に対し，G 上で $u = u_G$ m-a.e. かつ $u_G \in D(\mathcal{E})$ となる u_G が存在するような u 全体を $D(\mathcal{E})_{\mathrm{loc}}$ と書く．

　相対コンパクトな開集合列 $G_n \uparrow \mathcal{M}$ を取る．これに対し，$u \in D(\mathcal{E})_{\mathrm{loc}}$ ならば，各 G_n 上で $u = u_{G_n}$ m-a.e. となる $u_{G_n} \in D(\mathcal{E})$ があるから，その準連続修正は G_n 上で u の準連続修正となる．任意の n に対して，

$$\tilde{u}(X_{t \wedge \tau_{G_n}}) - \tilde{u}(X_0) = M_{t \wedge \tau_{G_n}}^{[u_{G_n}]} + N_{t \wedge \tau_{G_n}}^{[u_{G_n}]}$$

と書くことができる．$M_t^{[u]} := M_t^{[u_{G_n}]}$ $(t < \tau_{G_n})$ 等と置けば，$u \in D(\mathcal{E})_{\mathrm{loc}}$ に対しても，福島分解

$$\tilde{u}(X_t) - \tilde{u}(X_0) = M_t^{[u]} + N_t^{[u]} \ P_x\text{-a.s. q.e. } x$$

が得られる．ただし，$M^{[u]}$ は局所マルチンゲールである．また，$\langle M^{[u]} \rangle_t$ は PCAF となるから，そのルヴュズ測度 $\mu_{\langle u \rangle}$ も定まる．

$\mathcal{M}$ がリーマン多様体で，X がその上のブラウン運動とする．$u \in C^2(\mathcal{M})$ ならば，$u \in D(\mathcal{E})_{\mathrm{loc}}$ である．$N_t^{[u]} = \frac{1}{2} \int_0^t \Delta u(X_s) ds$ であることはすでに見た．次を示す．

命題 3.34. X を $\mathcal{M}$ 上のブラウン運動，$u \in C^2(\mathcal{M})$ とする．このとき，標準ブラウン運動 B_t を用いて，

$$u(X_t) = u(X_0) + B\left(\int_0^t ||\nabla u||^2 (X_s) ds \right) + \frac{1}{2} \int_0^t \Delta u(X_s) ds \ \text{a.s.}$$

と書ける．

これを示すには，次の一般的に成り立つ公式に従えばよい．

補題 3.35. $(\mathcal{E}, D(\mathcal{E}))$ をディリクレ形式とし，u, f を有界な $D(\mathcal{E})$ の元とする．

$$\int_{\mathcal{M}} \tilde{f} d\mu_{\langle u \rangle} = 2\mathcal{E}(u, uf) - \mathcal{E}(u^2, f)$$

が成り立つ．

証明．ルヴュズ測度の特徴づけより，

$$\int_{\mathcal{M}} \tilde{f} d\mu_{\langle u \rangle} = \lim_{t \to 0} \frac{1}{t} \int_{\mathcal{M}} E_x[\langle M^{[u]} \rangle_t] f(x) dm(x)$$

$$= \lim_{t \to 0} \frac{1}{t} \int_{\mathcal{M}} E_x[(u(X_t) - u(X_0))^2] f(x) dm(x)$$

であった．これに

$$\int_{\mathcal{M}} E_x[(u(X_t) - u(X_0))^2] f(x) dm(x)$$

$$= \int_{\mathcal{M}} (P_t u^2(x) - 2u(x) P_t u(x) + u(x)^2) f(x) dm(x)$$

$$= 2(u - P_t u, uf)_{L^2(m)} - (u^2 - P_t u^2, f)_{L^2(m)}$$

を代入すれば，定理 3.4 より，求める等式が得られる． $\square$

ブラウン運動の場合に戻る．$u, f \in C_0^\infty$ とする．

$$2\mathcal{E}(u, uf) - \mathcal{E}(u^2, f) = \frac{1}{2} \int_{\mathcal{M}} (2\nabla u \cdot \nabla(uf) - \nabla(u^2) \cdot \nabla f) dv,$$

$$2\nabla u \cdot \nabla(uf) - \nabla(u^2) \cdot \nabla f = 2||\nabla u||^2 f$$

となるから，結局

$$\int_{\mathcal{M}} f d\mu_{\langle u \rangle} = \int_{\mathcal{M}} ||\nabla u||^2 f dv$$

すなわち,

$$d\mu_{\langle u \rangle} = ||\nabla u||^2 dv$$

となる. ルヴュズの対応より,

$$\langle M^{[u]} \rangle_t = \int_0^t ||\nabla u||^2 (X_s) ds$$

がわかる.

3.1.5 ライオン–ツェン分解

エネルギー零の加法的汎関数の解析は一般には難しい. $u(X)$ を調べる際に, 福島分解ではこの障害に遭遇することがある. これを避けるために, X の対称性を利用して, 多くの蓄積があるマルチンゲールの解析に帰着させようというのが, ライオン–ツェン分解である.

このため時間反転作用素を導入する.

$T > 0$ とする.

$$X_t(r_T \omega) = X_{T-t}(\omega) \ (0 \le t < T < \zeta(\omega))$$

によって, r_T を定義する. ただし, ζ は X の生存時間.

$$P_m := \int_{\mathcal{M}} P_x dm(x), \quad E_m := \int_{\mathcal{M}} E_x dm(x)$$

と置く. P_m は $\mathcal{F}$ 上の測度であるが, 確率測度になるとは限らない. ある事象が測度 P_m に関して零集合を除いて起こるとき, P_m-a.s. と書く. 基本的に, r_T は P_m-不変な作用素である. すなわち,

$$E_m[1_A \circ r_T : T < \zeta] = E_m[1_A : T < \zeta] \ (A \in \mathcal{F}).$$

問 11. 上式を示せ.

定理 3.36 (ライオン–ツェン分解). $u \in D(\mathcal{E})$ に対して,

$$u(X_t) - u(X_0) = \frac{1}{2} M_t^{[u]} + \frac{1}{2}(M_{T-t}^{[u]} \circ r_T - M_T^{[u]} \circ r_T) \ (0 \le t \le T < \zeta), P_m\text{-a.s.}$$

証明. $u = R_1 f$ のとき見る. u の福島分解は,

$$u(X_t) - u(X_0) = M_t^{[u]} + N_t^{[u]} = M_t^{[u]} + \int_0^t (u(X_s) - f(X_s)) ds$$

となる. これに r_T を作用させる.

$$N_t^{[u]} \circ r_T = \int_0^t (u(X_{T-s}) - f(X_{T-s})) ds = \int_{T-t}^T (u(X_s) - f(X_s)) ds$$
$$= N_T^{[u]} - N_{T-t}^{[u]}$$

となるから,

$$u(X_{T-t}) - u(X_T) = M_t^{[u]} \circ r_T + N_T^{[u]} - N_{T-t}^{[u]}$$

すなわち,

$$M_t^{[u]} \circ r_T = u(X_{T-t}) - u(X_T) - N_T^{[u]} + N_{T-t}^{[u]}.$$

これを結論の右辺に代入すれば, 左辺が得られる. □

ここで, ユークリッド空間の場合にも用いたが, 改めて一般の場合にもよく使う言葉を導入する.

定義 3.37. i) $\mathcal{M}$ 内の相対コンパクトな集合列 $\{D_n\}$ が

$$\overline{D_n} \subset D_{n+1} \ (n = 1, 2, \dots) \quad \text{かつ} \quad \mathcal{M} = \cup_{n=1}^{\infty} D_n$$

を満たすとき, $\{D_n\}$ を $\mathcal{M}$ の**エグゾースチョン**と言う.

ii) $\mathcal{M}$ 上の実数値連続関数 ρ が**エグゾースチョン関数**とは, $\rho(x) \to \infty \ (x \to \partial)$ (∂ は $\mathcal{M}$ の無限遠点) であり, かつ, 任意の $r > 0$ に対して, $\{x \in \mathcal{M} : \rho(x) \leq r\}$ がコンパクト集合になることを言う.

注意 3.38. 一般に, エグゾースチョン関数は有界なものも扱われるが, 本書は主に非有界なもののみを考える.

竹田はライオン-ツェンの分解公式をうまく使って, 種々の結果を得た[95]. 例えば, 竹田の不等式と呼ばれる次の公式が得られる.

定理 3.39. $\rho \in D(\mathcal{E})_{\mathrm{loc}} \cap C(\mathcal{M})$ を $\mathcal{M}$ の正値エグゾースチョン関数とする. $C > 0$ があって, $d\mu_{\langle\rho\rangle} \leq Cdm$ を満たすならば, $T > 0, r > 0, R > 0$ に対して

$$\int_{B_R} P_x \left(\sup_{0 \leq t \leq T} (\rho(X_t) - \rho(X_0)) \geq r \right) \leq \frac{9\sqrt{CT}}{r} m(B_{R+r}) \exp\left(-\frac{2r^2}{9CT} \right)$$

が成り立つ. ここで, $B_r = \{x \in \mathcal{M} : \rho(x) \leq r\}$ である.

証明は [14] を参照せよ. ライオン-ツェン分解によって $\rho(X_t)$ はマルチンゲールを用いて表すことができる. さらに, そのマルチンゲールはブラウン運動と 2 次変動過程を用いて表現することができる (定理 1.20) ので, ブラウン運動の最大値過程の評価を用いることができる. 右辺のガウス型評価はこれに由来する. また, $\tau_r := \inf\{t > 0 : \rho(X_t) > r + \rho(X_0)\}$ と置くと, 事象 $\{\sup_{0 \leq t \leq T}(\rho(X_t) - \rho(X_0)) \geq r\}$ は $\{\tau_r \leq T\}$ に等しいことを注意しておく.

3.1.6 時間変更

ディリクレ形式 $(\mathcal{E}, D(\mathcal{E}))$ と基礎の測度 m によって定義された拡散過程 X を PCAF A_t によって時間変更し, 新たな確率過程を導入しよう.

$$A_t^{-1} := \inf\{s > 0 : A_s > t\}$$

と置く. $Y_t := X_{A_t^{-1}}$ と置いて, X の A による**時間変更過程** Y を定義する. A が狭義増加でなければ, A^{-1} は必ずしも連続にならないので, X が拡散過程であったとしても Y が連続になるとは限らない. このような飛躍を含む確率過程にも興味ある場合が多くあるが, 本書では, 専ら A_t が狭義増加になるような場合を考える. このようなときは, $Y_{A_t} = X_t$ となり, このほうが見やすい場合も多い.

今, X の生成作用素を L とし, $(\mathcal{E}, D(\mathcal{E}))$ は $C_0^\infty(\mathcal{M})$ を芯に持つような場合を考えよう.

f を $\mathcal{M}$ 上の連続関数とし, $f(x) > 0$ q.e. としよう. $A_t = \int_0^t f(X_s)ds$ とすると, A は X の PCAF であり, a.s. に狭義増加となる. これを用いた時間変更 $Y_t := X_{A_t^{-1}}$ を考える. $u \in C_0^\infty(\mathcal{M})$ に対し,

$$u(X_t) - u(X_0) - \int_0^t Lu(X_s)ds = u(Y_{A_t}) - u(Y_0) - \int_0^t Lu(Y_{A_s})ds$$

はマルチンゲールである.

$$\begin{aligned}
\int_0^t Lu(Y_{A_s})ds &= \int_0^t f(Y_{A_s})^{-1} Lu(Y_{A_s}) f(Y_{A_s})ds \\
&= \int_0^t f(Y_{A_s})^{-1} Lu(Y_{A_s}) dA_s \\
&= \int_0^{A_t} f(Y_s)^{-1} Lu(Y_s)ds
\end{aligned}$$

となるので, $f(Y_{A_t}) - f(Y_0) - \int_0^{A_t} f(Y_s)^{-1} Lu(Y_s)ds$ もマルチンゲールとなる. フィルトレーションも時間変更すれば, そのフィルトレーションに関して, $f(Y_t) - f(Y_0) - \int_0^t f(Y_s)^{-1} Lu(Y_s)ds$ はマルチンゲールになる. よって, $\hat{L} := \frac{1}{f}L$ は Y の生成作用素となる. さらに, この時間変更過程はディリクレ形式を用いると次のようにして得られる. X のディリクレ形式を $\mathcal{E}$ とし, 基礎の測度を m とすると,

$$-\int_{\mathcal{M}} u\hat{L}vfdm = -\int_{\mathcal{M}} uLvdm = \mathcal{E}(u, v) \quad (u, v \in C^\infty(\mathcal{M}))$$

となるので, Y の基礎の測度を fdm とすると, ディリクレ形式 $\mathcal{E}$ を持つことがわかる.

3.1.7　リース分解と破綻関数

$D \subset \mathcal{M}$ を領域とする. D 上の優調和関数に対し, 次が知られている ([18], [19] 等を参照).

定理 3.40 (リース分解). u を D 上の優調和関数とし, 調和劣関数を持つとする. このとき, D 上のラドン測度 μ と D 上の調和関数 h が存在して,

$$u(x) = h(x) + \int_D g_D(x, y)d\mu(y) \ (x \in D)$$

と書ける.

$\int_D g_D(x, y)d\mu(y)$ は u のポテンシャル部分などとも呼ばれる. h は最大調和劣関数となる.

$H_D u$ が存在すれば, これが u の最大調和劣関数となる. よって, $D_0 \subset D$ を滑らかな境界を持つ相対コンパクトな部分領域とすると, D 上の優調和関数 u は D_0 上では, D 上のラドン測度 μ と D_0 上の調和関数 h_0 が存在して

$$u(x) = h_0(x) + \int_{D_0} g_{D_0}(x, y)d\mu_0(y) \ (x \in D_0)$$

と書ける. u が D 上の劣調和関数ならば, $D_0 \subset D$ 上の調和関数 h があって, D_0 上で $u(x) = h(x) - \int_D g_D(x, y)d\mu(y)$ となる.

複素解析の研究においては, 局所的に劣調和関数の差で書ける関数を扱うことが多い. このような関数を δ-**劣調和関数**と言う. 例えば, f が有理形関数のとき, $u(z) = \log|f|$ は δ-劣調和関数になる. 実際, 有理形関数は局所的に正則関数 f_1, f_2 を用いて, $f = f_1/f_2$ と書ける. よって, $\log|f| = \log|f_1| - \log|f_2|$. このような関数にリースの分解定理を適用すると, 符号付測度 μ が存在して,

$$u(x) = h(x) - \int_D g_D(x, y)d\mu(y)$$

となる. この μ を**リース測度 (Riesz charge)** と言う. 測度といってもこの場合は符号付測度である. μ は符号付測度であるから, 測度 μ_1, μ_2 を用いて $\mu = \mu_1 - \mu_2$ と分解できる. このような分解を可能とする μ_1, μ_2 のうちで最小となるものを取ればこの分解は一意になる.

今, $\tilde{\mu}_k$ を μ_k の滑らかな部分とする $(k = 1, 2)$. $u(X)$ は局所劣マルチンゲールの差となるから, $u(X)$ はセミマルチンゲールとなる. その有界変動部分 A は, $\tilde{\mu}_1, \tilde{\mu}_2$ にルヴュズ対応する加法的汎関数をそれぞれ A^1, A^2 とすると, $A = A^1 - A^2$ となる.

$\tilde{\mu}_2 = 0$ の場合を考えよう. すなわち, μ_2 の台は極集合上にある場合である. このときは, $A^2 = 0$ となるので, $u(X)$ は局所劣マルチンゲールとなる. u が正値ならば, 破綻関数の公式を適用でき, T が $E[A_T^1] < \infty$ なる止め時とすると,

$$E_x[u(X_T)] - u(x) + N(T, u(X)) = E_x[A_T^1]$$

を得る. 特に, D を有界領域とし, $T = \tau_D$ とすれば, u のリース分解と合わせてみると,

$$N(\tau_D, u(X)) = \int_D g_D(x, y)d\mu_2(y)$$

を得る. つまり破綻関数は, 道ごとでは見えない u の極集合上の特異性を記憶

しているのである．これは後述するネヴァンリンナ理論への応用で重要な役割を果たす．

3.2 動径過程と比較定理

3.2.1 多様体上のブラウン運動の動径過程

リーマン多様体 $\mathcal{M}$ 上に任意に 1 点 $x_o \in \mathcal{M}$ を取る．この点を固定して距離関数などを定義する．このような点を今後，**参照点**と呼ぶ．$d(x, y)$ を $\mathcal{M}$ 上のリーマン計量から定まる距離とするとき，$\mathcal{M}$ 上のブラウン運動 X と参照点 $x_o \in \mathcal{M}$ に対し，$r_t := d(x_o, X_t)$ を X の**動径過程 (radial motion)** と言う．これについて調べる．まず手始めに，ユークリッド空間 $\mathbb{R}^m$ $(m \geq 2)$ 上のブラウン運動 B の動径過程を見てみよう．

$m \geq 2$ であるから，原点 o は B の極集合になっている．$B_0 = b \neq o$ とする．そこで，$r_t = d(o, B_t) = ||B_t||$ に伊藤の公式を適用すると，

$$r_t = r_0 + \int_0^t \frac{B_s \cdot dB_s}{||B_s||} + \int_0^t \frac{m-1}{r_s} ds$$

となる．マルチンゲール部分 $\int_0^t \frac{B_s \cdot dB_s}{||B_s||} =: M_t$ とすると，$\langle M \rangle_t = t$ となる．レヴィの定理 (定理 1.19) より，M は標準ブラウン運動となる．これを β_t と置けば，r_t は，確率微分方程式

$$dr_t = \beta_t + \frac{m-1}{r_t} dt, r_0 = d(o, b) > 0$$

の解である．この方程式の解として定義される拡散過程を $m-1$ 次元ベッセル過程と言う．

一般の場合も同様に伊藤の公式を適用したいが，$r(x) := d(x_o, x)$ は x_o の最小跡 $\mathrm{Cut}(x_o)$ で滑らかではない．W.S. ケンドールは次を示した ([80])．

定理 3.41. $r_t := r(X_t) = d(x_o, X_t)$, $X_0 \neq x_o$ とする．$\mathrm{Cut}(x_o)$ 上でのみ増加する X の加法的汎関数 L_t と標準ブラウン運動 β_t が存在して，

$$r_t = r_0 + \beta_t + \frac{1}{2} \int_0^t 1_{\{X_s \notin \mathrm{Cut}(x_o)\}} \Delta r(X_s) ds - L_t \tag{3.8}$$

を満たす．

一般に，関数 $r(x)$ は $M \setminus \{x_o\}$ で δ-劣調和関数になる．$r(x) \in \mathcal{F}_{\mathrm{loc}}$ であるから，$r_t = r(X_t)$ の福島分解を考えて見よう．超関数の意味で，$\Delta r(x)$ を考えると，符号付測度になり，$1_{\{x \notin Cut(x_o)\}} \Delta r(x) dv(x)$ と $\mathrm{Cut}(x_o)$ に台を持つ負の測度に分解できる．L_t は後者の負の測度に対応する正値連続加法的汎関数である．マルチンゲール部分 M_t に対応する測度は，$||\nabla r(x)||^2 1_{\{x \notin \mathrm{Cut}(x_o)\}} dv(x)$ となるが，$||\nabla r(x)|| = 1$ dv-a.e. であるので，結局，$\langle M \rangle_t = t$ となり，M は

ユークリッド空間のときと同じように標準ブラウン運動となる.

3.2.2 ラプラシアン比較定理

動径過程の有界変動部分に $\Delta r(x)$ が現れた. この部分についての解析をラプラシアン比較定理を用いて行う.

$[0, \infty)$ 上の連続関数 $\kappa(r)$ が与えられたとき, 関数 $G(r)$ は次の常微分方程式の解とする.

$$G''(r) + \kappa(r)G(r) = 0, \quad G(0) = 0, \quad \text{かつ } G'(0) = 1. \tag{3.9}$$

$\mathcal{M}$ の断面曲率 $\mathrm{Sect}_{\mathcal{M}}$ の各点における上限を

$$K_{\mathcal{M}}(x) := \sup\{\mathrm{Sect}_{\mathcal{M}}(\sigma) : \sigma \text{ は } T_x\mathcal{M} \text{ の } 2 \text{ 次元平面 }\}$$

とし, リッチ曲率 $\mathrm{Ric}_{\mathcal{M}}$ の各点における下限を

$$R(x) := \inf\{\mathrm{Ric}_{\mathcal{M}}(\xi, \xi) : \xi \in T_{\mathcal{M}}, \, \|\xi\| = 1\} \tag{3.10}$$

とする.

今, 式 (3.9) における κ として次のような κ_1, κ_2 を考える.

$$\sup_{x \in B(x_0, r)} K_{\mathcal{M}}(x) \leq \kappa_1(r), \tag{3.11}$$

$$\kappa_2(r) \leq \inf_{x \in B(x_0, r)} \frac{R(x)}{m-1} \tag{3.12}$$

とする.

$r(x)$ を参照点 x_0 から x までの距離とする. 次の定理はラプラシアン比較定理と呼ばれる ([21] Theorem 3.4.2, cf. [15], [49]). 方程式 (3.9) において $\kappa = \kappa_j$ としたときの解を G_j とする.

定理 3.42 (ラプラシアン比較定理). i) $x \notin \mathrm{Cut}(x_0)$ のとき,

$$(m-1)\frac{G_1'(r)}{G_1(r)} \leq \Delta_{\mathcal{M}} r(x) \leq (m-1)\frac{G_2'(r)}{G_2(r)}.$$

ii) $\mathcal{M}$ 上では, 超関数の意味で

$$\Delta_{\mathcal{M}} r(x) \leq (m-1)\frac{G_2'(r)}{G_2(r)}.$$

$\kappa = 0$ のときは $\frac{G'(r)}{G(r)} = \frac{1}{r}$ となることはすぐにわかるだろう.

κ が負の定数であれば, 容易に計算できるように

$$G(r) = \frac{1}{\sqrt{|\kappa|}} \sinh(\sqrt{|\kappa|}r), \quad \frac{G'(r)}{G(r)} = \sqrt{|\kappa|} \coth(|\kappa|r)$$

となる. これより, κ_2 が負の定数であれば,

$$G_2(r) \leq c_3 e^{\sqrt{|\kappa_2|}r}, \quad \mathrm{vol}(B(x_0, r)) \leq c_4 e^{\sqrt{|\kappa_2|}r} \tag{3.13}$$

となることもわかる.

問 12. κ が定数のとき,方程式 (3.9) の解は

$$G(r) = \begin{cases} \frac{1}{\kappa} \sin \sqrt{\kappa} r & (\kappa > 0), \\ r & (\kappa = 0), \\ \frac{1}{\sqrt{|\kappa|}} \sinh(\sqrt{|\kappa|}r) & (\kappa < 0) \end{cases}$$

となることを示せ.

3.2.3 グリーン関数,調和測度の比較定理

ラプラシアン比較定理を動径過程に用いてグリーン関数とポアソン核の比較定理を求めよう.

$\mathcal{M}$ は単連結で,上述の (3.11) において

$$\kappa_1(r) \leq 0 \quad (r > 0) \tag{3.14}$$

を満たす m 次元リーマン多様体とする.カルタン–アダマールの定理によれば,$\mathcal{M}$ はユークリッド空間と同相となる.このとき,任意の $x_0 \in \mathcal{M}$ における単射半径は無限大となり,$\mathrm{Cut}(x_0) = \emptyset$ となる.このようなリーマン多様体をアダマール多様体と呼ぶ.

$x_0 \in \mathcal{M}$ とし,$r(x)$ を参照点 x_0 から x までの距離とする.

補題 3.43. $r_t^{(0)}$, $r_t^{(1)}$ を次の確率微分方程式の解とする.

$$dr_t^{(0)} = db_t + \frac{m-1}{2r_t^{(0)}}dt, \quad r_0^{(0)} = r(X_0) > 0,$$

$$dr_t^{(1)} = db_t + \frac{m-1}{2}\frac{G'(r_t^{(1)})}{G(r_t^{(1)})}dt, \quad r_0^{(1)} = r(X_0) > 0.$$

ここで,b_t は標準ブラウン運動,$G(r)$ は,(3.12) で与えた $\kappa_2(r)$ を用いて $\kappa(r) = \kappa_2(r)$ としたときの方程式 (3.9) の解である.このとき,

$$r_t^{(0)} \leq r(X_t) \leq r_t^{(1)} \quad (0 < t < \zeta) \quad \text{a.s.} \tag{3.15}$$

となる.ここで,ζ は X の生存時間である.

証明.動径過程の公式 (3.8) にラプラシアンの比較定理を適用すると,今の場合,L_t は消えるので,

$$b_t + \frac{m-1}{2}\int_0^t \frac{1}{r(X_s)}ds \leq r(X_t) - r(X_0)$$

となる．確率微分方程式の比較定理 (定理 1.62) より，

$$r_t^{(0)} \leq r(X_t) \quad (0 < t < \zeta) \quad \text{a.s.} \tag{3.16}$$

となる．もう一方も同様． $\qquad\square$

なお，$r_t^{(0)}$ は m 次元ベッセル過程，すなわち，$\mathbb{R}^m$ 上のブラウン運動の動径過程である．

まず，$\mathcal{M}$ 単連結で，その断面曲率が非正であることから次が従う．

補題 3.44. i) $p(t, x, y)$ を X の推移密度関数とする．このとき，

$$p(t, x, y) \leq (2\pi t)^{-m/2} e^{-\frac{d(x,y)^2}{2t}} \quad (t > 0, \ x, y \in M).$$

ii) $g_r(x, y)$ を $B_{x_0}(r)$ 上のグリーン関数とする．このとき，

$$g_r(x, y) \leq \begin{cases} \frac{1}{(m-2)\omega_{m-1}}(r(y)^{2-m} - r^{2-m}) & (m \geq 3), \\ \frac{1}{2\pi} \log \frac{r}{r(x)} & (m = 2). \end{cases}$$

ここで，ω_{m-1} は $\mathbb{R}^m$ の単位球面 S^{m-1} の体積である．

iii) $\pi_{x_0}(y)$ を $\partial B_{x_0}(r)$ 上の調和測度とする．このとき，

$$d\pi_{x_0}(y) \leq \frac{1}{\omega_{m-1} r^{m-1}} dS_r.$$

ここで，dS_r は $\partial B_{x_0}(r)$ 上にリーマン計量から誘導される球面積測度である．

証明．i) (3.16) において，$x_0 = y, X_0 = x$ とすると，$0 < \epsilon < r(x)$ に対して，

$$P_x(r(X_t) \leq \epsilon, t < \zeta) \leq P_{r(x)}^{(0)}(r_t^{(0)} \leq \epsilon) = P_x^{(0)}(B_t \in B_y(\epsilon))$$

となる．ここで，$P_{r(x)}^{(0)}$ は $r^{(0)}$ の法則，$P_x^{(0)}$ は $\mathbb{R}^m$ のブラウン運動 B_t の法則である．両辺を $\epsilon^m |S^{m-1}|$ で割って，$\epsilon \to 0$ とすると，$\text{vol}_{\mathcal{M}}(\{x : r(x) \leq \epsilon\})/\epsilon^m |S^{m-1}| \to 1 \ (\epsilon \to 0)$ なることに注意すれば，i) を得る．

ii) $r(x) = d(x_0, x), X_0 = y$ とする．$\tau_r := \{t > 0 : r(X_t) \geq r\}$，$\tau_r^{(0)} := \{t > 0 : r_t^{(0)} \geq r\}$ と置く．$\{t < \tau_r\} \subset \{t < \tau_r^{(0)}\}$ であるから，

$$P_y(r(X_t) \leq \epsilon, \ t < \tau_r) \leq P_{r(y)}^{(0)}(r_t^{(0)} \leq \epsilon, \ t < \tau_r^{(0)}).$$

i) と同様にして，$\epsilon^m |S^m|$ で割って $\epsilon \to 0$ とすれば，

$$p_{B(x_0, r)}(t, y, x_0) \leq p_{B_y(r)}^{(0)}(t, y, x_0)$$

を得る．ここで，$p_{B_{x_0}(r)}^{(0)}(t, y, x_0)$ は $\mathbb{R}^m$ のブラウン運動 B_t の $B_{x_0}(r)$ におけるディリクレ条件付き推移密度関数である．これら推移関数の対称性と 0 から ∞ まで t について積分すれば，グリーン関数の評価を得る．

iii) ii) の両辺ともに境界上で 0 になるから，y について境界上の法線微分を

考えれば，ポアソン核の公式 (2.3) より結論を得る． $\square$

補題 3.45. G を (3.9) において $\kappa = \kappa_2$ ((3.12) で与えたもの) としたときの解とし，$\eta > 0$ を固定する．$r(x) < \eta$ ならば，定数 $c_1 > 0$ が存在し，$r > 3\eta$, $y \in B_{x_0}(r) \setminus \overline{B_{x_0}(2\eta)}$ に対して，

$$c_1 \frac{\int_{r(y)}^r G(t)^{1-m} dt}{\int_{2\eta}^r G(t)^{1-m} dt} \leq g_r(x, y)$$

が成り立つ．特に，X_t が非再帰的ならば，$c_2 > 0$ があって，

$$c_2 \int_{r(y)}^r G(t)^{1-m} dt \leq g_r(x, y)$$

が成り立つ．

証明．$\tau_r = \inf\{t > 0 | r(X_t) \geq r\}$, $\sigma_{2\eta} = \inf\{t > 0 | r(X_t) \leq 2\eta\}$ とする．$B_{x_0}(r) \setminus B_{x_0}(2\eta)$ 上の最大値の原理より，

$$g_r(x, y) \geq \min_{z \in \partial B_{x_0}(2\eta)} g_r(x, z) P_y(\sigma_\eta < \tau_r).$$

$\tau_r^{(1)} = \inf\{t > 0 | r_t^{(1)} \geq r\}$, $\sigma_{2\eta}^{(1)} = \inf\{t > 0 | r_t^{(1)} \leq 2\eta\}$ と置く．確率微分方程式の比較定理より

$$r_t^{(1)} \geq r(X_t) \quad \text{for } t > 0 \quad \text{a.s.}$$

であったから，

$$P_y(\sigma_{2\eta} < \tau_r) \geq P_{r(y)}(\sigma_{2\eta}^{(1)} < \tau_r^{(1)}).$$

1 次元拡散過程の到達確率の計算 (1.56) より，

$$P_{r(y)}(\sigma_\eta^{(1)} < \tau_r^{(1)}) = \frac{\int_{r(y)}^r G(t)^{1-m} dt}{\int_{2\eta}^r G(t)^{1-m} dt}.$$

最大値の原理とハルナック不等式より $c > 0$ があって

$$\min_{z \in \partial B_{x_0}(2\eta)} g_r(x, z) \geq \min_{z \in \partial B_{x_0}(2\eta)} g_{3\eta}(x, z)$$

$$\geq c \min_{z \in \partial B_{x_0}(2\eta)} g_{3\eta}(x_0, z) > 0$$

となる．これらを合わせることにより，所望の不等式が得られる．

$\int_\eta^\infty G(t)^{1-m} dt = \infty$ ならば，グリーン関数が存在しないので X_t は再帰的になる (次節を参照)． $\square$

注意 3.46. 上の比較定理において，$r(X_t) \leq r_t^{(1)}$ とグリーン関数の下からの評価は，単連結性，および曲率の上からの有界性の仮定はなくとも成立する (定理 3.41 に注意せよ)．

$\mathcal{M}$ が滑らかなエグゾースチョン関数 ρ を持つときも，領域 $D_r = \{x : \rho(x) < r\}$ に対して同様な比較定理を得ることができる．関数論においてはこのほうが役に立つかもしれない．実際，後述する強擬凸領域上のネヴァンリンナ族の正則関数の零点の特徴づけにおいてマリアヴァンはこれを用いた．

3.3　ブラウン運動の大域的挙動

以下では，(X, P_x) を $\mathcal{M}$ 上のブラウン運動とし，P_t を推移作用素とする．以下で述べることの多くは，一般の対称拡散過程について成立する．その場合，ディリクレ形式の設定を用いれば，リーマン計量から決まる体積測度 dv を基礎の測度 dm と読み替えればよい．

3.3.1　不変性
ブラウン運動の大域的挙動に関連して，いろいろな不変性が登場する．ここではそれらをまとめて紹介しておく．

定義 3.47. $f \in \mathcal{B}_b(\mathcal{M})$ が P_t-不変とは，

$$P_t f = f$$

となることである．

定義 3.48. $\mathcal{B}(\mathcal{M})$ 上の測度 μ が P_t の (または X の) 不変測度であるとは，$f \in \mathcal{B}_+(\mathcal{M})$ に対し

$$\int_{\mathcal{M}} P_t f d\mu = \int_{\mathcal{M}} f d\mu$$

となることである．

定義 3.49. $B \in \mathcal{F}_\infty$ がずらし不変とは，任意の止め時 $T < \zeta$ に対して，

$$1_B \circ \theta_T = 1_B$$

となることである．ずらし不変な集合全体を $\mathcal{I}$ と書く．

$\mathcal{I}$ は σ-加法族となる．

3.3.2　ブラウン運動の再帰性
$A \in \mathcal{B}(\mathcal{M})$ に対して

$$R(A) := \{\omega \in \Omega : \limsup_{t \to \infty} 1_A(X_t) = 1\} \in \mathcal{F}_\infty$$

と置く．$R(A)$ 上では，$\zeta = \infty$ であり，$R(A) \in \mathcal{I}$ である．
　$x \mapsto P_x(R(A))$ は P_t-不変な関数である．実際，

$$E_x[P_{X_t}(R(A))] = E_x[E_x[1_{R(A)} \circ \theta_t | \mathcal{F}_t]] = P_x(R(A)).$$

定義 3.50.

$$P_x(R(A)) = 1 \ (\forall x)$$

となるとき，A を再帰的集合と言う．$P_x(R(A)) = 0 \ (\forall x)$ となるとき，A を過渡的集合と言う．

命題 3.51. 次は同値である．

  i) $A \in \mathcal{I}$ ならば，$P_x(A) = 0$ または，$P_x(A) = 1 \ (\forall x)$ である．

  ii) P_t-不変な関数は定数．

  iii) $B \in \mathcal{B}(\mathcal{M})$ は，再帰的か過渡的．

定義 3.52. $\mathcal{M}$ 上のブラウン運動 (X, P_x) が**再帰的**とは，任意の空でない開集合が再帰的集合になることを言う．すなわち，任意の空でない開集合 $U \subset \mathcal{M}$ に対し，

$$\limsup_{t \to \infty} 1_U(X_t) = 1 \ P_x\text{-a.s.} \ (\forall x \in \mathcal{M})$$

が成り立つことである．

　ブラウン運動が再帰的でないとき，そのブラウン運動は**非再帰的**または**過渡的**と呼ばれる．

　再帰性の定義については同値な命題も多い．集合 U への到達時間を $\sigma_U = \inf\{t > 0 : X_t \in U\}$ と置く．

補題 3.53. 次は同値．

  i) (X, P_x) は再帰的．

  ii) 任意の空でない開集合 $U \subset \mathcal{M}$ に対し，ある $x \in \mathcal{M}$ があって

$$\limsup_{t \to \infty} 1_U(X_t) = 1 \ P_x\text{-a.s.}$$

  iii) 任意の $x \in \mathcal{M}$，任意の空でない開集合 $U \subset \mathcal{M}$ に対し，

$$P_x(\sigma_U < \infty) = 1.$$

証明．i) $\Leftrightarrow$ ii)．事象 $A := \{\limsup_{t \to \infty} 1_U(X_t) = 1\}$ はずらしに関して不変である．よって，マルコフ性より，$P_x(A) = P_x(A \circ \theta_t) = E_x[P_{X_t}(A)]$．よって，推移作用素の絶対連続性より，

$$\text{ある } x \in \mathcal{M} \text{ に対し } P_x(A) = 1. \ \Leftrightarrow \ P_x(A) = 1 \text{ a.e.} x$$

となる．任意の x について成り立つことは強フェラー性よりわかる．

  i) $\Rightarrow$ iii) は明らかであろう．逆もマルコフ性から直ちにわかる．　　　□

　リーマン多様体上のブラウン運動の再帰性は，その多様体上の有界劣調和関

数のリューヴィル性を意味する。これについては後述する。特に，ずらし不変な σ-加法族は自明となる。

定理 3.54. X が再帰的ならば，次が成り立つ。

i) $\mathcal{I}$ を X のずらし不変な集合全体からなる σ-加法族とする。

$$A \in \mathcal{I} \Rightarrow P_x(A) = 0 \ \text{または} \ P_x(A) = 1 \ (\forall x).$$

ii) h が X の超過関数ならば，h は定数である。

再帰性は滞在時間を使っても記述することができる。

命題 3.55. 次の条件は，再帰性と同値である。

i) 任意の $x \in \mathcal{M}$，任意の空でない開集合 $U \subset \mathcal{M}$ に対し，

$$\int_0^\infty 1_U(X_t)dt = \infty \ P_x\text{-a.s.}$$

ii) ある $x \in \mathcal{M}$，任意の空でない開集合 $U \subset \mathcal{M}$ に対し，

$$\int_0^\infty 1_U(X_t)dt = \infty \ P_x\text{-a.s.}$$

i) と ii) の同値性は前と同じである。十分性は明らかだろう。必要性については，次の事実を認めればより強い命題を示すことができる。

命題 3.56. ブラウン運動 X が再帰的ならば，$\mathrm{vol}(A) > 0$ となる任意のボレル集合 A に対して，

$$\limsup_{t \to \infty} 1_A(X_t) = 1 \quad \text{a.s.}$$

これはハリスの意味での再帰性といわれる。

今，A を X の PCAF とする。$\epsilon > 0$ に対し，$\tau_\epsilon := \inf\{t > 0 : A_t > \epsilon\}$ と置く。次は容易に示されるだろう。

補題 3.57. $x \mapsto P_x(\tau_\epsilon < \infty)$ は X の超過関数である。

問 13. 上を示せ。下半連続性は，X の強フェラー性より従う。

これを認めて次を示そう。

定理 3.58. A を X の PCAF とし，A のルヴュズ測度 μ_A は零でないとする。このとき，X が再帰的ならば，$A_\infty = \infty \ P_x\text{-a.s.} \ (\forall x)$ である。

証明．$\epsilon > 0, a > 0$ に対して，$A_{\epsilon,a} := \{x : P_x(\tau_\epsilon < \infty) > a\}$ と置く。ある $\epsilon > 0, a > 0$ があって，

$$\mathrm{vol}(A_{\epsilon,a}) > 0 \tag{*}$$

とできる。よって，ハリスの意味での再帰性より $A_{\epsilon,a}$ は再帰的集合となり，

$\limsup_{t\to\infty} P_{X_t}(\tau_\epsilon < \infty) \geq a$ P_x-a.s. となる．$P_x(\tau_\epsilon < \infty)$ は超過関数であったから，正値優マルチンゲールの収束定理より，$\lim_{t\to\infty} P_{X_t}(\tau_\epsilon < \infty)$ は概収束する．定理 3.54 より，$P_x(\tau_\epsilon < \infty)$ は定数である．$\lim_{t\to\infty} 1_{\{\tau_\epsilon \circ \theta_t < \infty\}}$ は $\mathcal{I}$ 可測であるから，$\lim_{t\to\infty} P_{X_t}(\tau_\epsilon < \infty) = 1$ であり，$P_x(\tau_\epsilon < \infty) = 1$ $(\forall x)$ がわかる．止め時の列 $\{T_n\}$ を次のように定義する．

$$T_1 := \tau_\epsilon,\ T_n := T_{n-1} + \tau_\epsilon \circ \theta_{T_{n-1}}\ (n \geq 2).$$

$A_{\tau_\epsilon} \geq \epsilon$ であり，

$$A_{T_n} - A_{T_{n-1}} = A_{\tau_\epsilon} \circ \theta_{T_{n-1}}$$

であるから，$A_{T_n} \geq \epsilon n$ となる．よって，$A_\infty = \infty$ a.s. $\qquad\square$

問 14. 上の証明中の (*) を示せ．

3.3.3 ディリクレ形式と再帰性

一般のマルコフ過程に対しては，以下に述べる性質を持って再帰性や過渡性を定義することも多い．ブラウン運動に対しては，前に述べた定義と同値となる．

グリーン作用素を次で定義する．

$$Gf(x) := \int_0^\infty P_t f(x)dt \qquad (f \in \mathcal{B}_+(\mathcal{M})).$$

命題 3.59. ブラウン運動が再帰的であることと，次の条件 i), ii) はいずれも同値である．

　i) 任意の正値 $f \in L^1$ に対して，$Gf = \infty$ a.e. となる．

　ii) 非負値 $f \in L^1$ が存在して，$Gf = \infty$ a.e. となる．

これより，次も得られる．

命題 3.60. ブラウン運動が過渡的であることと次の条件はいずれも同値である．

　i) 任意の $f \in L^1$ に対して，$Gf < \infty$ a.e. となる．

　ii) $Gf < \infty$ a.e. となる正値 $f \in L^1$ が存在する．

上の命題 3.59 より，再帰的な相対コンパクトな開集合が存在すれば，空でないすべての開集合は再帰的であり，したがって，ブラウン運動は再帰的になる．また，上の二つの命題はブラウン運動の既約性から従う．連結なリーマン多様体上のブラウン運動は常に既約であり，本書では常に連結性を仮定している．よって，上の命題から，ブラウン運動は再帰的か，過渡的のいずれかであることがわかる．リーマン多様体が与えられると，ブラウン運動の再帰性・過渡性が決まるから，この性質は多様体を特徴づける確率論的性質の一つと言え

るだろう.

また，X を過渡的とすると，命題 3.60 より次を満たす**グリーン関数** $g(x, y)$ が存在することがわかる．X が保存的なとき，

$$E_x \left[\int_0^\infty f(X_t) dt \right] = \int_{\mathcal{M}} g(x, y) f(y) dv(y) < \infty \quad (f \in L^1),$$

$$g(x, y) = \int_0^\infty p(t, x, y) dt$$

が成り立つ．再帰的ならばこのようなグリーン関数は存在しないから，リーマン多様体上のブラウン運動が過渡的であるための必要十分条件はグリーン関数が存在することである．

問 15. $\mathcal{M}$ 上のブラウン運動 X は過渡的とする．$D_n \uparrow \mathcal{M}$ が $\mathcal{M}$ のエグゾースチョンならば，$g_{D_n}(x, y) \uparrow g(x, y)$ であることを示せ．

ディリクレ空間の理論の枠組みでは，次を過渡性の定義としている．ここでは，一つの必要十分条件として捉える．

命題 3.61. ブラウン運動が過渡的であるための必要十分条件は，ある正値 $g \in L^1$ が存在して，任意の $u \in H_0^1(\mathcal{M})$ に対して，

$$\int_{\mathcal{M}} |u| g \, dv \le \sqrt{\int_{\mathcal{M}} ||\nabla u||^2 dv}$$

が成立することである．

ここで，再帰性の判定条件の基礎となる条件を見てみよう．リーマン面の理論ではロイデンの条件と呼ばれるものの一般化であり，ブラウン運動だけでなく，より一般の $\mathcal{M}$ 上の対称拡散過程についても成立する．その一般的な設定で述べてみよう．

定理 3.62. X を $L^2(m)$ 上のディリクレ形式 $(\mathcal{E}, D(\mathcal{E}))$ に対応する対称拡散過程とする．X が再帰的であるための必要十分条件は，ある $\phi_n \in D(\mathcal{E})$ $(n = 1, 2, \dots)$ が存在して，

$$\lim_{n \to \infty} \phi_n = 1 \ m\text{-a.e.} \ \text{かつ}, \ \lim_{n \to \infty} \mathcal{E}(\phi_n, \phi_n) = 0.$$

証明．十分性が重要なので，これを見てみよう．命題 3.61 が X について成り立つことを認めれば容易である．実際，過渡的と仮定すると，$u = \phi_n$ と置けば，

$$\int_{\mathcal{M}} |\phi_n| g \, dm \le \sqrt{\mathcal{E}(\phi_n, \phi_n)}$$

となる．ここで，$n \to \infty$ とすれば，ファトゥーの補題より $\int_{\mathcal{M}} g \, dm = 0$ となり g の正値性に反する． $\qquad \square$

この定理を用いて，完備リーマン多様体 $\mathcal{M}$ 上のブラウン運動の体積の増大度による再帰性の判定条件を与えよう．

定理 3.63. 任意の参照点 $x_0 \in \mathcal{M}$ を取り，測地球 $B_{x_0}(r)$ の体積を $V(r)$ とする．

$$\int_1^\infty \frac{r}{V(r)} dr = \infty$$

ならば，$\mathcal{M}$ 上のブラウン運動は再帰的である．

証明．証明の基本的なアイディアを述べる．非負関数 $\rho(a,b)\ (0 < a < b)$ を

$$\rho(a,b) := \int_a^b \frac{r}{V(r)} dr$$

で定義する．距離関数を $r(x) := d(x_0, x)$ と置く．$R > \delta > 0$ とし，$B_{x_0}(\delta)$ 上では $r(x)$ が滑らかになるように取る（x_0 の単射半径より小さく取ればよい）．さらに，

$$\phi_R(x) := \begin{cases} 0 & (r(x) > R), \\ \frac{\rho(r(x), R)}{\rho(\delta, R)} & (\delta \le r(x) \le R), \\ 1 & (\delta > r(x)) \end{cases}$$

と置く．以下，簡単のため $\partial B_{x_0}(R)$ 上で $r(x)$ は滑らかなものとして話を進める．$\delta < r(x) < R$ のとき，

$$||\nabla \phi_R||(x) = \rho(\delta, R)^{-1} \frac{r(x)||\nabla r(x)||}{V(r(x))},$$

となり，

$$\int_{\mathcal{M}} ||\nabla \phi_R||^2(x) dv(x) = \rho(\delta, R)^{-2} \int_\delta^R \frac{r^2}{V(r)^2} dV(r)$$

となる．部分積分すれば，

$$\int_\delta^R \frac{r^2}{V(r)^2} dV(r) \le 2\rho(\delta, R) + \delta^2 V(\delta)^{-1}$$

となることがわかるから，

$$\lim_{R \to \infty} \int_{\mathcal{M}} ||\nabla \phi_R||^2(x) dv(x) = 0$$

がわかる．

$\phi_R(x)$ はリプシッツ連続な関数で，上の計算より $\int_{\mathcal{M}} ||\nabla \phi_R||^2(x) dv(x) < \infty$ となることもわかるから，$H_0^1(\mathcal{M})$ に属す．また，仮定より，$\phi_R(x) \uparrow 1\ (\forall x)$ もわかる． $\square$

ところで，この証明で用いた ϕ_R という関数はどこから出てきたのだろうか．ϕ_R は，$\partial B_{x_0}(R)$ 上では，$\phi_R(x) = 0, \partial B_{x_0}(\delta)$ 上では，$\phi_R(x) = 1$ であ

る．1次元拡散過程で見たことを思い起こすと，もし $\rho(r(x), R)$ が調和関数なら，ϕ_R は $P_x(\sigma_\delta < \sigma_R)$（ただし，$\sigma_a = \inf\{t > 0 : r(X_t) = a\}$）に等しくなる．実際，$\mathcal{M} = \mathbb{R}^m$ のときはこれは正しい．再帰的なら，これが 1 と等しくなるはずである．今の場合，$\rho(r(x), R)$ は調和とは限らないが，グリーン関数もどきにも見える．これらの関数を用いた必然性はあるのである．

3.3.4 エルゴード定理

X を $\mathcal{M}$ 上の保存的対称拡散過程とし，不変測度 m を持つとする．$m(A) > 0$ となる任意のボレル集合 A に対して，

$$\limsup_{t \to \infty} 1_A(X_t) = 1 \quad \text{a.s.}$$

となるとき，X はハリスの意味で再帰的と言う．前述したように X が $\mathcal{M}$ 上のブラウン運動ならば，前に述べた再帰性とハリスの意味での再帰性は同値である．

X に対するエルゴード定理を次に述べる．

定理 3.64. X をハリスの意味で再帰的な対称拡散過程とする．A, C を X の 0 でない PCAF とし，μ_A, μ_C をそれぞれ対応するルヴュズ測度とする．$\mu_A(\mathcal{M}) < \infty, \mu_C(\mathcal{M}) < \infty$ を仮定する．このとき，

$$\lim_{t \to \infty} \frac{A_t}{C_t} = \frac{\mu_A(\mathcal{M})}{\mu_C(\mathcal{M})} \quad P_x\text{-a.s.,}$$

$$\lim_{t \to \infty} \frac{E_x[A_t]}{E_x[C_t]} = \frac{\mu_A(\mathcal{M})}{\mu_C(\mathcal{M})}$$

が q.e. $x \in \mathcal{M}$ に対して成り立つ．

注意 3.65. X が再帰的で $m(\mathcal{M}) < \infty$ のとき，X は正再帰的であると言う．$m(\mathcal{M}) = \infty$ のときは，零再帰と言う．正再帰のときは，$C_t = t$ として上の定理は成立する．特に，$\mathcal{M}$ が有限体積のリーマン多様体で X がブラウン運動のときは，

$$\lim_{t \to \infty} \frac{A_t}{t} = \frac{\mu_A(\mathcal{M})}{\mathrm{vol}(\mathcal{M})} \quad P_x\text{-a.s.}$$

が成り立つ．X が零再帰で $\mu_A(\mathcal{M}) < \infty$ ならば，

$$\lim_{t \to \infty} \frac{A_t}{t} = 0 \quad P_x\text{-a.s.}$$

となる．

上の定理の証明はルヴュズ–ヨールの本 [47] を参照せよ．

3.3.5 保存性

繰り返しになるが，保存性の定義を与えておく．

定義 3.66. i) $\zeta := \inf\{t > 0 : X_t \notin \mathcal{M}\}$ を X の生存時間と言う.

ii) $P_x(\zeta = \infty) = 1\ (\forall x)$ が成り立つとき, X は保存的であると言う.

保存的でないとき, X は爆発するということもある.

命題 3.67. 次は同値である.

i) X は保存的.

ii) $P_t 1(x) = 1\ (\forall t > 0,\ x)$.

ii) は
$$\int_{\mathcal{M}} p(t, x, y) dv(y) = 1$$
と書けるが, $p(t, x, y)$ は熱方程式
$$\begin{cases} \frac{\partial u}{\partial t}(t, x) = \frac{1}{2}\Delta u(t, x) \\ u(0, x) = \phi(x) \in C_b(\mathcal{M}) \end{cases} \tag{3.17}$$
の基本解となるので, 保存性の条件は熱方程式 (3.17) の解の一意性とも同値である.

我々の考えているブラウン運動は, 内部消滅のない拡散過程なので, 次の補題が成り立つ. これは今後しばしば用いられる.

補題 3.68. $D_n \uparrow \mathcal{M}\ (n \to \infty)$ をエグゾースチョンとし, $\tau_{D_n} := \inf\{t > 0 : X_t \notin D_n\}$ とする. このとき,
$$\tau_{D_n} \uparrow \zeta \qquad P_x\text{-a.s. } \forall x \in \mathcal{M}$$
である.

明らかな注意として, 再帰的ならば保存的である.

保存性の判定条件をいくつか見ていこう. 次はハシミンスキの判定条件とも呼ばれる.

定理 3.69. i) X が保存的であることと, 次の条件は同値である.

$\lambda > 0$ に対して, $\frac{1}{2}\Delta u - \lambda u = 0$ となる有界 C^2 級関数は, 0 以外に存在しない.

ii) ある $\lambda > 0$ とコンパクト集合 $K \subset \mathcal{M}$ が存在して $\mathcal{M} \setminus K$ 上で $\frac{1}{2}\Delta v - \lambda v = 0$ を満たし, かつ $v(x) \to \infty\ (x \to \infty)$ が存在するならば, X は保存的である.

証明. i) $u(X_t)$ に伊藤の公式を適用すると,
$$du(X_t) = dM_t + \frac{1}{2}\Delta u(X_t) dt = dM_t + \lambda u(X_t) dt$$
となる. 2 次元のセミマルチンゲール $(t, u(X_t))$ に対し $e^{-\lambda t} u(X_t)$ に伊藤の

公式を適用すると,

$$d\left(e^{-\lambda t}u(X_t)\right) = -\lambda e^{-\lambda t}u(X_t)dt + e^{-\lambda t}du(X_t) = e^{-\lambda t}dM_t$$

となる.すなわち,$e^{-\lambda t}u(X_t)$ は有界マルチンゲールである.よって,

$$E_x[e^{-\lambda \tau_{D_n}}u(X_{\tau_{D_n}})] = u(x) \ (x \in D_n).$$

X が保存的 $\Leftrightarrow \tau_{D_n} \uparrow \infty \ n \to \infty$ a.s. であるから,X が保存的 $\Leftrightarrow u(x) = 0$ $(\forall x)$ である.

ii) v は C^2 と仮定してよい.X が再帰的なら保存的なので,過渡的と仮定する.i) と同じように $e^{-\lambda t}v(X_t)$ を考えれば,

$$E_x[e^{-\lambda T_r}v(X_{T_r})] = v(x) + E_x\left[\int_0^{T_r} 1_K(X_s)\left(\frac{1}{2}\Delta v(X_s) - \lambda v(X_s)\right)ds\right].$$

ここで,$T_r := \inf\{t > 0 : v(X_t) > r\}$ とした.よって,

$$E_x[e^{-\lambda T_r}] = \frac{1}{r}\left\{v(x) + E_x\left[\int_0^{T_r} 1_K(X_s)\left(\frac{1}{2}\Delta v(X_s) - \lambda v(X_s)\right)ds\right]\right\}.$$

仮定より,$T_r \uparrow \zeta \ (r \to \infty)$ a.s. である.過渡性より,

$$E_x\left[\int_0^{\zeta} 1_K(X_s)\left(\frac{1}{2}\Delta v(X_s) - \lambda v(X_s)\right)ds\right] < \infty$$

だから,$r \to \infty$ として,$E_x[e^{-\zeta}] = 0$. すなわち,$\zeta = \infty$ a.s. $\qquad \square$

次のリッチ曲率に関する条件は,比較定理を応用することにより,E.P. シュウにより得られた[21].

定理 3.70. $\kappa(r) > 0$ を次を満たす $(0, \infty)$ 上の非減少連続関数とする.

$$-\kappa(r) \leq \inf_{x \in B_o(r)} R(x).$$

ただし,$B_o(r)$ は任意の点 o を中心とする半径 r の測地球,$R(x)$ は式 (3.10) で定義した点 x におけるリッチ曲率の下限である.

$$\int_1^\infty \frac{1}{\sqrt{\kappa(r)}}dr = \infty$$

ならば,ブラウン運動は保存的である.

これより特に,リッチ曲率が下に有界ならば,ブラウン運動は保存的である.

注意 3.71. リーマン多様体 $\mathcal{M}$ 上のブラウン運動が保存的なとき,$\mathcal{M}$ は**確率的完備**であると言うときがある.これは測地線が無限延長可能であるという測地的完備の類似のように思われるが,リーマン多様体の測地的完備性と確率的完備性の関係はない.リーマン多様体が完備であっても,曲率が負に大きく発

散する場合はブラウン運動は非保存的になる場合がある．上のシュウの定理で $\mathrm{Ric}_{\mathcal{M}} \sim -r(x)^{2+\epsilon}$ $(\epsilon > 0)$ であると条件は満たされないが，曲率がこのように負の無限大へ発散するアダマール多様体の場合は，ブラウン運動が非保存的となることを示すことができる．一方，$\mathcal{M}$ を $\mathbb{R}^2$ から 1 点 o を除いたものとすると確率的完備であるが，完備ではない．なお，リーマン多様体の場合，測地的完備と距離的完備は同値である．

体積の増大度に関する条件では次が知られている．

定理 3.72. 完備リーマン多様体 $\mathcal{M}$ の任意の点を中心とする半径 r の測地球の体積を $V(r)$ とする．

$$\liminf_{r \to \infty} \frac{1}{r^2} \log V(r) < \infty$$

ならば，ブラウン運動は保存的である．

この定理はストゥルム[94]によってディリクレ形式で記述される対称拡散過程に対しても拡張された．

定理 3.73. X を m を基礎の測度とする正則局所ディリクレ形式 $(\mathcal{E}, D(\mathcal{E}))$ によって定義される拡散過程とする．$\mathcal{M}$ 上のエグゾースチョン関数 ρ は $\rho \in D(\mathcal{E})_{\mathrm{loc}}$ かつ，$\Gamma(\rho, \rho)$ が有界であるとする．このとき，

$$\liminf_{r \to \infty} \frac{1}{r^2} \log m(\{x \in \mathcal{M} : \rho(x) < r\}) < \infty$$

ならば，X は保存的である．ここで，$\Gamma(\rho, \rho)$ は

$$\Gamma(\rho, \rho) = \frac{d\mu_{\langle \rho(X) \rangle}}{dm},$$

$\mu_{\langle \rho(X) \rangle}$ は $\langle \rho(X) \rangle$ のルヴュズ測度である．

これは，竹田の不等式 (定理 3.39) からも証明できる．

この定理の精密化は，ブラウン運動の場合に A. グリゴリャンが与えた．$V(r)$ は前定理と同じとする．

定理 3.74.

$$\int_1^\infty \frac{r}{\log V(r)} dr = \infty$$

ならば，ブラウン運動は保存的である．

この形の判定条件もストゥルムが対称拡散過程の枠組みで拡張している[94]．

グリゴリャンは多様体上のブラウン運動の再帰性，保存性に関連する種々の判定条件を [74] で解説しており，参考になると思う．

第4章

多様体上のブラウン運動と関数論

前章までにブラウン運動をはじめとする実多様体上の拡散過程について見てきた．このような基本事項をもとに，複素多様体上の確率過程への拡張と関数論への応用を考える．複素ブラウン運動の基本的性質を見た後に，これらの性質を用いて調和関数・劣調和関数の存在・非存在問題を考える．多様体の複素構造に対応した正則拡散過程の概念を導入し，その基本事項と応用について見る．

4.1 等角不変性

4.1.1 複素ブラウン運動

前章までは主に実ユークリッド空間とリーマン多様体上のブラウン運動を扱ってきたが，本章から複素の対象も扱う．複素平面 $\mathbb{C}$ と $\mathbb{R}^2$ の自然な対応と同様に複素ブラウン運動 Z を $\mathbb{R}^2$ 上のブラウン運動から定義する．すなわち，$\mathbb{C}$ に値を取る確率過程 Z_t が複素ブラウン運動とは，$(Re(Z_t), Im(Z_t))$ が $\mathbb{R}^2$ のブラウン運動となることとして定義する．$\mathbb{C}^n$ 上のブラウン運動も同様に定義する．すなわち，$Z = (Z^1, \ldots, Z^n)$ が n 次元複素ブラウン運動であるとは，各 $Z^k \ (k = 1, \ldots, n)$ は複素ブラウン運動であり，$Z^1, \ldots, Z^n$ は独立と定義する．実の場合と同じことだが，$\mathbb{C}^n$ 上のブラウン運動の伊藤の公式を述べておこう．なお，本章では i は虚数単位 $\sqrt{-1}$ の意味で用いる．

定理 4.1. f を $\mathbb{C}^n$ 上の C^2 級関数とする．$Z = (Z^1, \ldots, Z^n)$ が n 次元複素ブラウン運動ならば，

$$
f(Z_t) - f(Z_0)
$$
$$
= \sum_j \int_0^t \frac{\partial f}{\partial z_j}(Z_s) dZ_s^j + \sum_j \int_0^t \frac{\partial f}{\partial \bar{z}_j}(Z_s) d\bar{Z}_s^j + 2 \sum_j \int_0^t \frac{\partial^2 f}{\partial z_j \partial \bar{z}_j}(Z_s) ds
$$

$$(4.1)$$

が成り立つ.

証明. $Z = (Z^1, \ldots, Z^n)$ が複素数値マルチンゲールならば, $(Z^1, \ldots, Z^n, \bar{Z}^1, \ldots, \bar{Z}^n)$ は $\mathbb{R}^{2n}$ のマルチンゲールを生成する. すなわち, $X_t^j := \frac{1}{2}(Z_t^j + \bar{Z}_t^j)$, $Y_t^j := \frac{1}{2i}(Z_t^j - \bar{Z}_t^j)$ とすると, (X, Y) は $\mathbb{R}^{2n}$ のマルチンゲールとなる. これに $f(z) = f(x, y)$ とみて伊藤の公式を適用すると,

$$
df(Z) = \frac{\partial f}{\partial x_j} dX_t^j + \frac{\partial f}{\partial y_j} dY_t^j
$$
$$
+ \frac{1}{2} \left\{ \frac{\partial^2 f}{\partial x_j \partial x_k} d\langle X^j, X^k \rangle_t + \frac{\partial^2 f}{\partial x_j \partial y_k} d\langle X^j, Y^k \rangle_t + \frac{\partial^2 f}{\partial y_j \partial y_j} d\langle Y^j, Y^k \rangle_t \right\}
$$

となる. ここで和の記号についてはアインシュタインの記法で省略している.

$$
\frac{\partial f}{\partial z_j} = \frac{1}{2} \left(\frac{\partial f}{\partial x_j} - i \frac{\partial f}{\partial y_j} \right), \quad \frac{\partial f}{\partial \bar{z}_j} = \frac{1}{2} \left(\frac{\partial f}{\partial x_j} + i \frac{\partial f}{\partial y_j} \right)
$$

であるから, 1 階微分の現れる X^j, Y^j の確率積分の項は, 伊藤の公式 (4.1) の右辺に表れる $Z^j, \bar{Z}^j$ の確率積分に書き換えることができる. Z が複素ブラウン運動ならば,

$$
\langle X^j, X^k \rangle_t = \langle Y^j, Y^k \rangle_t = \delta_{jk} t, \quad \langle X^j, Y^k \rangle_t = 0 \quad (j, k = 1, \ldots, n)
$$

となり, また,

$$
\frac{\partial^2 f}{\partial z_j \partial \bar{z}_j} = \frac{1}{4} \left(\frac{\partial^2 f}{\partial x_j^2} + \frac{\partial^2 f}{\partial y_j^2} \right)
$$

となることに注意すれば所望の公式が得られる. □

注意 4.2. 上の伊藤の公式からわかるように, 複素ブラウン運動は, 微分作用素

$$
L = 2 \sum_j \frac{\partial^2 f}{\partial z_j \partial \bar{z}_j}
$$

を生成作用素とする拡散過程である. $\mathbb{C}^n$ と $\mathbb{R}^{2n}$ を同一視すれば, $\mathbb{C}^n$ 上の複素ブラウン運動と $\mathbb{R}^{2n}$ 上の (実) ブラウン運動も同一視できる. なので, L は $\frac{1}{2}\Delta$ に一致するはずだが, 上記の計算を見ればわかるように,

$$
\sum_j \frac{\partial^2 f}{\partial z_j \partial \bar{z}_j} = \frac{1}{4} \Delta
$$

となっている. $\frac{1}{2}L$ を生成作用素とする拡散過程を複素ブラウン運動と見る向きもある (後述のケーラー多様体の場合を参照) が, 時間を定数倍する時間変更によって互いに写り合う.

4.1.2 レヴィの等角不変性
関数論への応用としては次が基本的である.

定理 4.3 (レヴィの等角不変性). $f : \mathbb{C} \to \mathbb{C}$ を非定数正則関数とする. Z を $\mathbb{C}$ 上の z から出発するブラウン運動とすると, $\mathbb{C}$ 上の $f(z)$ から出発するブラウン運動 $\tilde{Z}$ が存在して,

$$f(Z_t) = \tilde{Z}_{\rho_t}, \quad \rho_t = \int_0^t |f'(Z_s)|^2 ds \tag{4.2}$$

と書ける.

ここで, f が非定数ならば, Z の再帰性から $\rho_t \uparrow \infty$ $(t \uparrow \infty)$ a.s. となることに注意する. また, $f'(z) = 0$ となる z の全体は極集合となるので, $t \mapsto \rho_t$ は狭義増加となる. 上の定理は $f(Z_{\rho_t^{-1}})$ が複素ブラウン運動となることを示している. Z が D 上を動くブラウン運動のときも, 確率空間を適当に大きく取ってやれば, $\mathbb{C}$ 上のブラウン運動 $\tilde{Z}$ が存在して, 上の関係 (4.2) が $0 \le t < \tau_D$ で成り立つ.

4.1.3 等角マルチンゲール

定義 4.4. $Z = X + iY$ を $\mathbb{C}$ に値を取る局所マルチンゲール (すなわち, X, Y が局所マルチンゲール) とする. Z が $\mathbb{C}$ 上の**等角**マルチンゲールとは,

$$\langle X, X \rangle = \langle Y, Y \rangle,$$
$$\langle X, Y \rangle = 0$$

を満たすことである.

2 次変分過程を自然に複素数値セミマルチンゲールに拡張しておく. つまり, $Z = X + iY, W = U + iV$ ならば,

$$\langle Z, W \rangle = \langle X, U \rangle - \langle Y, V \rangle + i(\langle Y, U \rangle + \langle X, V \rangle)$$

とする.

注意 4.5. 等角マルチンゲールは [73] によって導入されたが, 2 次変分過程の複素への拡張が上記と異なっている. 上記のほうが自然と思われるので, 本書ではこのようにした.

このようにすると, 等角マルチンゲールの 2 条件は

$$\langle Z, Z \rangle = 0$$

と同値であることは容易にわかる. このとき,

$$\langle Z, \bar{Z} \rangle = 2\langle X, X \rangle = 2\langle Y, Y \rangle$$

が成り立つ. また, Z^2 が複素数値局所マルチンゲールとなることもわかる.

例 4. $\mathbb{C}$ 上の複素ブラウン運動 Z は等角マルチンゲールである.

命題 4.6. Z を $\mathbb{C}^n$ 上の複素ブラウン運動, $D \subset \mathbb{C}^n$ を領域とし, f を D 上の正則関数とすると, $Z_0 \in D$ ならば, $W_t := f(Z_{t \wedge \tau_D})$ は $\mathbb{C}$ 上の等角マルチンゲールである.

証明. 伊藤の公式を適用すると,

$$f(Z_{t \wedge \tau_D}) = f(Z_0) + \sum_j \int_0^{t \wedge \tau_D} \frac{\partial f}{\partial z_j}(Z_s) dZ_s$$

となる. $\int_0^{t \wedge \tau_D} \frac{\partial f}{\partial z_j}(Z_s) dZ_s$ が等角マルチンゲールとなることは容易にわかる.
□

注意 4.7. このように正則関数による像が等角マルチンゲールとなる $\mathbb{C}^n$-値局所マルチンゲールを**正則マルチンゲール**と呼ぶ.

等角マルチンゲールの写像による像がどうなるかを見よう. 次は容易である.

命題 4.8. Z を $\mathbb{C}$ 上の等角マルチンゲールとし, f を $\mathbb{C}$ 上の正則関数, または, 反正則関数とする. このとき, $f(Z)$ は等角マルチンゲールとなる.

次の等角マルチンゲールに対する伊藤の公式に注意すればよい.

補題 4.9. Z を $\mathbb{C}$ 上の等角マルチンゲール, $f \in C^2(\mathbb{C})$ とする.

$$f(Z_t) - f(Z_0) = \int_0^t \frac{\partial f}{\partial z}(Z_s) dZ_s + \int_0^t \frac{\partial f}{\partial \bar{z}}(Z_s) d\bar{Z}_s + \int_0^t \frac{\partial^2 f}{\partial z \partial \bar{z}}(Z_s) d\langle Z, \bar{Z} \rangle_s$$

が成り立つ.

証明. 複素ブラウン運動の伊藤の公式のときと同様に考える. $Z = X + iY$ として, $f(Z) = f(X, Y)$ に $\mathbb{R}^2$ 上の伊藤の公式を適用すると,

$$\begin{aligned}
&f(Z_t) - f(Z_0) \\
&= \int_0^t \frac{\partial f}{\partial x}(Z_s) dX_s + \int_0^t \frac{\partial f}{\partial y}(Z_s) dY_s + \frac{1}{2} \left\{ \int_0^t \frac{\partial^2 f}{\partial x^2}(Z_s) d\langle X, X \rangle_s \right. \\
&\left. + 2 \int_0^t \frac{\partial^2 f}{\partial x \partial y}(Z_s) d\langle X, Y \rangle_s + \int_0^t \frac{\partial^2 f}{\partial y^2}(Z_s) d\langle Y, Y \rangle_s \right\}
\end{aligned}$$

となる. 1 階微分の項は, 前と同様にそのまま $Z, \bar{Z}$ の確率積分に書き換えることができる. Z は等角マルチンゲールであるから, $\langle X, X \rangle = \langle Y, Y \rangle = \frac{1}{2} \langle Z, \bar{Z} \rangle$, $\langle X, Y \rangle = 0$ であり,

$$\frac{\partial^2 f}{\partial x^2}(Z_s) + \frac{\partial^2 f}{\partial y^2}(Z_s) = 4 \frac{\partial^2 f}{\partial z \partial \bar{z}}$$

に注意すれば公式が得られる. □

次に多次元で考えよう.

命題 4.10. Z^k $(k = 1, \ldots, n)$ は等角マルチンゲールとし, $Z = (Z^1, \ldots, Z^n)$ を考える. 任意の k, j に対し, $\langle Z^j, Z^k \rangle = 0$ ならば, Z は $\mathbb{C}^n$ 上の正則マルチンゲールとなる.

問 16. 上を示せ.

複素 1 次元では等角マルチンゲールと正則マルチンゲールは同じであったが, 多次元では事情が異なることがわかる. また, 正則マルチンゲールの直積も必ずしも正則マルチンゲールとは言えないことがわかる. 一方, $Z = (Z^1, \ldots, Z^n)$ が $\mathbb{C}^n$ 上の正則マルチンゲールならば, $z = (z_1, \ldots, z_n)$ のとき, $z_j z_k$ は z の正則関数だから, $Z^j Z^k$ は等角マルチンゲールになり, $\langle Z^j, Z^k \rangle = 0$ は常に満たされる. すなわち,

$Z = (Z^1, \ldots, Z^n)$ が $\mathbb{C}^n$ 上の正則マルチンゲール
$\Leftrightarrow Z^j$ $(j = 1, \ldots, n)$ は等角マルチンゲールで, $\langle Z^j, Z^k \rangle = 0$ $(i, j = 1, \ldots, n)$
を満たす.

問 17. U, V が $\mathbb{C}$ 上の等角マルチンゲールで, UV も等角マルチンゲールとなるとき, $\langle U, V \rangle = 0$ となることを示せ.

以前, 実数値マルチンゲールについて述べた B-D-G 不等式 (定理 1.21) の系として次が言える.

命題 4.11. Z を $\mathbb{C}$-値等角マルチンゲールとし, T を止め時とする. $p > 0$ に対して, p のみによる正定数 c_p, C_p が存在して,

$$c_p E[\langle Z, \overline{Z} \rangle_T^{p/2}] \leq E[\sup_{0 \leq t \leq T} |Z_t|^p] \leq C_p E[\langle Z, \overline{Z} \rangle_T^{p/2}].$$

証明. $Z = X + iY$ と実数値局所マルチンゲールに分解し, X, Y それぞれに B-D-G 不等式を適用する. □

4.1.4 ハーディ空間

等角不変性の応用として 1 変数関数論でよく知られた領域上の正則関数のハーディ空間についてみてみよう. まず, 1 変数関数論のハーディ空間の定義を見る. $B_o(1) \subset \mathbb{C}$ を単位円板とする. $p > 0$ に対し, $\|f\|_{H^p}^p :=$ $\sup_{0 < r < 1} \int_{B_o(r)} |f(z)|^p s_r(dz) < \infty$ を満たす $B_o(1)$ 上の正則関数全体を $H^p(B_o(1))$ と書き, p **次ハーディ空間**と呼ぶ. ここで, $\int_{B_o(r)} |f(z)|^p s_r(dz)$ は r の関数と見て単調増加になっていることに注意しよう. また, $p \geq 1$ のとき, $H^p(B_o(1))$ は $\|f\|_{H^p}$ をノルムとしてバナッハ空間となる.

$A \asymp B$ で正定数 $c_1, c_2 > 0$ が存在して, $c_1 A \leq B \leq c_2 A$ を表すとする.

定理 4.12. $f \in H^p(B_o(1))$ とする.

$$||f||_{H^p} \asymp E_o \left[\sup_{0 \le t < \tau_D} |f(Z_s)|^p \right]^{1/p} \asymp E_o \left[\left(\int_0^{\tau_D} |f'(Z_s)|^2 ds \right)^{p/2} \right]^{1/p}.$$

証明. 後半の関係は等角マルチンゲールの B-D-G 不等式 (命題 4.11) から直ちに従う. 前半の関係を見る. まず, 明らかなことだが, $||f||_{H^p}^p = \sup_{0 < r < 1} E_o[|f(Z_{\tau_{B_o(r)}})|^p] \le E_o[\sup_{0 \le t < \tau_D} |f(Z_s)|^p]$. 次に, $1/k < p$ となる自然数 k を取る. $|f|^{1/k}$ は劣調和関数であるので, $|f(Z_{\tau_{B_o(r)} \wedge t})|^{1/k}$ は局所劣マルチンゲールであるが, 各 $0 < r < 1$ に対して有界であるから, 劣マルチンゲールとなる. ドゥーブの不等式 (定理 1.22) より, $c_p > 0$ が存在して,

$$E_o \left[\left(\sup_t |f(Z_{\tau_{B_o(r)} \wedge t})|^{1/k} \right)^{kp} \right] \le c_p E_o[|f(Z_{\tau_{B_o(r)}})|^p] \le c_p ||f||_{H^p}^p.$$

単調収束定理より $r \uparrow 1$ として所望の不等式が得られる. $\qquad \square$

次の命題と前節に述べたことから, $H^p(B_o(1))$ に属する関数については, 非接境界値を持つことがわかる.

命題 4.13. $f \in H^p(B_o(1))$ とする. $\lim_{t \to \tau_{B_o(1)}} f(Z_t)$ a.s. かつ in L^p.

証明. 定理 4.12 より明らか. $\qquad \square$

非接境界値を持つという性質は, ハーディ関数よりもより広いクラスのネヴァンリンナ族に属する関数についても成り立つ. これについては後ほど見ることにする.

我々は円板上のハーディ関数を次のように一般化する. $\mathcal{M}$ を完備なケーラー多様体, Z はケーラー計量から決まるブラウン運動とする. $D \subset \mathcal{M}$ を領域, $D_r \uparrow D$ を D のエグゾースチョンとする. $\omega_r(x, dy) := \omega_{D_r}(x, dy)$ を ∂D_r 上の調和測度とする.

$$H^p(D) := \{f : D \text{ 上正則} \mid \sup_{0 < r < 1} \int_{D_r} |f(z)|^p \omega_r(o, dz) < \infty\}$$

と置く. 前の議論と全く同じように,

$$||f||_{H^p} \asymp E_o \left[\sup_{0 \le t < \tau_D} |f(Z_s)|^p \right]^{1/p} \asymp E_o \left[\left(\int_0^{\tau_D} |\nabla f(Z_s)|^2 ds \right)^{p/2} \right]^{1/p}.$$

また, 命題 4.13 も同じように成立することにも注意しよう.

次は簡単な注意であるが, 確率論的議論の有効性を知ることができよう.

定理 4.14. $p > 0$, $g \in H^p(D)$ とする. f を D 上の正則関数とし, $f(D)$ は $\mathbb{C}$ で稠密でないとする. ある $z_0 \in D$ に対して $f(z_0) = g(z_0)$, かつ $\lim_{t \to \tau_D} g(Z_t) \in \mathbb{C} \setminus f(D)$ a.s. ならば, $f \in H^p(D)$ である.

証明. 等角不変性より，複素ブラウン運動 Z^f, Z^g が存在して，

$$f(Z_t) = Z^f_{\rho^f_t}, \; g(Z_t) = Z^g_{\rho^g_t}, \; \rho^f_t = \int_0^t |\nabla f|^2(Z_s)ds, \; \rho^g_t = \int_0^t |\nabla g|^2(Z_s)ds,$$

$$Z^f_0 = Z^g_0 = f(z_0) = g(z_0).$$

$\tau^f_D := \inf\{t > 0 : Z^f_t \notin f(D)\}$, $\tau^g_D := \inf\{t > 0 : Z^g_t \notin f(D)\}$ と置くと，明らかに，

$$\rho^f_{\tau^f_D} \le \tau^f_D \le \tau^g_D \le \rho^g_{\tau^g_D}$$

となる．τ^f_D と τ^g_D は同分布のはずだから，これと定理 4.12 を合わせれば結論を得る． $\square$

なお，この証明は B. デイヴィス[67] に従っている．[67] では D が単位円板の場合を扱っており，今回は D を拡張したため，条件をより簡単な設定に変更している．

多様体上のハーディ空間の研究に関しては，[58], [59] では調和解析と確率論両面の視点から考察がなされており興味深い．

4.1.5 リーマン面上のブラウン運動

まず最初に，今後よく使うリーマン面の基本事項を導入する．$\mathcal{M}$ をリーマン面とし，U をその任意の座標近傍とする．今，U は $\mathbb{C}$ の開集合と同一視する．$z = x + iy \in U$ に対し，$dzd\bar{z} = \frac{1}{2}(dz \otimes d\bar{z} + d\bar{z} \otimes dz) = dx \otimes dy$ とする．g を $\mathcal{M}$ 上のエルミート計量とすると，正値関数 $a(z)$ が存在して，g は U 上で $2a(z)dzd\bar{z}$ と表される．このような形の計量を $\mathcal{M}$ の**等角計量**と言う．これは，

$$ds^2 = 2a(z)dzd\bar{z} = 2a(z)|dz|^2$$

とも書く．今，$a(z)$ は C^2 級関数とする．このとき，

$$K_g(z) = -\frac{1}{a(z)}\frac{\partial^2}{\partial z \partial \bar{z}}\log a(z)$$

を等角計量 g の**ガウス曲率**と言う．

リーマン面 $\mathcal{M}$ は 1 次元複素多様体として考えることができる．さらに，$\mathcal{M}$ に等角計量を与えれば，この計量に関しケーラー多様体となる．この計量に対応するブラウン運動として，リーマン面上のブラウン運動を定義することができる．次のケーベの一意化定理に注意しよう．

定理 4.15. $\mathcal{M}$ の普遍被覆 $\tilde{\mathcal{M}}$ は，リーマン球面，複素平面，単位円板のいずれかに等角同型である．

すなわち，$\mathcal{M}$ が単連結でコンパクトならば，リーマン球面と同型，非コンパクトならば，複素平面か単位円板に同型ということである．平面上のブラウン運動は複素ブラウン運動に他ならない．ほかの例を見てみよう．

例 5. リーマン球面. 2 次元球面は立体射影により北極を除いた部分と複素平面を等角写像によって対応させることができる. 北極は無限遠点に対応する. これをリーマン球面と言う. これを $\mathbb{C} \cup \{\infty\}$ と書いたり, またこれは 1 次元複素射影空間とみなすことができるので, $\mathbb{P}^1(\mathbb{C})$ などと書く.

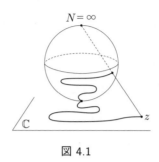

図 4.1

$\mathbb{R}^3$ のユークリッド計量から誘導される計量を $\mathbb{C} \cup \{\infty\}$ に入れる. これは $\mathbb{C}$ 上では,

$$ds^2 = \frac{2|dz|^2}{(1+|z|^2)^2}$$

で与えられる. この計量は $\mathbb{C} \cup \{\infty\}$ の標準的ケーラー計量として知られており, **フビニ–スタディ計量**と呼ばれる. 計算すれば直ちに, この計量のガウス曲率は正定数であることが確かめられる.

この計量に対応するブラウン運動 W を複素ブラウン運動 Z を用いて,

$$Z_t = W_{\eta_t}, \quad \eta_t = \int_0^t \frac{2ds}{(1+|Z_s|^2)^2}$$

によって定義する. この定義は南極を原点とする座標近傍上での局所的なものであるが, $\mathbb{C} \cup \{\infty\}$ 全体で矛盾なく定義できる. $\mathbb{C} \cup \{\infty\}$ の北極は, 対数容量零であるので, W の極集合となることに注意すれば, この座標近傍も十分に W の挙動を捉えていることになろう. Z は再帰的であるので, $\eta_\infty = \infty$ a.s. であり, W も再帰的になることがわかる. $\mathbb{C} \cup \{\infty\}$ はコンパクトであるので, 正再帰的である. すなわち, f が $\mathbb{C} \cup \{\infty\}$ 上でフビニ–スタディ計量から定まる体積要素 dv に関して可積分とすると,

$$\frac{1}{t} \int_0^t f(W_s)ds \to \int_{\mathbb{C} \cup \{\infty\}} f dv \ (t \to \infty) \ \text{a.s.}$$

が言える. これは, Z の比形エルゴード定理 (定理 3.64) からも導くことができる.

例 6. 双曲円板. 次に単位円板 $D = B_o(1)$ に同型な場合を考えよう. D 上に等角計量

$$ds^2 = \frac{4|dz|^2}{(1-|z|^2)^2}$$

を入れる. この計量は, **双曲計量**または**ポアンカレ計量**と呼ばれる. ガウス曲

率は −1 となる．この計量によって D は完備なケーラー多様体となる．これに対応するブラウン運動 X を

$$Z_t = X_{\zeta_t}, \; \zeta_t = \int_0^t \frac{4ds}{(1 - |Z_s|^2)^2}$$

によって定義する．Z は複素ブラウン運動である．τ_D を Z の D からの脱出時間とすると，$\zeta_{\tau_D} = \infty$ a.s. がわかる．よって，X は保存的である．

上半平面 H に対しても同様にポアンカレ計量を入れることができる．この二つのケーラー多様体は，等角同型かつ等長である．問題に応じて扱いやすいほうを考えればよい．我々は単位円板のほうを主に考える．

リーマン面 $\mathcal{M}$ 上に等角計量 $ds_{g_1}^2 = g_1(z)|dz|^2$ が与えられたとする．これはリーマン計量であるので，これより $\mathcal{M}$ に面積測度 v_1 が与えられる．$ds_{g_1}^2$ に対応するブラウン運動 X は v_1 を基礎の測度とする．一方，もう一つ等角計量 $ds_{g_2}^2$ が与えられたとする．対応する面積測度を v_2 とする．v_2 に対応する X の正値連続加法的汎関数を A_t とする．v_1 と v_2 は互いに絶対連続であるから，

$$A_t = \int_0^t \frac{dv_2}{dv_1}(X_s)ds$$

と書ける．拡散過程 Y を

$$Y_{A_t} = X_t \quad (0 \leq t < \zeta : X \text{ の生存時間})$$

によって定義すると，Y は $ds_{g_2}^2$ に対応するブラウン運動となる．

リーマン面間の正則写像でブラウン運動は値域のリーマン面上のブラウン運動の時間変更に写される．

命題 4.16. $\mathcal{M}, \mathcal{N}$ をリーマン面とし，$\phi: \mathcal{M} \to \mathcal{N}$ を非定数正則写像とする．X を $\mathcal{M}$ 上のブラウン運動とすると $f(X)$ は $\mathcal{N}$ 上のブラウン運動の時間変更で表される．

4.1.6 リーマン面の型問題

リーマン面の型問題とは，開リーマン面を等角不変な関数論的性質によって分類しようというものである．その多くはあるクラスの調和関数や正則関数の非存在によって型を定める．この分野で従来から用いられている記号として，$\mathbf{O}_\#$ というものがある．これは，関数族 $\#$ は定数のみしか許容しないリーマン面の族という意味である．等角写像 (1 対 1 正則写像) によって互いに写りあう二つのリーマン面は**等角同型**であると言う．なお，1 対 1 正則写像で互いに写りあう二つの複素多様体は**双正則**と言われる．

1) $\mathbf{O}_G$．リーマン面の型問題で最も小さいクラスである．G はグリーン関数を意味し，$\mathbf{O}_G$ は大域的なグリーン関数が存在しないクラスである．ブラウン

運動の言葉で言えば，ブラウン運動が再帰的ということと同値．ブラウン運動の再帰性は時間変更で不変なので，等角同型なリーマン面の再帰性は不変である．したがって，この性質は計量の取り方によらないことがわかる．平面上の領域で言うと，$\mathbf{O}_G^c$ に属する領域がグリーン領域である．

2) $\mathbf{O}_{HB}$. 有界な調和関数を定数以外許容しないリーマン面のクラスである．これは，ブラウン運動の言葉で言えば，その不変 σ-加法族が a.s. に自明であることと同値である．再帰的であればこれが成り立つから，$\mathbf{O}_G \subset \mathbf{O}_{HB}$ である．

3) $\mathbf{O}_{HP}$. 正値調和関数は定数以外許容しないクラスである．明らかに，$\mathbf{O}_{HP} \subset \mathbf{O}_{HB}$ が成り立つ．$\mathbf{O}_G \subset \mathbf{O}_{HP}$ となることを見よう．$\mathcal{M} \in \mathbf{O}_G$ とし，u を $\mathcal{M}$ 上の正値調和関数とする．任意のブラウン運動 X に対し，マルチンゲールの収束定理より，$\lim_{t \to \infty} u(X_t)$ が存在することがわかり，さらに X の不変 σ-加法族は a.s. に自明であるから，この極限値は定数であることがわかる．この極限値を a とし，任意の $\epsilon > 0$ 取ると，$A = \{x : u(x) > a + \epsilon\}$ は開集合であるから，$A \neq \emptyset$ ならば $\limsup_{t \to \infty} 1_A(X_t) = 1$ となるから，$A = \emptyset$ でなければならない．すなわち，$u(x) \leq a\ (\forall x)$ となる．同様に集合 $\{x : u(x) < a - \epsilon\}$ も空になることがわかるので，u は定数となる．したがって，$\mathbf{O}_G \subset \mathbf{O}_{HP}$ である．

4) $\mathbf{O}_{HD}$. ディリクレ積分有限な調和関数は定数以外許容しないクラスである．$\mathbf{O}_{HB} \subset \mathbf{O}_{HD}$ を見よう．$\mathcal{M} \in \mathbf{O}_{HB}$ とし，$\mathcal{M}$ 上の調和関数 u は，ディリクレ積分有限，すなわち，

$$\int_{\mathcal{M}} ||\nabla u||^2 dv < \infty$$

とする．時間変更によってディリクレ形式が不変であることを前に見たが，これと全く同じ理由によって，ディリクレ積分は等角計量の取り方によらないことがわかる．上の条件に現れる dv や $||\nabla u||$ を定義する計量を一つ固定する．この計量に対応するブラウン運動 X を考える．X が再帰的であれば，$\mathcal{M} \in \mathbf{O}_G$ が成り立つから，X は過渡的と仮定しよう．標準ブラウン運動 b が存在して，

$$u(X_t) - u(X_0) = b_{\rho_t}, \quad \rho_t = \int_0^t ||\nabla u||^2(X_s) ds$$

となる．ζ を X の生存時間とすると，$||\nabla u||^2$ の可積分性と過渡性から，$E_x[\int_0^\zeta ||\nabla u||^2(X_t) dt] < \infty$ となり，$\rho_\zeta < \infty$ a.s. となる．よって，$u(X_t)$ は $t \to \zeta$ のとき収束するが，σ-加法族の自明性からこれは出発点 x によらない定数となる．これを a とする．一方，B-D-G 不等式より，

$$E_x\left[\sup_{0 \leq t \leq \zeta} |u(X_t) - u(X_0)|\right] \leq C E_x\left[\left(\int_0^\zeta ||\nabla u||^2(X_t) dt\right)^{1/2}\right] < \infty$$

となるから，$u(X_t)$ は一様可積分なマルチンゲールとなる．よって，$u(X_t)$ は

L^1 収束する．したがって，

$$u(x) = E_x[u(X_{t \wedge \zeta})] \to a \quad (t \to \infty)$$

となり，u は定数である．

5) $\mathbf{O}_{MB}$ は有界な特性関数の有理形関数は定数のみを許容するリーマン面の族である．$\mathbf{O}_{HB} \subset \mathbf{O}_{MB}$ となるが，これについては第 5 章で見る．

以上をまとめると，

$$\mathbf{O}_G \subset \mathbf{O}_{HP} \subset \mathbf{O}_{HB} \subset \mathbf{O}_{HD}, \quad \mathbf{O}_{HB} \subset \mathbf{O}_{MB}$$

となる．上記すべての包含関係は，真の包含関係で ＝ となるところはない．

ここでは，調和関数を主としてみたが，正則関数についても同様なクラスが考えられる．例えば，

$\mathbf{O}_{AB}$：非定数有界正則関数を許容しないクラス

$\mathbf{O}_{AD}$：非定数ディリクレ積分有限な正則関数を許容しないクラス

$\mathbf{O}_{HBD}$：非定数有界かつディリクレ積分有限な調和関数を許容しないクラス

等がある．明らかに，$\mathbf{O}_{MB} \subset \mathbf{O}_{AB}$ である．

リーマン面の分類論ではもっと詳しいことが知られていて，以下のような関係が知られている[57]．

$$\mathbf{O}_{HD} = \mathbf{O}_{HBD}$$

$$\mathbf{O}_G \subsetneqq \mathbf{O}_{HP} \subsetneqq \mathbf{O}_{HB} \qquad \mathbf{O}_{AD} = \mathbf{O}_{ABD}$$

$$\mathbf{O}_{AB}$$

上図の包含関係について，前に述べた以外のものについて確率論的意味を考えてみるのも面白いかもしれない．[48] では詳細な研究結果が述べられている．

4.2 リーマン多様体上の劣調和関数

4.2.1 リーマン多様体上の劣調和関数

多様体をはじめとして，一般の空間における劣調和関数の定義は一通りではない．まず，第 2 章で扱ったユークリッド空間のときの特徴づけを思い出し，それに倣って次のように劣調和性を定義しよう．

以下では，$\mathcal{M}$ を完備リーマン多様体とし，X をその上のブラウン運動とする．

定義 4.17. u をリーマン多様体 $\mathcal{M}$ 上の $[-\infty, \infty)$ に値を取る恒等的に $-\infty$ でない関数とし，局所可積分な上半連続関数とする．超関数の意味で，$\Delta u \geq 0$ を満たすとき，u を $\mathcal{M}$ 上の劣調和関数と言う．

確率論的には，ディリクレ形式の理論の範疇で考える定義もある．拡散過程に付随したより一般的な作用素に対するものも含めて定義できるので紹介しておこう．

定義 4.18. $(\mathcal{E}, D(\mathcal{E}))$ を強局所正則ディリクレ形式とする．$\mathcal{C}$ をその芯とする．$u \in D(\mathcal{E})_{\mathrm{loc}}$ が $\mathcal{E}$-劣調和とは，

$$\mathcal{E}(u, \phi) \le 0 \ (\forall \phi \in \mathcal{C}, \ \phi \ge 0)$$

を満たすことである．

　L が $(\mathcal{E}, D(\mathcal{E}))$ に対応する生成作用素のとき，これは L-劣調和とも呼ばれる．リーマン多様体 $\mathcal{M}$ 上のブラウン運動に対応したディリクレ形式のとき，すなわち，$L = \frac{1}{2}\Delta$ のときは，単に劣調和と呼ぼう．このときは，$\mathcal{C} = C_0^\infty(\mathcal{M})$ とできる．上の定義は，弱い意味 (超関数の意味) で $\Delta u \ge 0$ であることを言っている．よって，適当な連続修正を取れば，前の意味で劣調和となる．ところが，前の意味の劣調和関数が後者の意味で劣調和になるとは限らない．例えば，$\mathbb{C}$ 上でブラウン運動に対応するディリクレ形式を考えると，$u(z) = \log|z|$ は前の意味で劣調和だが，後者の意味では劣調和ではない．何となれば，$|\nabla u|^2$ は 0 の近傍で可積分ではない．前に見たように，劣調和関数の特異点 ($-\infty$ を取る点) は極集合であるから，容量零の集合を出発点から除けば，劣調和関数とブラウン運動を合成することは可能である．

　定義は局所的なものであったが，その性質はどうであろうか．有界劣調和関数の存在・非存在は確率論的性質と直接結び付く．

定理 4.19. リーマン多様体 $\mathcal{M}$ 上のブラウン運動が再帰的である必要十分条件は，$\mathcal{M}$ が定数以外の有界劣調和関数を許容しないことである．

証明．u を有界劣調和関数，X をブラウン運動とする．まず，$\mathcal{M}$ 上のブラウン運動が再帰的であるとしよう．後で見るように $u(X_t)$ は有界劣マルチンゲールとなるから，$\lim_{t\to\infty} u(X_t)$ a.s. である．ところが，再帰的であれば前に見たようにずらし不変な σ-加法族は自明となるから，この極限は定数である．これを α とする．有界収束定理より，$u(x) \le E_x[u(X_t)] \to \alpha$ となる．u は非定数であれば，$\epsilon > 0$ があって $U := \{u < \alpha - \epsilon\} \ne \emptyset$ であり，上半連続性よりこれは開集合となる．X は U を無限回訪問するから矛盾である．

　非再帰的とすると，前に見たように $\mathcal{M}$ 上にグリーン関数 $g(x, y)$ が存在する．y を固定し $C > 0$ とすると，$G(x) = g(x, y) \wedge C$ は有界な非定数優調和関数となるので，$-G$ は有界な劣調和関数となる． $\square$

　前に見たような体積の増大度など幾何学的量による再帰性の判定条件を与えれば，それが有界劣調和関数の非存在条件となる．

4.2.2 劣調和関数の劣マルチンゲール性

u が $\mathcal{M}$ 上の劣調和関数, X が $\mathcal{M}$ 上のブラウン運動であるならば, $u(X_t)$ は局所劣マルチンゲールとなる.

命題 4.20. u を $\mathcal{M}$ 上の劣調和関数とし, X をブラウン運動とする. 極集合 N が存在して, $x \in \mathcal{M} \setminus N$ に対し, $u(X_t)$ は P_x の下で連続な局所劣マルチンゲールとなる.

証明. Δu は非負測度 μ とする. μ_1 を μ の滑らかな部分とする. U を $\mathcal{M}$ の相対コンパクトな領域とし, $G_U \mu_1(x) = \int_U g_U(x,y) d\mu_1(y)$ とする. τ_U を U からの脱出時間とすると, q.e. x に対し P_x の下で, $G_U \mu_1(X^{\tau_U})$ は正値連続優マルチンゲールとなる. また, q.e. x に対し $G_U(\mu - \mu_1)(X^{\tau_U})$ は P_x の下で局所マルチンゲールとなるから, リース分解 $u = h - G_U \mu$ (h は U 上の調和関数) と合わせると, q.e. x に対し, $u(X^{\tau_U})$ は P_x の下で連続な局所劣マルチンゲールとなることがわかる. $\square$

では真の劣マルチンゲールとなるのはどのような場合だろうか. 以下, その問題について考えよう. 今, ブラウン運動 X は保存的とする. $\mathcal{U}_0$ を非負劣調和関数の全体とする. $u \in \mathcal{U}_0$ に対し $u(X)$ のドゥーブ–メイエ分解の増加過程部分を $A^{[u]}$ とする.

$$\mathcal{U}_1 = \{u \in \mathcal{U}_0 \mid E_x[A_t^{[u]}] < \infty \ (0 \le t < \infty, \ \text{a.e.}\, x \in M)\},$$

$$\mathcal{U}_2 = \{u \in \mathcal{U}_0 \mid E_x[u(X_t)] < \infty \ (0 \le t < \infty, \ \text{a.e.}\, x \in M)\}.$$

$u(X)$ の破綻関数を $N_x(t, u(X)) = \lim_{\lambda \to \infty} \lambda P_x(\sup_{0 \le s \le t} u(X_s) > \lambda)$ と置くと, 破綻関数の公式より, $u \in \mathcal{U}_1$ ならば,

$$E_x[u(X_t)] - u(x) + N_x(t, u) = E_x[A_t^{[u]}] \tag{4.3}$$

であった. すなわち, $u(X)$ が a.e. $x \in M$ に対して P_x の下で真の劣マルチンゲールであるための条件は,

$$N_x(t, u(X)) = 0 \ (\forall t > 0, \ \text{a.e.}\, x \in M)$$

であった.

補題 4.21. $u \in \mathcal{U}_1$ とする. ある $x_0 \in M$ と $t_0 > 0$ に対して $N_{x_0}(t_0, u) = 0$ ならば, $N_x(t, u) = 0 \ (\forall t > 0, \ \text{a.e.}\, x \in M)$ となる.

証明. マルコフ性と式 (4.3) より, $0 < s < t \le t_0$ に対し,

$$N_{x_0}(t, u) = E_{x_0}[E_{X_s}[A_{t-s}^{[u]} - u(X_{t-s})] + u(X_s)] + E_{x_0}[A_s - u(X_s)] + u(x)$$
$$= E_{x_0}[N_{X_s}(t-s, u)] + N_{x_0}(s, u)$$

$$= E_{x_0}[N_{X_s}(t - s, u)].$$

ブラウン運動は絶対連続条件 (AC) を満たすから, $N_x(t-s, u) = 0$ a.e. $x \in M$. 上の式は $N_x(2t_o, u) = 0$ も意味する. よって, 任意の $t > 0$, a.e. $x \in M$ に対し $N_x(t, u) = 0$ となる. □

今, 破綻関数の代わりに,

$$\tilde{N}_x(t, u(X)) := \limsup_{r \to \infty} E_x[u(X_{\tau_r}) : \tau_r < t]$$

を考える.

補題 4.22. $u \in \mathcal{U}_1$ ならば, 任意の $t > 0$, a.e. $x \in M$ に対し

$$\tilde{N}_x(t, u) = \lim_{r \to \infty} E_x[u(X_{\tau_r}) : \tau_r < t] = N_x(t, u)$$

が成り立つ. $u \in \mathcal{U}_2$ に対し, ある $t > 0$ があって, a.e. $x \in M$ に対し $\tilde{N}_x(t, u) = 0$ ならば, $u \in \mathcal{U}_1$ かつ $N_x(t, u) = 0$ $(\forall t > 0$, a.e. $x \in M)$ である. 特にこのとき,

$$E_x[u(X_t)] \geq u(x) \text{ a.e. } x \in M$$

が成り立つ.

証明. 非負性と上半連続性より u は局所有界となるから,

$$E_x[u(X_{\tau_r \wedge t})] - u(x) = E_x[A_{\tau_r \wedge t}].$$

左辺を分ければ,

$$E_x[u(X_t) : \tau_r \geq t] + E_x[u(X_{\tau_r}) : \tau_r < t] - u(x) = E_x[A_{t \wedge \tau_r}^{[u]}].$$

$u \in \mathcal{U}_1$ ならば, 右辺は $r \to \infty$ のとき $E_x[A_t^{[u]}]$ に収束する. 前半の主張は, (4.3) と合わせればわかる. $u \in \mathcal{U}_2$ のとき, 左辺の第 2 項が 0 に収束するならば, 右辺も有限の値に収束する. よって, $u \in \mathcal{U}_1$ となる. □

マルコフ性により,

$$\mathcal{U}_1 = \{u \in \mathcal{U}_0 | E_x[A_t^{[u]}] < \infty \ (0 \leq t < \infty, \text{ ある } x \in M)\}$$

($\mathcal{U}_2$ についても同様) とできるから, 以上より $\mathcal{U}_2$ の元に対して, ある $t > 0$, $x \in M$ について $\tilde{N}_x(t, u(X)) = 0$ となる条件を考えることにする.

$M_x(r) = \sup_{y \in \partial B_x(r)} u(y)$ と置く. 竹田の不等式と合わせると次が言える.

命題 4.23. $u \in \mathcal{U}_2$ がある $x \in M$ に対して

$$\liminf_{r \to \infty} \frac{1}{r^2} (\log M_x(r) + \log \text{vol}(B_x(r))) < \infty$$

満たすならば, ある $t_0 > 0$ があって, $\tilde{N}_x(t_0, u) = 0$ となる. 特にこのとき,

$u(X)$ は a.e. x に対し，P_x の下で劣マルチンゲールとなる．

$M_x(r)$ の評価があれば，上の命題の条件を確かめることができる．u が C^2 級の場合，リッチ曲率を含む形の P. リと R. シェーンによる評価が知られている[84]．

$$R(x) = \inf_{\xi \in T_x M, ||\xi||=1} \mathrm{Ric}(\xi, \xi),$$

とする．任意の固定された $o \in M$ に対し $B(r) = B_o(r)$ と置く．

補題 4.24. $[0, \infty)$ 上の非負連続関数 k があって，$R(x) \geq -k(r(x))$ とする．u が滑らかな非負劣調和関数ならば，$C_1 > 0$, $C_2 > 0$ があって

$$\max_{x \in \partial B(r/2)} u(x) \leq C_1 e^{C_2 r \sqrt{k(5r)}} \mathrm{vol}(B(r))^{-1} \int_{B(r)} u dv$$

が成り立つ．

これと命題 4.23 を合わせると，次が言える．

命題 4.25. $u \in \mathcal{U}_2$ とする．補題 4.24 の k に対し

$$\liminf_{r \to \infty} \frac{1}{r^2} \left(r\sqrt{k(r)} + \log \int_{B_o(r)} u(x) dv(x) \right) < \infty,$$

ならば，$u(X)$ は劣マルチンゲールである．

証明．比較定理からの帰結 (3.13) により，$\mathrm{vol}(B(r)) \leq O(e^{cr\sqrt{k(r)}})$ となることに注意する． □

もし，u が可積分であれば，曲率のみによって劣マルチンゲール性が判定できることになる．

4.2.3 L^1-リューヴィル定理

p 乗可積分な正値劣調和関数については，次の S.T. ヤウの結果がよく知られている．

定理 4.26 (L^p-リューヴィル定理)．$\mathcal{M}$ を完備リーマン多様体とする．u が滑らかな正値劣調和関数で $u \in L^p(dv)$ $(p > 1)$ ならば，u は定数である．ただし，$L^p(dv)$ はリーマン体積測度 dv に関し p 乗可積分な関数全体を表す．

これの確率論的対応物として K.T. ストゥルムによるディリクレ形式の理論の範疇における一般化が知られている[94]．

$p = 1$ の場合は，それほど簡単ではない．リーマン多様体上の劣調和関数の L^1-リューヴィル定理の基本的な結果は，次の P. リによるものがある (cf. [33])．

定理 4.27. $\mathcal{M}$ を完備リーマン多様体とし，$c_1, c_2 > 0$ があって，

$$R(x) \geq -c_1 r(x)^2 - c_2$$

を満たすとする. C^2 級非負劣調和関数 u がリーマン体積測度に関して可積分ならば, u は定数である.

リッチ曲率の条件としては, $R(x) \geq -c_1 r(x)^{2+\epsilon}$ $(\epsilon > 0)$ とすると, L^1-リューヴィル定理は成り立たない例がある. これについては後で見よう.

さて, この定理の主張は我々の劣マルチンゲール性の議論からも従うことを見よう.

$u(X)$ の劣マルチンゲール性よりも弱い次の条件から, L^1-リューヴィル定理は従う.

定義 4.28. 正値ボレル可測関数 u が x で劣マルチンゲール性を満たすとは,

$$u(x) \leq E_x[u(X_t)] \ (\forall t \geq 0)$$

が成り立つこととする.

命題 4.29. X は保存的であるとする. $u \in \mathcal{U}_0 \cap L^1(dv)$ がある $x \in \mathcal{M}$ に対し劣マルチンゲール性を満たすならば, u は定数である.

証明はいろいろ考えられる. 以下で取り上げるのはそのうちの一つに過ぎない.

証明. まず, u の可積分性と X の対称性より,

$$\int_{\mathcal{M}} E_x[u(X_t)]dv(x) = \int_{\mathcal{M}} P_t 1(x)u(x)dv(x) = \int_{\mathcal{M}} u(x)dv(x) < \infty \ (\forall t \geq 0)$$

となるから, $u \in \mathcal{U}_2$ となる. また, $u(X)$ が a.e. $x \in \mathcal{M}$ に対し P_x の下で劣マルチンゲールとなることにも注意しよう. 劣マルチンゲール性より,

$$u(x) \leq E_x[u(X_t)] \ (\forall t \geq 0).$$

t で両辺を積分して,

$$u(x) \leq \frac{1}{t} \int_0^t E_x[u(X_s)]ds \ (\forall t > 0, \ \text{a.e.} \ x) \tag{4.4}$$

を得る.

3 つの場合に分ける.

1) X が過渡的な場合. $\int_0^\infty E_x[u(X_s)]ds < \infty$ a.e. x となるから, $t \to \infty$ とすると, 式 (4.4) の右辺は 0 に収束する. $u(x) = 0$ a.e. x となる.

2) X が零再帰的な場合. $\text{vol}(\mathcal{M}) = \infty$ のときである. 定理 3.64 より, 式 (4.4) の右辺は 0 に収束する. $u(x) = 0$ a.e. x となる.

3) X が正再帰的な場合. $\text{vol}(\mathcal{M}) < \infty$ のときである. 定理 3.64 より, 式 (4.4) の右辺は定数 $\int_{\mathcal{M}} u dv$ に収束する. よって, ess.sup $u < \infty$ となり, 再

帰性より u は定数となる. $\qquad\square$

これと命題 4.25 を合わせれば, P. リの L^1-リューヴィル定理が得られる.

優調和関数についてはどうであろうか. ブラウン運動の保存性から優調和関数の L^1-リューヴィル定理が従うことを最初に指摘したのは, A. グリゴリャンである (cf. [74]).

定理 4.30. u を $\mathcal{M}$ 上の可積分正値優調和関数とする. ブラウン運動 X が保存的ならば, u は定数である.

グリゴリャンは最大値原理を用い, グリーン関数との比較で証明している. 以下では異なる証明を行う.

証明. $u(X)$ は優マルチンゲールとなるので,

$$u(x) \geq E_x[u(X_t)] \ (\forall t > 0, \text{ a.e. } x)$$

となる. 前と同様に $\int_{\mathcal{M}}(u(x) - E_x[u(X_t)])dv(x) = 0$ となるから, $u(x) = E_x[u(X_t)] \ (\forall t > 0, \text{ a.e. } x)$ となる. よって, u は a.e. x で劣マルチンゲール性を満たす. 残りは前と同じである. $\qquad\square$

最後に, 前に述べた反例を見よう.

例 7 (再帰的な場合). これから述べる例は P. リと R. シェーンによるもの[84]を筆者が若干修正したものである. $\overline{M}$ を計量 ds_0^2 を持ったコンパクトなリーマン面とする. $\Delta_{\overline{M}}$ を ds_0^2 から定義されるラプラシアンとし, $\overline{X}$ を $\frac{1}{2}\Delta_{\overline{M}}$ を生成作用素とする $\overline{M}$ 上のブラウン運動とする. $o \in \overline{M}$ を任意に取り固定する. 今, 関数 $g(o,x)$ を

$$g(o,x) = 2\pi \int_0^\infty \left(p(t,o,x) - \frac{1}{\text{vol}(\overline{M})} \right) dt + C$$

と定義する. ここで, $p(t,x,y)$ は $\overline{X}$ の推移密度関数, C は $g(o,x) > 0$ $(\forall x \in \overline{M} \setminus \{o\})$ となるような正の定数である. すると, $d_{\overline{M}}(x,y) \to 0$ のとき, $g(x,y) \sim \log \frac{1}{d_{\overline{M}}(x,y)^2}$ となる. また, $\frac{1}{2}\Delta_{\overline{M}}g(o,x) = -2\pi\delta_o(x) + \frac{1}{Vol(\overline{M})}$ となることもわかる.

$\mathcal{M} := \overline{M} \setminus \{o\}$ としよう. $\mathcal{M}$ 上の滑らかな関数 σ を $t = d_{\overline{M}}(o,x) \to 0$ のとき,

$$\sigma(x) \sim t^{-1} \left(\log \frac{1}{t} \right)^{-1} \left(\log\log \frac{1}{t} \right)^{-\alpha} \quad \left(\frac{1}{2} < \alpha < 1 \right)$$

となるように取ることができる.

$\mathcal{M}$ 上の計量 $ds^2 = \sigma^2 ds_0^2$ を取る. ds^2 に対応するラプラシアン $\Delta_{\mathcal{M}}$ は

$$\Delta_{\mathcal{M}} = \sigma^{-2}\Delta_{\overline{M}},$$

で定義される. X_t を $\frac{1}{2}\Delta_{\mathcal{M}}$ を生成作用素とするブラウン運動としよう. X_t

は $\overline{X}_t$ の時間変更であり，$\overline{X}_t$ は再帰的であるから，X_t も再帰的で，特に，保存的である．$(\mathcal{M}, ds^2)$ について次がわかる．

- 完備であり，ブラウン運動は保存的 (確率的完備) である．
- 体積有限な 2 次元リーマン多様体となる．
- ガウス曲率は，$r \to \infty$ のとき，$\sim -\text{const.} r^{\frac{2\alpha}{1-\alpha}} = -cr^{2+\epsilon}$ となる．ここで，$\epsilon = (4\alpha - 2)/(1 - \alpha) > 0$.

一方，$u(x) := g(o, x)$ は ds^2 に関し可積分な $\mathcal{M}$ 上の滑らかな非定数劣調和関数となる．

例 8 (過渡的な場合). $\mathcal{M}$ を $\mathbb{C}$ 上の単位円板から原点を除いたもの $\{|z| < 1\} \setminus \{o\} \subset \mathbb{C}$ としよう．$\mathcal{M}$ 上の等角計量 g を次のように取る．ds^2 は再帰的な場合の例のものである．

$$g \sim \begin{cases} ds^2 \ (o \ \text{の近傍}\,), \\ \text{ポアンカレ計量} \ (|z| = 1 \ \text{の近傍}). \end{cases}$$

g は完備となり，これより決まる体積について $\log \text{vol} B(r) = O(r)$ が成り立つことはすぐにわかる．よって，g に対応するブラウン運動は保存的である．

$u(z) := -\log(2|z| \wedge 1)) = (-\log|z|) \vee \log 2 - \log 2 \geq 0$ と置くと，u は正値可積分劣調和関数となる．

以上の例を見ても，保存性は劣調和関数が L^1-リューヴィル性を持つための必要条件ではない．非保存的な場合についても見るべきだが，これは先の問題とする．

4.3 多重劣調和関数と正則拡散過程

4.3.1 多重劣調和関数

$\mathcal{M}$ を n 次元複素多様体，$U \subset \mathcal{M}$ を領域とする．

以下では，記号

$$d = \partial + \bar{\partial}, \qquad d^c = i(\bar{\partial} - \partial)$$

を用いる．ここで，

$$\partial u = \sum_j \frac{\partial u}{\partial z_j} dz_j, \qquad \partial u = \sum_j \frac{\partial u}{\partial \bar{z}_j} d\bar{z}_j \quad (u \in C^\infty(U))$$

である．また，

$$dd^c = (\partial + \bar{\partial})(i(\bar{\partial} - \partial)) = 2i\partial\bar{\partial}$$

が成り立つ．ここで，$\partial^2 = \bar{\partial}^2 = \partial\bar{\partial} + \bar{\partial}\partial = 0$ を用いた．

定義 4.31. u を U 上の恒等的に $-\infty$ でない上半連続関数とする．任意の点

$z \in U$ と $a \in \mathbb{C}^n$ に対して

$$\xi \in \mathbb{C} \mapsto u(z + \xi a) \in [-\infty, \infty)$$

が $\{\xi : z + \xi a \in U\}$ の各連結成分上で恒等的に $-\infty$ か劣調和関数になるとき，u を U 上の**多重劣調和関数**と言う.

本節では，U 上の多重劣調和関数全体を $\mathcal{P}(U)$ と書くことにする.

次はよく知られた事実である.

命題 4.32. u が U 上の多重劣調和関数ならば，u は U 上局所可積分で，$dd^c u$ は $(1,1)$ 正カレントである.

劣調和関数について成り立つことの多くは，多重劣調和関数についても成り立つ. 次は有用である.

補題 4.33. i) $u, v \in \mathcal{P}(U)$ ならば，$u \vee v \in \mathcal{P}(U)$.

ii) $u \in \mathcal{P}(U)$ ならば，ルベーグ測度に関して局所可積分である.

iii) $u \in \mathcal{P}(U)$ ならば，$u_n \in C^\infty(U) \cap \mathcal{P}(U)$ で $u_n \downarrow u$ となるものが存在する.

証明. i), ii), iii) ともに劣調和関数のときとほとんど同じである. i) は各変数の劣調和性から従う. ii) は各変数の劣調和性による各変数についての局所可積分性を用い，逐次積分すればよい. iii) については u に対して平滑化 $u_\epsilon \in C^\infty(U)$ ($\epsilon = 1/n$) を考えると，$u_\epsilon \in \mathcal{P}(U)$ となる. $\qquad \square$

多重劣調和関数の基本事項については，[41], [39] が参考になろう. 本書でもカレントの基本事項も含めて大いに参考させて頂いている.

4.3.2 正則拡散過程

本項では，拡散過程は内部死滅しないものとする. 開集合 $U \subset \mathcal{M}$ に対し U 上の正則関数全体を $\mathcal{O}(U)$ とする.

定義 4.34. X を $\mathcal{M}$ 上の拡散過程とする. 任意の開集合 $U \subset M$ に対し，止め時 $S < T$ があって $X_t \in U$ ($t \in [S, T]$) ならば，任意の U 上の正則関数 $f \in \mathcal{O}(U)$ に対し $f(X_{(t \vee S) \wedge T})$ が等角マルチンゲールとなるとき，X を $\mathcal{M}$ 上の**正則拡散過程**と言う.

例 9. $\mathbb{C}^n$ 上の複素ブラウン運動は正則拡散過程である.

$\mathcal{M}$ をケーラー多様体とし，$g = (g_{\alpha, \overline{\beta}})$ をそのケーラー計量とする. この計量に対応する複素ラプラシアン $\Delta_{\mathbb{C}}$ は，局所的には，

$$\Delta_{\mathbb{C}} = \sum_{\alpha, \beta} g^{\alpha, \overline{\beta}} \frac{\partial^2}{\partial z_\alpha \partial \overline{z_\beta}}$$

という形をしている．ここで，$(g^{\alpha,\overline{\beta}})$ は $(g_{\alpha,\overline{\beta}})$ の逆行列である．X を $2\Delta_{\mathbb{C}}$ を生成作用素とする拡散過程とする．$f \in \mathcal{O}(U)$ ならば，f と $\overline{f}$ ともに $\Delta_{\mathbb{C}}$ に関して U 上調和となるので，$f(X_{(t\vee S)\wedge T})$ は等角マルチンゲールとなる．すなわち，ケーラー計量から定義されるブラウン運動は正則拡散過程である．一方，$\mathcal{M}$ がエルミート多様体のときは，エルミート計量はリーマン計量となるので，同様にこの計量から決まるラプラシアン Δ を考えることができる．これに対応する拡散過程 X を考えると，正則拡散過程になるとは限らない．なぜなら，このラプラシアンには捩れからくる 1 階の項を含んでおり，正則関数はこのラプラシアンに関して調和となるとは限らないからである．この点も我々にとってケーラー多様体が都合の良いものだということがわかるだろう．ケーラー多様体については後ほど再び取り上げる．

問 18. 上の定義で $f(X)$ が等角マルチンゲールとなることを要請したが，任意の $f \in \mathcal{O}(U)$ に対し，$Re(f)(X)$ が局所マルチンゲールとなることを要請すれば十分であることを示せ．

4.3.3 ディリクレ形式による構成

正則拡散過程を主に福島–岡田 ([71], [72]) の考え方に従って，ディリクレ形式によって構成することを考えよう．

この項では，$\mathcal{M}$ は $\mathbb{C}^n$ の領域 D とする．m を D 上のラドン測度とし，θ を D 上の正の $(n-1, n-1)$ 閉カレントとする．対称形式 $\mathcal{E}$ を次で定義する．

$$\mathcal{E}(u,v) := \int_D du \wedge d^c v \wedge \theta \quad (u, v \in C_0^\infty(D)). \tag{4.5}$$

ただし，$d = \partial + \overline{\partial}$, $d^c = i(\overline{\partial} - \partial)$ とする．

定義 4.35. 正の $(n-1, n-1)$-閉カレントとラドン測度の組 (θ, m) が許容される (admissible) とは，式 (4.5) によって定義された $(\mathcal{E}, C_0^\infty(D))$ が $L^2(m)$ 上で可閉のときを言う．

明らかにこの形式は局所的であるから，前に見たように可閉ならばその閉拡大を用いて正則ディリクレ形式が得られ，これに対応する m-対称拡散過程 (X, P_x) が得られる．また，$u, v \in C_0^\infty(D)$ のとき，$d\theta = 0$ だから部分積分をすれば

$$\mathcal{E}(u,v) = -\int_M u\, dd^c v \wedge \theta$$

となる．これより，$f \in \mathcal{O}(U)$ に対し，$v = Re(f)$, $u \in C_0^\infty(U)$ とすれば，$Re(f)$ は U 上 $\mathcal{E}$-調和となることがわかり，$Re(f)(X^{\tau_U})$ は局所マルチンゲールとなって，X が正則拡散過程であることがわかる．

一見すると，式 (4.5) で与えたディリクレ形式は特殊なものに過ぎないと見

る人もいるかもしれない. これについては次が成り立つ.

定理 4.36 ([71]). m-対称正則拡散過程がディリクレ形式 $(\mathcal{E}, D(\mathcal{E}))$ で与えられたとする. これが, $C_0^\infty(D)$ を芯に持つならば, 正の $(n-1, n-1)$ 閉カレント θ が一意に存在して $\mathcal{E}$ は $C_0^\infty(D)$ 上では式 (4.5) で与えたものに一致する.

福島–岡田は θ が多重劣調和関数 $p_1, \ldots, p_n$ によって, $\theta = dd^c p_1 \wedge \cdots \wedge dd^c p_n$ のような形で与えられるものを考えた. 上で引用した論文では, (θ, m) が許容されるための条件, 多重極集合との関係などが議論された.

まず, (θ, m) が許容されるための条件を考えよう.

$$\theta_{\alpha\overline{\beta}} := \theta \wedge i dz^\alpha \wedge d\overline{z}^\beta$$

と置く. これはラドン測度となる. さらに, X の与えられた正則局所座標の第 α 成分を $X^\alpha := z^\alpha(X)$ と置く. X は正則拡散過程であり, z^α は正則関数であるから X^α は等角マルチンゲールになる. 一方, $z^\alpha \in D(\mathcal{E})_{\mathrm{loc}}$ であるから, 複素数値加法的汎関数 $\langle X^\alpha, \overline{X}^\beta \rangle_t$ に対応するルヴュズ測度が $\theta_{\alpha\overline{\beta}}$ となる.

補題 4.37. ある $c > 0$ が存在して,

$$m \geq c \sum_\alpha \theta_{\alpha\overline{\alpha}} \tag{4.6}$$

となるならば, (θ, m) は許容される組である.

証明. 前に見たように,

$$\mathcal{E}(u, v) = - \int_M u \, dd^c v \wedge \theta$$

となり, $dd^c v \wedge \theta = \sum \frac{\partial^2 v}{\partial z^\alpha \partial z^\beta} \theta_{\alpha\overline{\beta}}$ である. 条件 (4.6) より, $\theta_{\alpha\overline{\beta}}$ は m に関し絶対連続となり, そのラドン–ニコディム微分は有界である. すなわち,

$$\exists \frac{d\theta_{\alpha\overline{\beta}}}{dm} =: a_{\alpha\overline{\beta}} \in L^\infty(m).$$

よって, $u_n \in C_0^\infty(D)$, $\|u_n\|_{L^2(m)} \to 0 \, (n \to \infty)$ ならば, $\mathcal{E}(u_n, v) \to 0 \, (n \to \infty)$, $\forall v \in C_0^\infty(D)$ である. 補題 3.15 より可閉であることがわかる. $\square$

次に, 多重劣調和関数と正則拡散過程の関係を見ておこう.

命題 4.38. u を D 上の多重劣調和関数とし, (X, P_x) を D 上の対称正則拡散過程とする. このとき, 極集合 $N \subset D$ が存在して, $x \in D \setminus N$ に対し, $u(X_{t \wedge \tau_D})$ は P_x の下で, 局所劣マルチンゲールとなる.

証明. (X, P_x) に対応するディリクレ形式を $(\mathcal{E}, D(\mathcal{E}))$ とする.

補題 4.33 iii) より $u_n \in C^\infty(D) \cap \mathcal{P}(D)$ で, $u_n \downarrow u \, (n \to \infty)$ となるものが存在する. $u_n \in D(\mathcal{E})_{\mathrm{loc}}$ である. また, 多重劣調和であるから, $dd^c u \geq 0$

である．よって，任意の $v \in C_0^\infty(D)$, $v \geq 0$ に対し，

$$\mathcal{E}(u_n, v) = -\int_D v dd^c u \wedge \theta \leq 0$$

となる．$u_n(X_t)$ の福島分解は，ある極集合 N_n があって，

$$u_n(X_t) - u_n(X_0) = M_t^{[u_n]} + N_t^{[u_n]} \ P_x\text{-a.s.}, \ x \in D \setminus N_n$$

となるが，$N^{[u_n]}$ は，ルヴズ測度 $dd^c u_n \wedge \theta$ に対応する PCAF となる．

よって，$u_n(X)$ は局所劣マルチンゲールとなる．$N := \cup_n N_n$ と置くと，これも極集合である．$k \in \mathbb{N}$ に対し，$T_k := \{t > 0 : u(X_t) < -k\}$ と置く．任意の有界止め時 T に対し，

$$E_x[u_n(X_{T \wedge T_k \wedge \tau_D})] \geq u_n(x) \ x \in D \setminus N.$$

$n \uparrow \infty$ として単調収束定理より結論が言える． $\qquad\qquad\square$

4.3.4　多重極集合

多変数関数論で重要な役割を果たす多重極集合と正則拡散過程による特徴づけについて見る．今，$D \subset \mathbb{C}^n$ を有界領域とする．この上で正則拡散過程がディリクレ形式 (4.5) を用いて構成される．

定義 4.39. $E \subset D$ が**多重極集合**とは，各 $z \in E$ の近傍 $U(z)$ と多重劣調和関数 u が存在して，$E \cap U(z) \subset u^{-1}(-\infty)$ となることを言う．

許容される組 (θ, m) 全体を $\mathcal{A}(D)$ と書くことにする．$(\theta, m) \in \mathcal{A}(D)$ に対し，対応する局所正則ディリクレ形式を $\mathcal{E}^{(\theta,m)}$ とする．このディリクレ形式に対応する容量を $\mathrm{Cap}^{(\theta,m)}$ と書くことにする．

まず，多重極集合はこのディリクレ形式に対応する正則拡散過程 (X, P_x) に関して極集合になっている．

定理 4.40. $(\theta, m) \in \mathcal{A}(D)$ とし，いかなる多重極集合も m-測度零とする．このとき，$E \in \mathcal{B}(D)$ が多重極集合ならば，(X, P_x) に関して極集合になる．すなわち，$\mathrm{Cap}^{(\theta,m)}(E) = 0$ となる．

E への (X, P_x) の到達時間を σ_E とする．また，

$$u_E := \sup\{v : v \in \mathcal{P}(D) \cap L^\infty, \ v \leq 0, \ E \text{ 上で } v \leq -1\}$$

とし，

$$u_E^*(z) := \limsup_{w \to z} u_E(w)$$

と置く．E が多重極集合であることと $u_E^* = 0$ は同値であることが知られている．また，$N_1 := \{z : u_E^*(z) \neq u_E(z)\}$ は多重極集合であることも知られて

いる ([63]).

定理 4.40 は次からわかる.

補題 4.41. 任意の $f \in \mathcal{B}_+(D)$ に対して,

$$-\int_D u_E^*(z)f(z)dm(z) \geq \int_D P_z(\sigma_E < \infty)f(z)dm(z).$$

証明. $v \in \mathcal{P}(D) \cap L^\infty$, $v \leq 0$, E 上で $v \leq -1$ ならば, ある極集合 N があって, $x \in D \setminus N$ に対して $-v(X_t)$ は P_x の下で優マルチンゲールとなる. よって, $K_n \uparrow E$, K_n:コンパクトとすると, $X_{\sigma_{K_n}} \in E$ となるから,

$$-v(x) \geq -E_x[v(X_{\sigma_{K_n} \wedge k})] \geq P_x(\sigma_{K_n} < k).$$

$k \uparrow \infty$ とすれば単調収束定理により,

$$-v(x) \geq P_x(\sigma_{K_n} < \infty).$$

さらに, $n \uparrow \infty$ とし, $-v$ について下限を取れば, $-u_E(x) \geq P_x(\sigma_E < \infty)$ ($x \in D \setminus E$) を得る. □

なお, 定理 4.40 では D を有界と仮定したが, これは不要である. 簡単のために仮定した.

問題はこの逆が成り立つかどうかである.

$\mathcal{P}(D)$ を D 上の多重劣調和関数の全体とする.

$\mathcal{P}_1 := \{p \in \mathcal{P}(D) \cap L^1_{\text{loc}}(D) :$

　　　　ある正の連続関数 g が存在して $(dd^c p)^{n-1} \wedge dd^c|z|^2 \geq g(dd^c|z|^2)^n\}$

と置く. 補題 4.37 と $\mathcal{P}_1$ の定義より明らかなように, 次が成り立つ.

補題 4.42. $p \in \mathcal{P}$ に対して, $m = (dd^c p)^{n-1} \wedge dd^c|z|^2$, $\theta = (dd^c p)^{n-1}$ と置くと, $(\theta, m) \in \mathcal{A}(D)$ となる. また, $p \in \mathcal{P}_1$ ならば, 多重極集合は m-零集合である.

このときの $\mathcal{E}^{(\theta,m)}$ を $\mathcal{E}^{(p)}$, 対応する正則拡散過程を $(X, P_x^{(p)})$, $\text{Cap}^{(\theta,m)}$ を Cap^p と書くことにする.

以下は 4.3.6 節において述べる D が強擬凸領域の場合の結果である.

定理 4.43. D を強擬凸領域とする. 任意の $p \in \mathcal{P}_1$ に対して, $E \subset D$ が $\text{Cap}^p(E) = 0$ となるならば, E は多重極集合である.

これは次の補題より従う.

補題 4.44. D が強擬凸で $K \subset D$ はコンパクトとする.

$$-\int_D u_K^*(z)f(z)dm(z) \leq \sup_{p \in \mathcal{P}_1} \int_D P_z^{(p)}(\sigma_K < \infty)f(z)dm(z)$$

が成り立つ.

この証明のため，次に注意する.

補題 4.45. $p \in \mathcal{P}$, $q(z) = p(z) + \epsilon|z|^2$, $\epsilon > 0$ とする.

  i) $q \in \mathcal{P}_1$.

  ii) このとき，ある定数 $C > 0$ があって，$E_x^{(q)}[\zeta] \leq C$.

証明. i) p が滑らかなときは，直接計算より，

$$(dd^c q)^n \geq n\epsilon(dd^c p)^{n-1} \wedge dd^c|z|^2,$$

$$(dd^c q)^{n-1} \wedge dd^c|z|^2 \geq \epsilon^{n-1} c_n (dd^c|z|^2)^n$$

がわかる. ここで，c_n は n のみによる正定数である. 一般の p に対しては，ベドフォード-テイラーの近似定理 ([63], 補遺参照) による.

  ii) 任意の $u(z) = |z|^2, v \in C_0^\infty(D)$ に対し，

$$\mathcal{E}(u, v) = -\int_D v dd^c|z|^2 \wedge (dd^c q)^{n-1} = -\int_D v dm$$

となるから，$u(X)$ の福島分解のエネルギー零の加法的汎関数 $N_t^{[u]}$ は t となる. よって，$D_n \uparrow D$ を D のエグゾースチョンとすると，

$$E_x[u(X_{\tau_{D_n}})] - |x|^2 = E_x[\tau_{D_n}].$$

D は有界としているから，$\tau_{D_n} \uparrow \zeta$ $P_x^{(q)}$-a.s. $\square$

補題 4.44 については，いくらか [63] の結果を援用しなければならないが，その証明の概略は以下のようになる.

補題 4.44 の証明の概略. $u_K^* \in \mathcal{P}(D)$ となるから $q_k(z) := u_K^*(z) + \frac{1}{k}|z|^2$ と置けば，$q_k \in \mathcal{P}(D)$ となる ($k \in \mathbb{N}$).

$\theta^{(k)} := (dd^c q_k)^{n-1}, m^{(k)} := \theta^{(k)} \wedge dd^c|z|^2$ と置く. $D \setminus K$ 上では $(dd^c u_K^*)^n = 0$ となること ([63]) などから，

$$dd^c u_K^* \wedge \theta^{(k)} \leq \frac{n-1}{k} m^{(k)}$$

が $D \setminus K$ 上で成り立つ. よって，

$$\begin{aligned}
E_x^{(q_k)}[u_K^*(X_{t \wedge \tau_{D_m} \wedge \sigma_K})] - u_K^*(x) &= E_x^{(q_k)}[N_{t \wedge \tau_{D_m} \wedge \sigma_K}^{[u_K^*]}] \\
&\leq \frac{n-1}{k} E_x^{(q_k)}[t \wedge \tau_{D_m} \wedge \sigma_K] \\
&\leq \frac{n-1}{k} E_x^{(q_k)}[\zeta] \leq \frac{n-1}{k} C, \text{ q.e. } x
\end{aligned}$$

が成り立つ. 集合 $\{x \in K : u_K^*(x) \neq -1\}$ は多重極集合となることが知られているので[63]，前と同様に，$-E_x^{(q_k)}[u_K^*(X_{t \wedge \tau_{D_m} \wedge \sigma_K})] \leq P_x^{(q_k)}(\sigma_K < \infty)$ と

なる. 結局,

$$-u_K^*(x) \le P_x^{(q_k)}(\sigma_K < \infty) + \frac{n-1}{k}C \quad \text{q.e.} \, x \in D$$

が言え, 補題の不等式が得られる. □

4.3.5 ケーラー多様体

$(\mathcal{M}, g)$ を滑らかな n 次元ケーラー多様体とする. ω を対応するケーラー形式とする. 局所的には, $\omega = g_{\alpha\bar\beta} i dz^\alpha \wedge d\bar z^\beta$ である. $(g_{\alpha\bar\beta})$ は正定値で滑らかな関数になっている. 対応する体積形式は, 実 $2n$ 形式で

$$dv = G(z) \prod_{j=1}^n \frac{i}{2} dz_j \wedge d\bar z_j$$

とする. ここで, $G(z) = \det(g_{\alpha\bar\beta})$ である. $\mathcal{M} = \mathbb{C}$ のとき, $g_{\alpha\bar\beta} = \delta_{\alpha\bar\beta}$ とすると, dv はユークリッド空間 $\mathbb{R}^{2n}$ の体積形式と一致する. すると,

$$\omega^n = n! 2^n dv$$

となることがわかる.

今,

$$\mathcal{E}(u, v) = \int_{\mathcal{M}} du \wedge d^c v \wedge \omega^{n-1} \quad (u, v \in C_0^\infty(\mathcal{M}),$$

$dm = \omega^n$ と置く. これまでに見たように, これは $\mathcal{M}$ 上の正則拡散過程 X を定義する. ω が閉形式であることに注意すると,

$$\mathcal{E}(u, v) = -\int_{\mathcal{M}} u dd^c v \wedge \omega^{n-1} \quad (u, v \in C_0^\infty(\mathcal{M}))$$

となる. よって, X の生成作用素 L は,

$$Lu = \frac{dd^c u \wedge \omega^{n-1}}{dm} \quad (u \in C_0^\infty(\mathcal{M}))$$

と書ける. この L と前に言及した複素ラプラシアン (補遺参照)

$$\Delta_{\mathbb{C}} = \sum_{\alpha, \beta} g^{\alpha\bar\beta} \frac{\partial^2}{\partial z_\alpha \partial \bar z_\beta}$$

の関係を見よう.

$$dd^c u \wedge \omega^{n-1} = (n-1)! 2^n \Delta_{\mathbb{C}} u dv = \frac{1}{n} \Delta_{\mathbb{C}} u \omega^n$$

がわかる. よって,

$$L = \frac{1}{n} \Delta_{\mathbb{C}} u$$

である. すなわち,

$$-\frac{1}{n} \int_{\mathcal{M}} u \Delta_{\mathbb{C}} v dm = -\int_{\mathcal{M}} u L v dm = \mathcal{E}(u, v).$$

同じことだが，

$$-\frac{1}{n}\int_{\mathcal{M}} u\Delta_{\mathbb{C}} v dv = -\int_{\mathcal{M}} uLv dv = \hat{\mathcal{E}}(u,v)$$

である．ここで，$\hat{\mathcal{E}}(u,v) := (n!2^n)^{-1}\mathcal{E}(u,v)$ とした．つまり，基礎の測度を $dm_1 := \frac{1}{n}dm$ とし，ディリクレ形式を $\mathcal{E}$ とする拡散過程は，$\Delta_{\mathbb{C}}$ を生成作用素とする拡散過程となり，これを Y とすると，Y は X の時間変更過程

$$X_t = Y_{\frac{t}{n}}$$

となる．同様にリーマン多様体としてのラプラシアン $2\Delta_{\mathbb{C}} = \frac{1}{2}\Delta$ を生成作用素とする拡散過程 (今まで見てきたブラウン運動) を W とすると，$X_t = Y_{\frac{t}{n}} = W_{\frac{t}{2n}}$ となる．一方，基礎の測度を dv とし，生成作用素を複素ラプラシアン $\Delta_{\mathbb{C}}$ とするディリクレ形式は，$\hat{\mathcal{E}}$ とするのが適当だろう．これに対応する拡散過程を $\hat{Y}$ とすると，やはり同じ対応があることがわかる．

どれを主に考えるかは問題となるが，この時間変更に注意すれば問題ないであろう．また，ケーラー多様体のブラウン運動というときどれを指すのかは，文献よって多少異なるようである．池田–渡辺の本 [22] では Y をケーラー拡散 (Kähler diffusion) として扱っている．後述する強擬凸領域のようにケーラー計量が大域的なポテンシャルによって与えられる場合，すなわち，ある多重劣調和関数 p によって，$\omega = dd^c p$ と書ける場合は，X が扱い良い場合もある．いずれにせよ，定性的な性質を考える場合はあまり問題にならないであろう．

ケーラー多様体の例としては 1 次元のときは等角計量を伴ったリーマン面である．これについてはすでに見た．高次元の簡単な例を見よう．

例 10 (多重円板)．$\mathcal{M} := B_o(1) \times \cdots \times B_o(1)$ (単位円板 $B_o(1)$ の n 個の直積) を多重円板 (polydisc) と言う．これに双曲計量の直積計量を入れよう．すなわち，ケーラー形式を

$$\omega = \sum_{\alpha} \frac{dz_{\alpha} d\bar{z}_{\alpha}}{(1-|z_{\alpha}|^2)^2}$$

とする．これに対応する拡散過程は独立な n 個の複素双曲ブラウン運動の直積である．これを $X = (X^1, \ldots, X^n)$ と書くことにする．定義より，

$$X^{\alpha}_{\rho_t} = Z^{\alpha}_t, \quad \rho_t = \int_0^t \frac{ds}{(1-|Z^{\alpha}_s|^2)^2} \ (\alpha = 1, \ldots, n)$$

となる．ここで，$(Z^1, \ldots, Z^n)$ は n 次元複素ブラウン運動である．明らかに，X は保存的である．

この拡散過程には，注目すべき性質がある．すなわち，

$$\lim_{t\to\infty} X_t \in \partial_S \mathcal{M} \ \ P_x\text{-a.s.,} \ x \in \mathcal{M}$$

となる. ここで, $\partial_S \mathcal{M} = \bigcap_{k=1}^n \{(z_1, \ldots, z_n) \in \overline{\mathcal{M}} : |z_k| = 1\}$. $\mathcal{M}$ の位相的境界 $\partial \mathcal{M}$ は $\partial \mathcal{M} = \bigcup_{k=1}^n \{(z_1, \ldots, z_n) \in \overline{\mathcal{M}} : |z_k| = 1\}$ なので, 明らかに $\partial_S \mathcal{M}$ はこれより小さい. これは $\mathcal{M}$ のシロフ境界となっている. この境界は, 関数論的には位相的境界よりも実質的なものとなっている. シロフ境界とは, 大雑把に言うと, 境界の閉部分集合のうちで最大値原理が成り立つような最小の集合を言う (cf. [20]). 例えば今の場合, 次の最大値原理が成り立つ.

命題 4.46. f を $\overline{\mathcal{M}}$ 上で連続な $\mathcal{M}$ 上の正則関数とする. このとき, $|f|$ の $\overline{\mathcal{M}}$ 上の最大値は, $\partial_S \mathcal{M}$ 上で取る.

証明. $X_\infty := \lim_{t \to \infty} X_t$ と置くと, $P_x(X_\infty \in \partial_S \mathcal{M}) = 1$ $(x \in \mathcal{M})$ だから, X_∞ の分布は $\partial_S \mathcal{M}$ 上の確率分布になっている. $|f(X_t)|$ は有界な劣マルチンゲールとなるからマルチンゲールの収束定理により,

$$|f(x)| \leq E_x[|f(X_\infty)|] \ (\forall x \in \mathcal{M})$$

が成り立つ. これらのことより結論が従う. $\qquad\square$

問 19. 第 2 章における議論を参考にして上の証明を完成させよ.

例 11 (ベルグマン計量). $\mathcal{M} = D \subset \mathbb{C}^m$ を有界領域とする.

$$A^2(D) := \{f : D \text{ 上の正則関数} \mid \int_D |f(z)|^2 dv(z) < \infty\}$$

と置く. ここで, $dv(z)$ は $\mathbb{C}^m$ のルベーグ測度である. $A^2(D)$ は $(f, g)_{L^2} := \int_D f(z)\overline{g(z)} dv(z)$ を内積として, ヒルベルト空間になる.

$$\Phi_z : f \in A^2(D) \mapsto f(z)$$

とすると, Φ_z は $A^2(D)$ 上の連続線形汎関数となる. ヒルベルト空間におけるリースの表現定理を用いると,

$$f(z) = \Phi_z(f) = (f, K_z)_{L^2}$$

となる $K_z(\zeta) \in A^2(D)$ が存在する. この $\bar{K}_z$ は積分核となるが, これを $K(z, \zeta)$ と書き, **ベルグマン核**と呼ぶ.

$\{\phi_k\}$ を $A^2(D)$ の完全正規直交系とすると,

$$K(z, \zeta) = \sum_k \phi_k(z)\overline{\phi_k(\zeta)}$$

と表すことができる. 特に,

$$K(z, z) = \sum_k |\phi_k(z)|^2 > 0$$

であり, $\log K(z, z)$ は狭義多重劣調和関数となる.

$$g_{\alpha\bar{\beta}} := \frac{\partial^2 \log K(z,z)}{\partial z_\alpha \partial \bar{z}_\beta}$$

と置くと，エルミート計量が定義される．これを**ベルグマン計量**と言う．対応するケーラー形式は $\omega = i\partial\bar{\partial}\log K(z,z)$ であるから，ω は閉形式となり，ベルグマン計量はケーラー計量である．

簡単な例として，$D = B_o(1) \subset \mathbb{C}^n$ 単位球のときを見てみよう．

$$K(z,w) = \frac{n!}{\pi^n}\frac{1}{(1 - z\cdot\overline{w})^{n+1}}.$$

よって，$K(z,z) = \frac{n!}{\pi^n}\frac{1}{(1-|z|^2)^{n+1}}$ となり，ベルグマン計量は

$$g_{\alpha\bar{\beta}} = \frac{n+1}{(1-|z|^2)^2}\{(1-|z|^2)\delta_{\alpha\beta} + \overline{z_\alpha}z_\beta\}$$

となる．$n = 1$ のときは単位円板上の双曲計量 (ポアンカレ計量) と一致する．すなわち，ベルグマン計量を持つ D は負曲率多様体と似ているように見える．実際，∂D の近傍では，ベルグマン計量は漸近的に負の定曲率を持つことが知られている．

ベルグマン計量と関連する話題については，[31], [42] が参考になるだろう．

4.3.6 強擬凸領域

すでに前の節でも現れたが，強擬凸領域は多変数関数論において重要な対象である．擬凸領域上の複素解析については [42] が参考になろう．

以下では $n \geq 2$ とする．

定義 4.47. $D \subset \mathbb{C}^n$ が**擬凸領域**とは，D が連続なエグゾースチョン関数 p を持ち，かつ p は D 上多重劣調和で，$D = \{p < 0\}$ と書けていることである．さらに $dd^c p > 0$ (正定値) であるとき，D を**強擬凸領域**と言う．

上の p を D の定義関数と呼ぶこともある．

今，D を有界な強擬凸領域とする．D の定義関数 p に対し，

$$q = -\log(-p)$$

と置く．この q は D 上のエグゾースチョン関数となる．さらに，

$$dd^c q = \frac{dp \wedge d^c p}{p^2} + \frac{dd^c p}{-p} \tag{4.7}$$

となるから，$dd^c q > 0$ となる．これによって，ケーラー計量が定義できる．ここでは，p は十分良いもの，少なくとも D 上で C^3 級で，p の微分は ∂D で 0 にならないものとする．この計量に対応する正則拡散過程 X をディリクレ形式を使って定義する．

$$\mathcal{E}(u,v) := \int_D du \wedge d^c v \wedge (dd^c q)^{n-1} \quad (u,v \in C_0^\infty(D))$$

とし, $dm = (dd^c q)^n$ と置く. $dd^c q$ は非退化で q は滑らかであるから, 前の節で見たように, この形式は $L^2(m)$ で可閉となり, 正則ディリクレ形式を定義する. これに対応する正則拡散過程を X とする. この拡散過程の生成作用素を L とし, ケーラー計量 $\omega = dd^c q$ に対応するラプラシアンを Δ すると, $\frac{1}{2}\Delta$ を生成作用素とする拡散過程 W に対して, $X_t = W_{\frac{t}{2n}}$ となることは前に見た. W がケーラー計量 ds^2 に対応するブラウン運動というべきだが, 本書の我々の目的には X を用いて考えても問題はないと思われるので, 主に X のほうを用いて考える.

今仮定しているように定義関数 p が十分良いときには, 強擬凸領域については いろいろなことがわかっている. 例えば, 多重円板のときに現れたシロフ境界 $\partial_S D$ は, 前の場合とは異なり, 位相的境界 ∂D に一致することも知られている. D が擬凸領域の場合はその限りではない. この場合に正則拡散過程 X を用いてシロフ境界を議論している研究として金子–谷口 [79] があげられる. 興味のある人はそちらを参照してもらいたい.

ここでは, 前にも少し言及した P. マリアヴァンのアイディアによるグリーン関数の評価 ([87], [89]) を見てみよう. マリアヴァンは $\Delta_{\mathbb{C}}$ を生成作用素とする拡散過程 (ケーラー拡散) Y を用いているようだが, グリーン関数の評価に関しては, 上で述べた定数倍の時間変更である X, Y, W どれを用いても本質的な違いはない. 話を簡単にするために, p の微分は $\bar{D}$ 上で 0 にならないと仮定する. q は多重劣調和だから $q(Y_t)$ は局所劣マルチンゲールとなるが, その福島分解を

$$q(X_t) - q(X_0) = M_t^{[q]} + N_t^{[q]}$$

としよう. 増加過程 $N_t^{[q]}$ のルヴュズ測度は $dd^c q \wedge (dd^c q)^{n-1} = \omega^n = dm$ となるから, $N_t^{[q]}$ は t に等しい. マルチンゲール部分 $M_t^{[q]}$ の 2 次変分過程のルヴュズ測度は, 補題 3.35 より

$$d\mu_{\langle q \rangle} = 2dq \wedge d^c q \wedge (dd^c q)^{n-1}$$

で与えられる. これを用いた時間変更過程 $\tilde{X}$ を考える. すなわち,

$$\tilde{X}_{\langle M^{[q]} \rangle_t} = X_t$$

を満たす. $dd^c q$, $dq \wedge d^c q$ と $dd^c p$ の関係式 (4.7) と p に関する仮定から次がわかる.

補題 4.48. 定数 $c > 0$ が存在して,

$$nd\mu_{\langle q \rangle} \le 2dm \le n(1 + ce^{-q})d\mu_{\langle q \rangle}$$

が成り立つ.

証明. $\theta := dp \wedge d^c p + (-p)dd^c p$ と置くとこれは正の $(1,1)$-閉形式となる. (4.7) より, $dd^c q = \frac{dp \wedge d^c p}{p^2} + \frac{dd^c p}{-p} = p^{-2}\theta$ となる. よって,

$$(dd^c q)^{n-1} = p^{-2(n-1)}\theta^{n-1}.$$

適当にユニタリ変換すれば, $dz_1, \ldots, dz_n$ の 1 次結合で表される dw_j ($j = 1, \ldots, n$) が取れて, $\omega = \sum_j a_j dw_j \wedge d\bar{w}_j$ と書ける. すると,

$$\omega^l = l!\sigma_l \sum_{j_1 < \cdots < j_l} a_{j_1} \cdots a_{j_l} dw_{j_1} \wedge \cdots \wedge dw_{j_l} \wedge d\bar{w}_{j_1} \wedge \cdots \wedge d\bar{w}_{j_l}$$

となることに注意する. ここで, $\sigma_l = 1$ (l : 偶数), $= i$ (l : 奇数) である. (4.7) より,

$$dm = n\left(\frac{1}{2}d\mu_{\langle q \rangle} + (-p)^{-1}dd^c p \wedge (dd^c q)^{n-1}\right)$$
$$= n\left(\frac{1}{2}d\mu_{\langle q \rangle} + (-p)p^{-2n}dd^c p \wedge \theta^{n-1}\right)$$

となる. 仮定より $dd^c p \wedge \theta^{n-1}$ と $dp \wedge d^c p \wedge \theta^{n-1}$ はルベーグ測度に関して絶対連続になり, 滑らかな正値の密度を持つ. $d\mu_{\langle q \rangle} = p^{-2n}dp \wedge d^c p \wedge \theta^{n-1}$ となることに注意すると, p に関する仮定より, ある $c > 0$ があって

$$n \leq \frac{2dm}{d\mu_{\langle q \rangle}} \leq n(1 + c(-p)) = n(1 + ce^{-q})$$

を得る. □

これより, 標準ブラウン運動 B が存在して,

$$q(\tilde{X}_t) - q(\tilde{X}_0) = B_t + A_t$$

かつ, $\frac{n}{2}t \leq A_t \leq \frac{n}{2}\int_0^t (1 + ce^{-q(\tilde{X}_s)})ds$ となる. これに確率微分方程式の比較定理 (定理 1.62) を適用する. $q^{(1)}, q^{(2)}$ を $q_0^{(1)} = q_0^{(2)} = q(X_0)$,

$$dq_t^{(1)} = dB_t + \frac{n}{2}dt$$
$$dq_t^{(2)} = dB_t + \frac{n}{2}(1 + e^{-cq_t^{(2)}})dt$$

の解とすると, $q_t^{(1)} \leq q(\tilde{X}_t) \leq q_t^{(2)}$ ($t \geq 0$) が得られる.

問 20. $q^{(1)}, q^{(2)}$ の尺度関数 s_1, s_2 を計算し, ある定数 $c_1, c_2 > 0$ があって, $c_1 s_1 \leq s_2 \leq c_2 s_1$ が成り立つことを示せ.

今の場合, D は有界としているので, X は (Y, W も) 過渡的である. これから前と同様に D のグリーン関数の評価がえられる.

命題 4.49. $x_0 \in D$ を任意の参照点とする. $g(x_0, x)$ を D 上の $\Delta_{\mathbb{C}}$ に関するグリーン関数とする. ある定数 $C_1, C_2 > 0$ があって,

$$C_1(-p)^n \leq g(x_0, x) \leq C_2(-p)^n$$

が成り立つ.

問 21. D はユークリッド空間の有界部分領域であるから，ユークリッド計量から決まるラプラシアンに関する D のグリーン関数 g_D を考えることができる．上述の $q = -\log(-p)$ は，同様にエグゾースチョン関数となるから，これに対して上で用いた方法をユークリッド空間のブラウン運動に適用し，比較定理を利用してユークリッド計量のラプラシアンに対応するグリーン関数の評価を得ることができる．今の場合，

$$g_D(x_0, x) \approx -p(x)$$

となる．これを示せ.

複素 1 次元の場合，すなわち，リーマン面の有界領域のグリーン関数は，等角計量の取り方によらなかった．それは，拡散過程のグリーン関数が時間変更に不変であることからもわかる．これより，グリーン関数は等角不変量と言われる．一方，複素 2 次元以上の場合は，ケーラー計量を取り換えると対応するブラウン運動は時間変更で写り変わるとは限らない．また，等角写像によってもブラウン運動はブラウン運動の時間変更に写るとは限らない．実際この変形でラプラシアンは，元のラプラシアンの関数倍になるとは限らない．上の問は，ケーラー計量を取り換えるとグリーン関数が変わることの例証になっている.

4.3.7 スタイン多様体

複素多様体 $\mathcal{M}$ がスタイン多様体であることの一般的な定義はここでは与えない．それについては，多変数複素関数論の教科書 [20], [38], [51] などを参照していただきたい.

言葉を一つ導入する.

定義 4.50. 位相空間の間の写像 $f: \mathcal{M} \to \mathcal{N}$ がプロパーとは，任意のコンパクト集合 $K \subset \mathcal{N}$ に対して，$f^{-1}(K) \subset \mathcal{M}$ がコンパクト集合となることである.

ここでは，次のような顕著な特徴づけを述べておく．我々にとってはこれが重要であるので，ここではこれを定義としておく.

定理 4.51. 複素多様体 $\mathcal{M}$ がスタイン多様体であるための必要十分条件は，適当な $\mathbb{C}^n$ にプロパーかつ正則に埋め込まれることである.

すなわち，スタイン多様体 $\mathcal{M}$ は $\mathbb{C}^n$ の複素閉部分多様体と見ることができる.

$\mathbb{C}^n$ の m 次元複素閉部分多様体 $\mathcal{M}$ に対し,

$$n(r, \mathcal{M}) = \frac{1}{r^{2m}} \int_{\mathcal{M} \cap B(r)} (dd^c ||z||^2)^m$$

と置く. ここで, $||z||^2 = |z_1|^2 + \cdots + |z_n|^2$, $B(r)$ は中心 x_0, 半径 r の $\mathbb{C}^n$ の球, $x_0 \in \mathcal{M}$ は任意の参照点である. $\sup_{r \geq 1} n(r, \mathcal{M}) < \infty$ のとき, $\mathcal{M}$ は代数的であるという.

代数的部分多様体を含むクラスの複素部分多様体上のリューヴィル型定理として, 次が知られている ([77], [96]).

定理 4.52. $\mathbb{C}^n$ の m 次元複素閉部分多様体 $\mathcal{M}$ が

$$\int_1^\infty \frac{dt}{tn(t, \mathcal{M})} = \infty \tag{4.8}$$

を満たすならば, $\mathcal{M}$ 上に非定数有界な多重劣調和関数は存在しない.

[77] は $\mathcal{M}$ 上に再帰的な正則拡散過程を構成することにより, 上の定理を示した.

命題 4.53. $\mathbb{C}^n$ の m 次元複素閉部分多様体 $\mathcal{M}$ が条件 (4.8) を満たすならば, $\mathcal{M}$ 上に再帰的な正則拡散過程が存在する.

略証. $\theta = dd^c \log(1 + ||z||^2)$ とし,

$$\mathcal{E}(u, v) = \int_{\mathcal{M}} du \wedge d^c v \wedge \theta^{m-1} \quad (u, v \in C_0^\infty(\mathcal{M})),$$

$dm = dd^c ||z||^2 \wedge \theta^{m-1}$ と置く. $(\mathcal{E}, C_0^\infty(\mathcal{M}))$ は $L^2(m)$ で可閉であり, 正則拡散過程 X を定義する.

$$\psi_R(z) = \int_{||z||}^R \frac{tdt}{(t^2+1)n(t, \mathcal{M})} \left(\int_1^R \frac{tdt}{(t^2+1)n(t, \mathcal{M})} \right)^{-1},$$

$\phi_R(z) = (\psi_R(z) \wedge 1) \vee 0$ と置くと, ϕ_R は X を与えるディリクレ形式の定義域に属し, $\phi_R(z) \uparrow 1 \ (R \to \infty)$ かつ $\mathcal{E}(\phi_R, \phi_R) \to 0 \ (R \to \infty)$ が成り立つ. 定理 3.62 より, X が再帰的であることがわかる. □

$dd^c ||z||^2$ は $\mathbb{C}^n$ のユークリッド計量, $\theta = dd^c \log(1 + ||z||^2)$ は $\mathbb{P}^n(\mathbb{C})$ のフビニ–スタディ計量を与えることに注意しよう. θ によって, $\mathcal{M}$ にケーラー計量を与えても完備となるとは限らないが, 上の命題はこの計量に対応する拡散過程は保存的となり, かつ再帰的であることを示している.

注意 4.54. 前に注意したように, ケーラーではないエルミート多様体上のブラウン運動は正則拡散過程とはならない. 本節では, 本質的にケーラー多様体となる場合のみを考えたが, ケーラーではないエルミート多様体上でも, 補遺で述べている標準接続から定義される複素ラプラシアンを生成作用素とする拡

散過程を考えると，これは正則拡散過程となる．

注意 4.55. 本書で扱えなかったもので正則拡散過程と複素解析に関連する話題としては，複素モンジュ–アンペール方程式の確率論的扱いと正則領域の確率論的特徴づけが挙げられる．前者については [78] に論説があるのでそちらを参照いただきたい．わが国ではこの方向の研究が途絶えているように見えるが，最近でも国外ではこの方面の研究もあり，[16] には確率解析を利用した複素モンジュ–アンペール方程式の解の正則性 (regularity) に関する研究も載っている．複素モンジュ–アンペール方程式は複素解析では重要な役割を果たすことから，確率論的にも，より興味を持たれてもよい分野であると思われる．

後者は谷口による一連の研究がある．これは正則拡散過程の爆発問題 (保存性) と領域の正則凸性を議論するものである．これについては [98], [99] を参照されたい．

4.4　ピカールの定理

よく知られたピカールの (小) 定理は次のように述べられる．

定理 4.56. f を $\mathbb{C}$ 上の非定数有理形関数とする．このとき，f は $\mathbb{C} \cup \{\infty\}$ の異なる 3 点以上を除外しない．

ピカールの元の証明を現代風に解釈すると次のように証明できる．f は 3 点 $\{\pm 1, \infty\}$ を除外しているとする．$f : \mathbb{C} \to \mathbb{C} \setminus \{-1, 1\} =: N$ は正則写像となる．$\mathbb{C}$ は単連結だから f の持ち上げ $\tilde{f} : \mathbb{C} \to \tilde{N}$ ($\tilde{N}$ は N の普遍被覆) を得る．ケーベの一意化定理により，$\tilde{N}$ は単位円板と等角同型である．すなわち，$\tilde{f}$ は $\mathbb{C}$ 上の有界正則関数となり，リューヴィルの定理より定数に限る．

これは非常に簡明な証明が鮮やかな結果をもたらすという例になるだろう．すると，このような定理の拡張や一般化を考えることは自然なことである．$f : M \to N$ として，M, N がどのような性質を持てば，ピカールの定理のような結果が得られるだろうか．ピカールの定理の場合は，$\mathbb{C}, \mathbb{C} \setminus \{-1, 1\}$ あるいは単位円板という非常に単純なもので，いろいろな性質を持ち合わせている．この中でどのような点に注目すべきだろうか．微分幾何学的視点では，$\mathbb{C}$ は平坦であり，単位円板は定負曲率を持つ．後ほどにはこの曲率に注目して，ピカールあるいはリューヴィルの定理を調和写像や正則写像に拡張する．この曲率と我々の確率論的方法との関連を見ることとなる．

一方，B. デイヴィスはピカールの定理のブラウン運動を用いた証明を与えた[67]．このおおよそのアイディアは次のようなものである．前と同じように $f : \mathbb{C} \to \mathbb{C} \setminus \{-1, 1\} =: N$ を非定数正則写像としよう．$f(0) = 0$ とする．Z_t を 0 から出発する複素ブラウン運動とする．レヴィの等角不変性より，複素ブ

ラウン運動 $\tilde{Z}_t$ が存在して,

$$f(Z_t) = \tilde{Z}_{\rho_t}, \ \rho_t = \int_0^t |f'(Z_s)|^2 ds$$

と書ける. Z の再帰性と f が非定数であることから, $\rho_\infty = \infty$ a.s. である. すなわち, Z の描く経路全体は, $\tilde{Z}$ の経路全体に写されることとなる. 0 の小近傍 U を取り, これを 1 点に同一視したものを $\hat{0}$ とする. $\tilde{Z}$ の再帰性により, 有限な時刻 τ までに下図のような経路に連続変形可能な路を $\tilde{Z}$ は正の確率で描くことが示される. 結局, 1 点に可縮な閉曲線が連続写像 f によってそうはならない閉曲線に写されることになり, 矛盾が得られる.

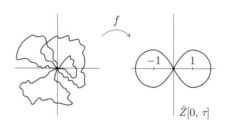

図 4.2

　すでに知られていることに対して, 確率論的な別証明を与えることの意義は何であろうか. バークホルダーによれば, それは単に証明の簡略化というだけでなく, 明快になることであると述べている. 確かにデイヴィスによる直接的な証明は我々の直感的な理解を進める上で役に立つ. 実際にはその証明はそれほど簡単になっていないのだが ([3] の該当の項も参照). 使っていることは, f がブラウン運動をブラウン運動の時間変更に写すこと, 平面上のブラウン運動が再帰的なこと, それと写像の連続性と定義域と値域の位相的な型である.

　このような条件を満たしていれば有理形関数に限らず, より一般の関数についても同様な定理が成り立つことが期待される. ブラウン運動をブラウン運動の時間変更に写すという条件を満たす写像 (調和射 (harmonic morphism) と呼ばれる) の例を有理形関数以外に見つけることは簡単ではないが, 値域の過程を少し緩めて, 一様楕円条件を満たす拡散過程の時間変更とすると実は, 擬等角写像または擬正則写像といったものを対象にでき, これについてもピカールの定理を示すことができる ([91]).

　後述する章ではこの性質に注目して, ピカールの定理の全く違った証明：定量的な証明＝ネヴァンリンナ理論と確率論的方法の関係について考えることにする.

第 5 章
調和写像・正則写像とブラウン運動

　実数値マルチンゲールの概念を多様体の接続の概念と確率微分方程式を用いて多様体上のマルチンゲールに拡張する．さらに，ユークリッド空間上のマルチンゲールに対する伊藤の公式の類似によるマルチンゲール性の特徴づけを行う．前章までに調和関数とブラウン運動の関係においてマルチンゲールの果たす役割の重要性を見たが，このような関係がリーマン多様体間の調和写像とリーマン多様体上のブラウン運動，マルチンゲールの間にも成立することを見る．このような特徴づけを基礎として，調和写像のリューヴィル型定理への応用を考える．

5.1　多様体上のマルチンゲール

5.1.1　多様体上のセミマルチンゲール
　$\mathcal{M}$ を m 次元の滑らかな実多様体とする．

定義 5.1. $\mathcal{M}$ 上の連続な確率過程 X が $\mathcal{M}$ 上の任意の滑らかな関数 f に対して，$f(X)$ が実数値セミマルチンゲールとなるとき，X を $\mathcal{M}$ 上のセミマルチンゲールと言う．

　ホイットニーの埋め込み定理によれば，$\mathcal{M}$ は十分大きい次元 N の $\mathbb{R}^N$ の閉部分多様体として埋め込むことができる．すると，定義より，$\mathcal{M}$ 上のセミマルチンゲール X はこの閉部分多様体上を動く $\mathbb{R}^N$ 値セミマルチンゲールとなる．逆に，この閉部分多様体上を動く $\mathbb{R}^N$ 値セミマルチンゲールを与えれば，その原像は $\mathcal{M}$ 上のセミマルチンゲールとなる．セミマルチンゲールという広い範囲で考えるだけならこれで十分に思えるかもしれないが，マルチンゲールを考えるにあたっては，不十分である．実際，実数値マルチンゲールの滑らかな関数の像は，セミマルチンゲールであって，マルチンゲールとは限らない．また，$\mathbb{R}^N$ 上のセミマルチンゲールの表示も埋め込み写像に依存してい

る．$\mathcal{M}$ の幾何学的性質を確率過程を通して見る上でこれは不都合である．このため，我々は確率微分方程式を用いて，マルチンゲールを構成する．より直感的に言えば，確率微分方程式を用いて，$\mathcal{M}$ に $\mathbb{R}^m$ 上のマルチンゲールを貼り付けるといってもよい．これを次節で見よう．

5.1.2 確率微分方程式による特徴づけ

$\mathcal{M}$ 上のベクトル場 $V_1, \ldots, V_l$, $\mathbb{R}^l$ 値セミマルチンゲール $Y = (Y^1, \ldots, Y^l)$ と $\mathcal{F}_0$ 可測確率変数 ξ に対して，形式的なストラトノヴィッチ型確率微分方程式

$$dX_t = \sum_{k=1}^{l} V_k(X_t) \circ dY_t^k, \; X_0 = \xi \tag{5.1}$$

を考える．これはユークリッド空間のときと同じように簡略に

$$dX_t = V(X_t) \circ dY_t, \; X_0 = \xi \tag{5.2}$$

とも書く．$V = (V_1, \ldots, V_l)$ と見ているわけである．今後はこの表記を主に用いる．第 1 章のストラトノヴィッチ型確率微分方程式の項を思い出そう．そこで見たように，確率微分方程式 (5.2) の意味は次で与えられる．

定義 5.2. X が確率微分方程式 (5.2) の解とは，$\mathcal{M}$ 上の任意の滑らかな関数 f に対して，

$$f(X_t) = f(X_0) + \sum_{k=1}^{l} \int_0^t V_k f(X_s) \circ dY_s^k, \; X_0 = \xi$$

が成り立つことである．

ストラトノヴィッチ型のご利益はここにも現れているが，さらに次が言える．

命題 5.3. M, N を滑らかな多様体とし，$\phi : M \to N$ を微分同相写像とする．X が (5.2) の解であることと，$Z = \phi(X)$ が

$$dZ_t = \phi_* V(Z_t) \circ dY_t, \quad Z_0 = \phi(X_0)$$

の解であることは同値である．

問 22. 上を示せ．

以降マルチンゲールを定義するために，$\mathcal{M}$ には接続 ∇ が与えられているとする．$\mathcal{M}$ の枠束 (標構束とも言う) $\pi : \mathcal{F}(\mathcal{M}) \to \mathcal{M}$ を考える．$\mathcal{F}(\mathcal{M})$ の切断 u は同型写像 $u : \mathbb{R}^m \to T_x\mathcal{M}$ を与えることを思い出しておこう．

$\mathbb{R}^m$ 上のセミマルチンゲール Y に対し，$\mathcal{F}(\mathcal{M})$ 上の確率過程 U の確率微分方程式

$$dU_t = H(U_t) \circ dY_t \tag{5.3}$$

を考える．ただし，$H(u)$ は u における水平基本ベクトル場である．

定義 5.4. X を $\mathcal{M}$ 上のセミマルチンゲールとする．ある $\mathbb{R}^m$-値セミマルチンゲール Y と (5.3) を満たす U が存在して，$\pi(U) = X$ となるとき，U を X の水平持ち上げ，Y を X の確率的反展開 (stochastic anti-development) と呼ぶ．

逆に，(5.3) を満たす U と Y に対して，$X = \pi(U)$ とすれば，X は $\mathcal{M}$ 上のセミマルチンゲールとなることは明らかだろう．与えられた Y に対して (5.3) を満たす U が爆発時間まで一意に存在することは確率微分方程式の解の存在と一意性の定理から言える．よって，X に対して，Y が一意に対応するかが問題になるが，次がわかる．

定理 5.5. $\mathcal{M}$ 上のセミマルチンゲール X に対して，その水平持ち上げ U，確率的反展開 Y が一意に存在する．

この定理の証明の詳細は [21] 等を参照してもらいたいが，概要について述べよう．今，$\mathcal{M}$ はユークリッド空間 $\mathbb{R}^N$ に埋め込んで考える．$T_x(\mathcal{M})$ を $\mathbb{R}^N$ の部分空間とみて $P(x) : \mathbb{R}^N \to T_x(\mathcal{M})$ を直交射影とする．前に見たように，$\mathcal{M}$ 上のセミマルチンゲール X は $\mathbb{R}^N$ 上のセミマルチンゲール $X = (X^1, \ldots, X^N)$ とも見ることができる．$\mathbb{R}^N$ 上のセミマルチンゲール $(X^1, \ldots, X^N)$ が与えられたとし，確率微分方程式

$$dX_t = \sum_{\alpha=1}^{N} P_\alpha(X_t) \circ dX_t^\alpha$$

を考えると，この解 X は $\mathcal{M}$ 上のセミマルチンゲールであり，$X = (X^1, \ldots, X^N)$ を満たす．X の水平持ち上げ U は，

$$dU_t = \sum_{\alpha=1}^{N} P_\alpha^*(U_t) \circ dX_t^\alpha \tag{5.4}$$

の解として捉えられる．ただし，$P^*(u)$ は $P(x)$ $(\pi(u) = x)$ の水平持ち上げである．Y については次が言える．

命題 5.6. X の確率的反展開 Y は

$$dY_t = \sum_{\alpha=1}^{N} U_t^{-1} P_\alpha(X_t) \circ dX_t^\alpha \tag{5.5}$$

で与えられる．

5.1.3 確率的線積分
1) 1-形式のセミマルチンゲールに沿った積分．

θ を $\mathcal{M}$ 上の 1-形式とする. $\mathcal{M}$ 上の滑らかな曲線 $x = x(t)$ $(0 \le t \le T)$ に対し,θ の x に沿った線積分は

$$\int_{x([0,T])} \theta := \int_0^T \theta(\dot{x}(t))dt$$

であった. $x(0)$ における枠 u_0 に対し,$u_t \in \mathcal{F}(\mathcal{M})$ を $x(t)$ の u_0 から出発する水平持ち上げとする. $x(t)$ の反展開 $y(t) \in \mathbb{R}^m$ は微分方程式 $\dot{y}(t) = u_t^{-1}\dot{x}(t)$ で与えられた. $\{e_j\}$ を $\mathbb{R}^m$ の基本ベクトルとし,$\dot{x} = \sum_j \dot{y}_j(t)u_t(e_j)$ と書くと,

$$\int_{x([0,T])} \theta = \int_0^T \theta(u_t(e_j))\dot{y}_j(t)dt$$

と書くことができる. この類似としてセミマルチンゲールに沿った線積分を定義しよう.

定義 5.7. θ を $\mathcal{M}$ 上の 1-形式,X を $\mathcal{M}$ 上のセミマルチンゲール,$Y = (Y^1, \dots, Y^m)$ を X の確率的反展開,U を X の水平持ち上げとする. このとき,

$$\int_{X[0,T]} \theta := \sum_{j=1}^m \int_0^T \theta(U_t(e_j)) \circ dY_t^j$$

と定義する.

命題 5.8. $V_1, \dots, V_d$ を $\mathcal{M}$ 上の滑らかなベクトル場とし,$Y^1, \dots, Y^d$ を $\mathbb{R}^d$ 値セミマルチンゲールとする. X を確率微分方程式

$$dX_t = V_\alpha(X_t) \circ dY_t^\alpha$$

の解とすると,

$$\int_{X[0,T]} \theta = \sum_\alpha \int_0^T \theta(V_\alpha(X_t)) \circ dY_t^\alpha$$

となる.

問 23. 上を示せ.

2) $(0,2)$-テンソル.

h を $T^*(\mathcal{M}) \otimes T^*(\mathcal{M})$ の切断とする. すなわち,$x \in \mathcal{M}$ に対し,h_x は $T_x(\mathcal{M}) \times T_x(\mathcal{M})$ 上の双線形実数値汎関数である.

定義 5.9. X を $\mathcal{M}$ 上のセミマルチンゲール,U を X の水平持ち上げ,$Y = (Y^1, \dots, Y^m)$ を X の確率的反展開とする.

$$\int_0^T h(dX_t, dX_t) := \sum_{i,j} \int_0^T h(U_t e_i, U_t e_j)d\langle Y^i, Y^j \rangle_t$$

と定義する. 確率微分の表記では

$$h(dX_t, dX_t) := \sum_{i,j} h(U_t e_i, U_t e_j) d\langle Y^i, Y^j \rangle_t$$

と書く.

$\bar{h}(A, B) := \frac{1}{2}(h(A, B) + h(B, A))$, $\underline{h}(A, B) = \frac{1}{2}(h(A, B) - h(B, A))$ と置くと,

$$h(A, B) = \bar{h}(A, B) + \underline{h}(A, B), \quad \bar{h}(A, B) = \bar{h}(B, A), \quad \underline{h}(A, B) = -\underline{h}(B, A)$$

となり, $\bar{h}$ を h の対称部分, $\underline{h}$ を交代部分と言う. 直ちにわかるように,

$$h(dX_t, dX_t) = \bar{h}(dX_t, dX_t), \quad \underline{h}(dX_t, dX_t) = 0$$

である. よって, h が対称のときを中心に考える.

1-形式のときと同じように次がわかる.

命題 5.10. $V_1, \ldots, V_d$ を $\mathcal{M}$ 上の滑らかなベクトル場とし, $Y^1, \ldots, Y^d$ を $\mathbb{R}^d$ 値セミマルチンゲールとする. X を確率微分方程式

$$dX_t = V_\alpha(X_t) \circ dY_t^\alpha$$

の解とすると,

$$h(dX_t, dX_t) = \sum_{\alpha, \beta} h(V_\alpha(X_t), V_\beta(X_t)) d\langle Y^\alpha, Y^\beta \rangle_t$$

となる.

次に, いくつかの重要な例を見よう.

命題 5.11. $f, g \in C^\infty(\mathcal{M})$ とする.

i) $\tilde{f}$ を f の $\mathcal{F}(\mathcal{M})$ への持ち上げ: $\tilde{f}(u) = f(\pi(u))$, $\nabla^2 f$ を f のヘッシアンとすると,

$$\nabla^2 f(dX_t, dX_t) = \sum_{i,j} H_i H_j \tilde{f}(U_t) d\langle Y^i, Y^j \rangle_t.$$

ii)

$$df \otimes dg(dX_t, dX_t) = d\langle f(X), g(X) \rangle_t.$$

5.1.4 多様体上のマルチンゲール

引き続き, $\mathcal{M}$ は実 m 次元の滑らかな多様体で, 接続 ∇ を持つとする. マルチンゲールについては, セミマルチンゲールの確率微分方程式の表現から次のように定義できる.

定義 5.12. $\mathcal{M}$ 上のセミマルチンゲール X が, マルチンゲール (または, ∇-

マルチンゲールまたは Γ-マルチンゲール) とは，X の確率的反展開が $\mathbb{R}^m$ のマルチンゲールとなることである．

∇- や Γ- の名称は，マルチンゲールの概念が接続に依存して決まるということを明示している．Γ はクリストッフェル記号からきていることは容易に想像できるだろう．本書では，多様体上のマルチンゲールを考えるときは常にこの定義に従うものとする．

次の性質は上記の特徴を明示するものでもあり，これからの我々の関数論への応用にも重要な役割を果たす．

定理 5.13. X が $\mathcal{M}$ 上のマルチンゲールであるための必要十分条件は，任意の $f \in C^\infty(\mathcal{M})$ に対し，

$$f(X_t) - f(X_0) - \int_0^t \nabla^2 f(dX_s, dX_s)$$

が局所マルチンゲールとなることである．

証明. 必要性は，U を X の水平持ち上げ，Y を X の確率的反展開とすると，

$$dU_t = H(U_t) \circ dY_t$$

であり，

$$\begin{aligned} df(X_t) &= Hf \circ dY_t \\ &= \text{局所マルチンゲール} + \nabla^2 f(dX_t, dX_t) \end{aligned}$$

となるからよいであろう． $\qquad\square$

エメリーの本 [10] では，これをマルチンゲールの定義としている．

これと命題 5.11 より次の伊藤の公式がわかる．

定理 5.14. X を $\mathcal{M}$ 上のマルチンゲールとし，$f \in C^\infty(\mathcal{M})$ とする．このとき，標準ブラウン運動 B が存在して，

$$f(X_t) = f(X_0) + B_{\rho_t} + \frac{1}{2} \int_0^t \nabla^2 f(dX_t, dX_t)$$

が成り立つ．ここで，$\rho_t = \int_0^t df \otimes df(dX_s, dX_s)$ である．

マルチンゲールの局所表示もここで与えておこう．$x \in \mathcal{M}$ のまわりの局所座標 $(x = (x^1, \ldots, x^m), U)$ が与えられたとする．この座標に関して，

$$\nabla^2 x^i = -\Gamma^i_{jk}(x) dx^j \otimes dx^k$$

となる．ここで，Γ^i_{jk} はクリストッフェルの記号である．これは j, k に関して対称である．一般の $f \in C^\infty(\mathcal{M})$ に対しては，

$$(\nabla^2 f)_{ij}(x) = \left(\frac{\partial^2 f}{\partial x_i \partial x_j} - \sum_k \Gamma_{ij}^k \frac{\partial f}{\partial x^k} \right) dx^i \otimes dx^j$$

となる. この座標で $X = (X^1, \ldots, X^m)$ は, $X_s \in U$ $(s \in [0, t])$ ならば,

$$X_t^i = X_0^i + M_t^i - \frac{1}{2} \sum_{jk} \int_0^t \Gamma_{jk}^i(X_s) d\langle X^j, X^k \rangle_s$$

となる. M_t^i は局所マルチンゲールである.

5.1.5 ブラウン運動のイールズ–エルワーシー–マリアヴァンの構成法

$\mathcal{M}$ がリーマン多様体の場合を考えよう. 以上の文脈から, 多様体上のブラウン運動も確率的反展開をブラウン運動とすればよいようだが, ブラウン運動には拡散過程 (マルコフ過程) という性質がある. $\mathcal{F}(\mathcal{M})$ 上の確率過程 U を $\mathcal{M}$ に射影したときこのマルコフ性という性質が成り立つかどうか明らかではない. 一般に, ファイバー束上のマルコフ過程を底空間に射影したとき射影がマルコフ過程になるという保証はない.

一方, 多様体上のベクトル場を係数に持つ拡散過程を構成することは一般的に可能である. つまり, 滑らかなベクトル場 $V_1, \ldots, V_d$ とブラウン運動 $B_t = (B_t^1, \ldots, B_t^d)$ に対して,

$$dX_t = \sum_\alpha V_\alpha(X_t) \circ dB_t^\alpha$$

を満たす確率過程を考える. 局所化して考えれば, このような確率微分方程式の解が爆発時間まで存在することを示すことができる. 証明は池田–渡辺の本 [22] を見よ. そしてこの解は拡散過程になることもわかる. このときの X の生成作用素は,

$$L = \frac{1}{2} \sum_\alpha V_\alpha^2$$

となる. ブラウン運動の生成作用素は $\mathcal{M}$ 上のラプラシアン $\frac{1}{2}\Delta_\mathcal{M}$ であるが, このように表現できない.

今, リーマン計量から $\mathcal{F}(\mathcal{M})$ の部分束である正規直交枠束 $\mathcal{O}(\mathcal{M})$ を考えることができる. $\mathcal{M}$ のレヴィ-チビタ接続により, $\mathcal{F}(\mathcal{M})$ 上の水平基本ベクトル場 $H_1, \ldots, H_d$ を考えることができるが, これらで生成される水平ラプラシアン $\Delta_{\mathcal{O}(\mathcal{M})}$ は

$$\Delta_{\mathcal{O}(\mathcal{M})} = \sum_\alpha H_\alpha^2$$

となっている. よって, 確率微分方程式

$$dU_t = \sum_\alpha H_\alpha(U_t) \circ dB_t^\alpha$$

の解は, $\frac{1}{2}\Delta_{\mathcal{O}(\mathcal{M})}$ を生成作用素とする $\mathcal{O}(\mathcal{M})$ 上の拡散過程となる. ブラウン

運動の直交変換に対する不変性から射影 $X := \pi(U)$ は $\frac{1}{2}\Delta_{\mathcal{M}}$ を生成作用素とする拡散過程となることがわかり，これが求めるブラウン運動となる．

このような構成法は，イールズ–エルワーシー–マリアヴァンの構成法と呼ばれている．詳しくは，[22], [21] を見よ．また，構成からわかるように，ブラウン運動は，レヴィ-チビタ接続に対応するマルチンゲールである．

5.1.6　固有時間と収束定理

$\mathcal{M}$ がリーマン多様体とし，g をそのリーマン計量とする．この場合，接続としてはレヴィ-チビタ接続 ∇ を考える．レヴィ-チビタ接続はねじれを持たない接続であり，滑らかな関数のヘッシアンは対称となる．今後リーマン多様体 $\mathcal{M}$ 上で考えるマルチンゲールは，∇-マルチンゲールとする．

まず，1 次元のレヴィの定理の多様体版を見てみよう．

命題 5.15. X を $\mathcal{M}$ 上のマルチンゲールとする．X が $\mathcal{M}$ 上のブラウン運動であるための必要十分条件は，任意の $f, g \in C^\infty(\mathcal{M})$ に対し，

$$d\langle f(X), g(X) \rangle_t = \langle \operatorname{grad} f, \operatorname{grad} g \rangle(X_t)dt \tag{5.6}$$

が成り立つことである．

さらに，X が条件 (5.6) を満たしていれば，任意の $(0,2)$-テンソル h に対し，

$$\int_0^t h(dX_s, dX_s) = \int_0^t \operatorname{tr} h(X_s)ds \tag{5.7}$$

が成り立つ．

証明. (5.6) から (5.7) が従うことは，$(0,2)$-テンソル h が局所的には，$df \otimes dg$ の形のものの C^∞-関数を係数とする 1 次結合で書けることと，$\operatorname{tr} df \otimes dg = \langle \operatorname{grad} f, \operatorname{grad} g \rangle$ となることからわかる．

X をブラウン運動とする．式 (5.6) の代わりに $d\langle f(X), f(X) \rangle_t = \|\operatorname{grad} f\|^2 dt$ を言えば十分である．これは，定理 5.14 より直ちに従う．X をマルチンゲールとし，命題の条件を満たすとする．(5.7) より，

$$\int_0^t \nabla^2 f(dX_s, dX_s) = \int_0^t \operatorname{tr} \nabla^2 f(X_s)ds = \int_0^t \Delta f(X_s)ds$$

となるから，定理 5.14 より

$$f(X_t) - f(X_0) - \frac{1}{2}\int_0^t \Delta f(X_s)ds = 局所マルチンゲール$$

となる．　　　　　　　　　　　　　　　　　　　　　　　　　　□

第 1 章で見たようにユークリッド空間上のマルチンゲールの収束は，その 2 次変分過程によって議論できた．リーマン多様体上でも同様なことを考える．

定義 5.16. X を $\mathcal{M}$ 上のマルチンゲールとする.

$$[X,X]_t := \int_0^t g(dX_s, dX_s)$$

を X の固有時間と言う.

X が $\mathcal{M}$ 上のブラウン運動ならば,

$$[X,X]_t := \int_0^t g(dX_s, dX_s) = \sum_{i,j} \int_0^t g(U_s e_i, U_s e_j)\langle dB^i, dB^j \rangle_s = mt$$

となる. 確率微分方程式の解はその爆発時間 ζ まで連続なセミマルチンゲールとして定義される. 確率微分方程式がマルコフ型であれば, これはとりもなおさず拡散過程である解の生存時間である. マルチンゲールを議論する場合, 通常, 時間集合は $[0,\infty)$ に取る. すなわち, $X_{t\wedge\zeta}$ を考える.

X の $t \to \infty$ のときのリーマン多様体 $\mathcal{M}$ における収束を考えるために, $\mathcal{M}$ のアレキサンドロフのコンパクト化を $\bar{\mathcal{M}}$ とする. 固有時間による多様体上のマルチンゲールの収束定理は R. W. R. ダーリングによって与えられた[65]. 以下の命題は [10] からである.

定理 5.17. $(\mathcal{M},g)$ を完備リーマン多様体とし, X をその上のマルチンゲールとする. このとき, 次の事象間の包含関係が零集合を除いて成り立つ.

$$\{\lim_{t\to\infty} X_t \text{ が } \mathcal{M} \text{ に存在}\} \subset \{[X,X]_\infty < \infty\}$$
$$\subset \{\lim_{t\to\infty} X_t \text{ が } \bar{\mathcal{M}} \text{ に存在}\} \text{ a.s.}$$

証明. 最初の包含関係: $K_n \subset \mathcal{M}$ をコンパクト集合の列とし, $\mathcal{M} = \cup_n K_n$ とする. $A_n := \{\lim_{t\to\infty} X_t \text{ が } K_n \text{ に存在}\}$ とすると, $\{\lim_{t\to\infty} X_t \text{ が } \mathcal{M} \text{ に存在}\} = \cup_n A_n$ となる.

任意に $f \in C_0^\infty(K_n)$ を取る. 条件より $\lim_{t\to\infty} f(X_t)$ であるが, f は有界であるので, 伊藤の公式と有界収束定理より $E[\int_0^\infty \nabla^2 f(dX_s, dX_s)] < \infty$, よって, $\int_0^\infty \nabla^2 f(dX_s, dX_s)] < \infty$ a.s. がわかる. 今, K_n の各点 α の近傍 U_α で座標近傍を取り, $x = (x^1, \ldots, x^m)$ とする. U_α に台を持つ関数 f で, α の近傍で $f(x) = \sum_j (x^j)^2$ となるものを取ると, α の近傍 $V_\alpha \subset U_\alpha$ を十分小さく取れば, この上で $(\nabla^2 f)_{jk} \sim 2\delta_{jk}$ となるから, $(\nabla^2 f)_{jk} \sim 2g_{jk}$ である. よって, $\int_0^\infty 1_{V_\alpha} g(dX_s, dX_s) < \infty$ a.s. となる. K_n はこのような有限個の V_α でおおわれるから, A_n 上では, $[X,X]_\infty < \infty$ a.s. となる.

2 番目の包含関係: 任意に $f \in C_0^\infty(\mathcal{M})$ を取る. f の台はコンパクトだから, ある $c > 0$ があって,

$$|\nabla^2 f| \le cg, \qquad df \otimes df \le cg$$

となる. これより, $[X,X]_\infty < \infty$ ならば, $\lim_{t\to\infty} f(X_t)$ が存在することがわかる. $\square$

5.2 調和写像とブラウン運動

5.2.1 ブラウン運動による特徴づけ

一つ記号を導入する.

定義 5.18. $\mathcal{M}, \mathcal{N}$ をリーマン多様体とし，$f : \mathcal{M} \to \mathcal{N}$ を滑らかな写像，df を f の微分，h を $\mathcal{N}$ 上の $(0,2)$-テンソルとする．このとき，h の f による引き戻し，f^*h を

$$f^*h(\xi, \xi) := h(df(\xi), df(\xi))$$

で定義する．特に，$h = g_{\mathcal{N}}$ ($\mathcal{N}$ のリーマン計量) のとき，$\operatorname{tr} f^* g_{\mathcal{N}}$ を f のエネルギー密度と言い，$\int_{\mathcal{N}} \operatorname{tr} f^* g_{\mathcal{N}} dv \ (\leq \infty)$ を f のエネルギーと呼ぶ.

調和写像の定義等，基本事項については補遺でも触れるが，ここでは次のような特徴づけを定義として採用しておく.

定義 5.19. $\mathcal{M}, \mathcal{N}$ をリーマン多様体とする．滑らかな写像 $f : \mathcal{M} \to \mathcal{N}$ が調和とは，任意の $\phi \in C_b^\infty(\mathcal{N})$ に対し，

$$\Delta_{\mathcal{M}}\phi \circ f = \operatorname{tr} f^*(\nabla^2 \phi)$$

となることである.

上の定義において $\mathcal{N} = \mathbb{R}$ のときは，f が調和であることは通常の調和関数となることに他ならない.

確率論的には，ブラウン運動とマルチンゲールを通して次のように特徴づけられる．以下では，$\mathcal{M}, \mathcal{N}$ は常にリーマン多様体とする.

定理 5.20. 滑らかな写像 $f : \mathcal{M} \to \mathcal{N}$ が調和
$\Leftrightarrow$ 任意の $\mathcal{M}$ 上のブラウン運動 X に対して $f(X)$ は $\mathcal{N}$ 上のマルチンゲールとなる.

証明. $\mathcal{M}$ 上のブラウン運動 X に対して $Y := f(X)$ と置く.
　$\Rightarrow$) 任意の $\phi \in C^\infty(\mathcal{N})$ に対して，

$$\phi \circ f(X_t) - \phi \circ f(X_0) - \frac{1}{2} \int_0^t \Delta_{\mathcal{M}}\phi \circ f(X_s)ds$$

は局所マルチンゲールとなる．一方，定理 5.15 より

$$\nabla^2 \phi(dY_s, dY_s) = f^* \nabla^2 \phi(dX_s, dX_s) = \operatorname{tr}(f^* \nabla^2 \phi)(X_s)ds$$

となり，定義より，

$$\int_0^t \Delta_{\mathcal{M}}\phi \circ f(X_s)ds = \operatorname{tr}(f^* \nabla^2 \phi))$$

であるから, $\phi(Y_t) - \phi(Y_0) - \frac{1}{2}\int_0^t \nabla^2\phi(dY_s, dY_s)$ は局所マルチンゲールと
なる.

$\Leftarrow$) 任意の $x \in \mathcal{M}$ を取り, X を x から出発するブラウン運動とする.
$\phi \circ f(X_t) - \phi \circ f(X_0) - \frac{1}{2}\int_0^t \Delta_{\mathcal{M}}\phi \circ f(X_s)ds$ と

$$\phi \circ f(X_t) - \phi \circ f(X_0) - \frac{1}{2}\int_0^t \nabla^2\phi(dY_s, dY_s)$$

$$= \phi \circ f(X_t) - \phi \circ f(X_0) - \frac{1}{2}\int_0^t \mathrm{tr}(f^*\nabla^2\phi)(X_s)ds$$

は局所マルチンゲールである. x を中心とする半径 $\epsilon > 0$ の測地球 $B(\epsilon)$ を取
り, $\tau_\epsilon := \inf\{t > 0 : X_t \notin B(\epsilon)\}$ とすると,

$$E_x\left[\int_0^{\tau_\epsilon} \Delta_{\mathcal{M}}\phi \circ f(X_s)ds\right] = E_x\left[\int_0^{\tau_\epsilon} \mathrm{tr}(f^*\nabla^2\phi)(X_s)ds\right]$$

が成り立つ. すなわち, $g_{B(\epsilon)}(x,y)$ を $B(\epsilon)$ における X に関するグリーン関
数とすると,

$$\int_{B(\epsilon)} g_{B(\epsilon)}(x,y)\Delta_{\mathcal{M}}\phi \circ f(y)dv(y) = \int_{B(\epsilon)} g_{B(\epsilon)}(x,y)\mathrm{tr}(f^*\nabla^2\phi)(y)dv(y)$$

が成り立つ. 両辺を $E_x[\tau_\epsilon] = \int_{B(\epsilon)} g_{B(\epsilon)}(x,y)dv(y)$ で割り, $\epsilon \downarrow 0$ とすれば,
ルベーグの密度定理より, 所望の等式が得られる. $\qquad\square$

調和写像の凸関数を使った特徴づけも述べておこう. これも確率論的には重
要である.

定義 5.21. $U \subset \mathcal{N}$ を開集合とする. 連続関数 $\psi : U \to \mathbb{R}$ が (測地的) 凸
とは, U に含まれる任意の測地線 $\gamma : (\alpha, \beta) \to U\ (\alpha, \beta \in \mathbb{R})$ に対して,
$\psi \circ \gamma : (\alpha, \beta) \to U$ が凸関数となることを言う.

ここでは簡単のために凸関数の連続性を仮定している. $\psi \in C^2(\mathcal{M})$ なら
ば, ψ が凸関数であることと, $\nabla^2\psi$ が非負定値であることとは同値である.
次はよく知られた事実である.

命題 5.22. 滑らかな写像 $f : \mathcal{M} \to \mathcal{N}$ が調和であるための必要十分条件は,
任意の開集合 $U \subset \mathcal{N}$ と U 上の任意の測地的凸関数 ψ に対して $\psi \circ f$ が $\mathcal{M}$
上の劣調和関数となることである.

これは, マルチンゲールの凸関数を使った特徴づけからも得られる.

命題 5.23. Y を $\mathcal{N}$ 上のセミマルチンゲールとする. このとき, 次の i), ii)
は同値である.

 i) Y がマルチンゲールである.

 ii) 任意の開集合 $U \subset \mathcal{N}$ に対して, 止め時 $S < T$ が $Y_t \in U\ (t \in [S, T])$

を満たすならば，U 上の任意の測地的凸関数 ψ に対して，$\phi(Y_{(S+t)\wedge T})$ は局所劣マルチンゲールである．

問 24. 命題 5.23 と前述した調和写像とブラウン運動の関係を用いて命題 5.22 を示せ．

5.2.2 リューヴィル型定理

前節で見たブラウン運動とマルチンゲール，調和写像の関係とマルチンゲールの収束定理から導かれる調和写像のリューヴィル型定理についてみよう．この節では，調和写像 f の値域となる多様体 $\mathcal{N}$ はアダマール多様体とする．すなわち，$\mathcal{N}$ は単連結であり，いたるところ断面曲率が非正であるとする．

補題 5.24. $\mathcal{N}$ をアダマール多様体とし，参照点 $y_0 \in \mathcal{N}$ を任意に取る．$r(y) := d(y, y_0), \psi(y) := r(y)^2$ と置く．

  i) $\psi \in C^2(\mathcal{N})$ であり，

$$d\psi \otimes \psi \leq 4\psi g, \quad \nabla^2 \psi \geq 2g$$

  が成り立つ．

  ii) $\mathrm{Sect}_{\mathcal{N}} \geq -\kappa^2$ $(\kappa > 0)$ とする．凸関数 ϕ で $\phi(x) \asymp r(x)$ かつ $\nabla^2 \phi \leq c(\kappa)g$ となるものが存在する．ここで，$c(\kappa) > 0$ は κ のみによる定数である．

証明．i) $\mathcal{N}$ の任意の点は最小跡を持たないから，$r(y)$ は $y \neq y_0$ で滑らかである．よって，ψ は C^2 級となる．また，$d\psi \otimes \psi = dr^2 \otimes dr^2 = 4r^2 dr \otimes dr \leq 4r^2 g$ となる．$\mathrm{Sect}_{\mathcal{N}} \leq 0$ とヘッシアン比較定理 (補遺参照) より，$\nabla^2 \psi \geq 2g$ がわかる．

ii) ヘッシアン比較定理により，

$$\nabla^2 \psi \leq 2\kappa r \coth(\kappa r)(g - dr \otimes dr) + 2dr \otimes dr \tag{5.8}$$

となる．今，

$$h(t) := \left(\sqrt{t} - \frac{3}{8}\right)1_{\{t>1\}} + \frac{6t - t^2}{8}1_{\{t \leq 1\}}$$

と置くと，$\phi(x) := h \circ \psi(x)$ 置けば，(5.8) より，ϕ が条件を満たすものであることがわかる[66]．   □

以下の話題では，f が調和，X がブラウン運動のとき，マルチンゲール $Y = f(X)$ の固有時間 $[Y, Y]_t$ は，

$$[Y, Y]_t = \int_0^t g_{\mathcal{N}}(dY_s, dY_s) = \int_0^t \mathrm{tr}\, f^* g_{\mathcal{N}}(X_s)ds$$

となることにも注意しておく．

定理 5.25. $\mathcal{M}$ を有界調和関数に対するリューヴィル性を持つリーマン多様体, $\mathcal{N}$ をアダマール多様体とし, $f : \mathcal{M} \to \mathcal{N}$ を調和写像とする. $f(\mathcal{M})$ が $\mathcal{N}$ のコンパクトな集合に含まれるならば, f は定数である.

証明. X を $\mathcal{M}$ のブラウン運動とし, $Y = f(X)$ と置く. $f(\mathcal{M}) \subset K \subset \mathcal{N}$ (K: コンパクト) とする. 任意に $y_0 \in K$ を取り, $\psi(y) = d(y_0, y)^2$ と置く. $C := \max\{d(x,y)^2 : x, y \in K\}$ とする. 補題 5.24 と伊藤の公式より,

$$C \geq E_x[d(y_0, f(X_{\tau_r}))^2] - d(y_0, f(x))^2$$
$$= E_{f(x)}\left[\int_0^{\tau_r} \nabla^2\psi(Y_t)(dY_t, dY_t)\right] \geq E_{f(x)}[[Y, Y]_{\tau_r}].$$

よって, $[Y, Y]_\infty < \infty$ a.s. となる. マルチンゲールの収束定理 (定理 5.17) より, $\lim_{t\to\infty} Y_t \in K$ となる. $\mathcal{M}$ のリューヴィル性により, X のずらし不変な σ-加法族は自明となる. よって, X の任意の出発点 $x \in \mathcal{M}$ に対し, $\lim_{t\to\infty} Y_t$ は K の定点になる. この点を y_0 として上の ψ を考えると, $d(y_0, Y_t)^2$ は一様可積分な劣マルチンゲールとなるから,

$$d(y_0, f(x))^2 \leq E_{f(x)}[d(y_0, Y_t)^2]$$

を得る. $t \to \infty$ とすれば, 右辺 $\to 0$ となり, $f(x) = y_0$ となる. □

この結果は W.S. ケンドールによる. ケンドールは, より一般に $\mathcal{N}$ を一般のリーマン多様体の正則測地球と仮定した[81]. また, 次の結果も同様な議論によって証明可能である.

定理 5.26. $\mathcal{M}$ を有界調和関数に対するリューヴィル性を持つリーマン多様体, $\mathcal{N}$ をアダマール多様体とし, $f : \mathcal{M} \to \mathcal{N}$ を調和写像とする. f が有限なエネルギーを持つならば, f は定数である.

これらの結果は, アダマール多様体上では, $y \mapsto d(y_0, y)$ が凸関数となることから, $u(x) = d(y_0, f(x))$ が $\mathcal{M}$ 上の劣調和関数になることを用いても議論することができる. すなわち, $u(X)$ は局所劣マルチンゲールになる. この観点は, 後ほど見る別の形のリューヴィル型定理を扱う際の議論で用いられる.

5.2.3 カップリングとリューヴィル型定理

上述のように調和写像とブラウン運動の関係を用いて調和写像の性質を調べる研究を開拓したのは, W.S. ケンドールだが, 上のような方法とは全く異なる, 「カップリング (結合法)」という古くからある確率論の概念を全く新しい手法として取り入れるアイディアも創出した. この概要を見ることとしよう. ここでのカップリングの構成に関する記述は [21] や [55] に従っているので, 詳しくはそちらも参照してもらいたい.

カップリングとは将来出会うであろう二つの確率過程を同時に見たもの

である．リーマン多様体 $\mathcal{M}$ 上で独立とは限らないブラウン運動 X_t, Y_t を考え，その組 $Z_t = (X_t, Y_t)$ を考える．ただし，$X_0 \neq Y_0$ とする．$T := \inf\{t > 0 : X_t = Y_t\}$ と置き，$t \geq T$ では，$X_t = Y_t$ とする．$T < \infty$ とならなければ意味がないが，そのような Z が存在するかどうかが問題となる．$\mathcal{M} = \mathbb{R}^2$ のときを考えよう．まず，2次元ブラウン運動 $X_t = (x_t, y_t)$ を一つ取る．x_t, y_t は独立な1次元ブラウン運動である．$X_0 = (x_0, 0)$ $(x_0 \neq 0)$ としよう．これに対して，$Y_t := (-x_t, y_t)$ と定義する．すると，Y も $\mathbb{R}^2$ 上のブラウン運動となる．出会いの時間 T は，$x_t = -x_t$ となる最初の時間だから，$T = \inf\{t > 0 : x_t = 0\}$ であり，$T < \infty$ a.s. である．$\mathbb{R}^2$ では，互いに座標軸に鏡像となるように取れば，出会いが成功するカップリングとなる．このように，$T < \infty$ a.s. が成り立つとき，カップリングは成功と言う．一般に $\mathbb{R}^m$ の場合にブラウン運動 X に対して超平面に関する鏡像を Y とすれば $Z = (X, Y)$ のカップリングは成功 $T < \infty$ a.s. となる．曲がっている一般の多様体ではどのように作ればよいだろうか．

問 25. $\mathbb{R}^m$ のブラウン運動 X と超平面 H が与えられたとき，H に関する X の鏡像 Y がブラウン運動になることを示し，$T = \inf\{t > 0 : \|X_t - Y_t\| = 0\}$ とすると，$T < \infty$ a.s. となることを示せ．

多様体上のブラウン運動による成功するであろうカップリングを作るには，予想されるように確率的反展開のユークリッド空間上のブラウン運動を利用する．互いの鏡像を作りたいわけだがまず，接ベクトルの鏡映写像 $m_{xy} : T_x\mathcal{M} \to T_y\mathcal{M}$ を考えよう．これは，$\xi \in T_x\mathcal{M}$ を x, y を結ぶ一意最短測地線に沿って $T_y\mathcal{M}$ に平行移動し，測地線に直交する $T_y\mathcal{M}$ の超平面に関する鏡像を作るものである．このようなやり方で鏡像を作るには x が y の最小跡 $C(y)$ の外側にいる必要がある．$C := \{(x, y) : x \in C(y)\}$ を結合最小跡とここでは呼んでおく．結合最小跡の外側では，m_{xy} は x, y に関して滑らかになっていることにも注意する．これを用いて，イールズ–エルワシー–マリアヴァンの方法に従い，正規直交枠束上で次のような確率微分方程式を考える．

$$\begin{cases} dU_t = H(U_t) \circ dW_t, \quad U_0 = u_x, \\ dV_t = H(V_t) \circ dB_t, \quad V_0 = v_x, \\ dB_t = V_t^{-1} m_{X_t, Y_t} U_t dW_t, \\ X_t = \pi(U_t), \; Y_t = \pi(V_t). \end{cases}$$

この方程式の第3式が鏡像を作る操作に当たる．この確率微分方程式は X, Y, U, V が出会いの時間 T と結合最小跡およびその持ち上げへの到達時間 T_C までは意味を持つことはよいだろう．このように構成されるカップリングは，ケンドール–クランストンのカップリングと呼ばれている．この解が存在し

たとして，X, Y はそれぞれブラウン運動であるからカップリング $Z = (X, Y)$ は得られることになる．この Z に対して，出会いが成功するかどうか，$T < \infty$ となるかどうかを考えなければならない．考えるべき確率過程は，もちろん，$R_t := d(X_t, Y_t)$ である．T は R_t の 0 への最小到達時間に他ならない．

前の章でブラウン運動の動径過程 $r_t := d(x_0, X_t)$ を考えたが，その際も最小跡は厄介な存在であったが，最小跡上の局所時間を用いて r_t を記述することができた．今回も同様に R_t を考えたいところである．結合最小跡は時間とともに動くので前のものより厄介である．この困難を克服するために，[101] や [83] では，多様体上のある種のランダムウォークの極限として，R_t を捉えている．

次が知られている ([55])．

$$R_t = R_0 + 2\beta_t + \frac{1}{2} \int_0^t \left(\sum_{i=2}^m I(J_i, J_i) \right) ds - L_t.$$

ここで，β_t は標準ブラウン運動，$\{J_i\}$，$I(J_i, J_i)$ は，それぞれ，ヤコビ場とその指数形式である．L_t は結合最小跡 C 上でのみ増加する増加過程である．$\mathcal{M}$ に曲率条件を与えれば，比較定理の標準的方法によって指数形式の部分を評価することができる．

曲率の条件として，リッチ曲率による条件を考える．$\mathcal{M}$ のリッチ曲率を $\mathrm{Ric}_{\mathcal{M}}$ で表す．$\mathcal{M}$ のリッチ曲率 $\mathrm{Ric}_{\mathcal{M}}$ が各点で非負とは，

$$\mathrm{Ric}_{\mathcal{M}}(\xi, \xi) \geq 0 \quad (\forall \xi \in T_x \mathcal{M}, \ \forall x \in \mathcal{M})$$

を満たすことである．この条件を簡単に $\mathrm{Ric}_{\mathcal{M}} \geq 0$ と記す．ケンドールは次を示した[82]．

命題 5.27. $\mathcal{M}$ のリッチ曲率が各点で非負 $\mathrm{Ric}_{\mathcal{M}} \geq 0$ ならば，標準ブラウン運動 β とある増加過程 A が存在して，

$$dR_t = 2d\beta_t - dA_t$$

が成り立つ．特に，$dR_t \leq 2d\beta_t$ となる．

よって，$\mathrm{Ric}_{\mathcal{M}} \geq 0$ ならば，$T < \infty$ a.s. となる．

このカップリングを利用することで，調和写像のリューヴィル定理の簡明な別証明が得られる．

命題 5.28. $\mathcal{M}$ のリッチ曲率は非負，$\mathcal{N}$ はアダマール多様体とする．$f : \mathcal{M} \to \mathcal{N}$ を調和写像とし，あるコンパクト集合 K に対して，$f(\mathcal{M}) \subset K$ ならば，f は定数である．

証明．(X, Y) を $\mathcal{M}$ 上のケンドール-クランストンのカップリング，T を出会

いの時間とする．$(X_0, Y_0) = (x, y)$ $(x \neq y)$ とする．$(f(X), f(Y))$ は $\mathcal{N} \times \mathcal{N}$ 上のマルチンゲールとなる．また，$\mathcal{N}$ はアダマール多様体であるので，$\mathcal{N}$ 上の距離関数 $d(x, y)$ は $\mathcal{N} \times \mathcal{N} \setminus D$ ($D = \{(x, x) \,|\, x \in \mathcal{N}\}$ 対角集合) 上の凸関数となる．よって，$d(f(X_{t \wedge T}), f(Y_{t \wedge T}))$ は有界な劣マルチンゲールとなる．すなわち，

$$d(f(x), f(y)) \leq E[d(f(X_{t \wedge T}), f(Y_{t \wedge T}))].$$

$t \to \infty$ とすれば，$T < \infty$ a.s. であったので，右辺は 0 に収束する．　　　□

　カップリングは，調和写像のほかにもコンパクトリーマン多様体上のラプラシアンの第 1 固有値の評価や，有界調和関数の勾配評価などいろいろなものに使われている (cf. [56])．

注意 5.29. $\mathcal{M}$ のリッチ曲率が非負ならば，$\mathcal{M}$ は正値調和関数に関するリューヴィル性を持つことが知られている．すなわち，$\mathcal{M}$ 上の正値調和関数は定数に限る．特に，$\mathcal{M}$ 上の有界調和関数は定数に限る．

5.2.4　極小部分多様体

定義 5.30. $\mathcal{M}, \mathcal{N}$ をリーマン多様体とする．等長挿入 $f : \mathcal{M} \to \mathcal{N}$ が調和であるとき，$f(\mathcal{M}) \subset \mathcal{N}$ を $\mathcal{N}$ の極小部分多様体と言う．$f(\mathcal{M})$ を $\mathcal{M}$ と同一視して $\mathcal{M}$ も極小部分多様体と言う．

　極小部分多様体と言うときは，等長埋め込みより広く等長挿入を考えるので自己交叉を許している．また，等長性から $\mathcal{M}$ には $\mathcal{N}$ から誘導される計量が入っており，$\mathcal{M}$ 上のブラウン運動と言うときはこの計量に対応するブラウン運動を考えるものとする．

　$\mathcal{N} = \mathbb{R}^3$ のときは，**極小曲面**と呼び，古くから興味深い研究対象となっていることは周知のとおりであり，この分野では関数論も重要な手法となっている (cf. [44], [12])．極小曲面については，[26] では最近の話題までが述べられており興味深い．また，名著と知られる [43] もよい入門書である．

　極小曲面は等温座標を入れることによりリーマン面とみなすことができる．極小曲面上のブラウン運動の大域的挙動については，このリーマン面の分類と相まって興味ある問題となっている．また，極小曲面の大域的挙動＝写像としての値分布についても興味が持たれ，種々の研究がある．

　ここでは，確率微積分の簡単な応用として次を見てみよう．

　前にユークリッド空間内の錐を考えたが，

$$\{x \in \mathbb{R}^n : (x - x_0) \cdot \nu \geq \|x - x_0\|\} \quad (\nu \in \mathbb{R}^n \setminus \{0\})$$

の形のものを非退化な錐と呼ぶことにする．

命題 5.31. $\mathcal{M} \subset \mathbb{R}^n$ を極小部分多様体とする. $\mathcal{M}$ が確率的完備, すなわち, $\mathcal{M}$ 上のブラウン運動が保存的ならば, $\mathcal{M}$ はいかなる非退化な錐にも入らない.

証明. $\dim \mathcal{M} = m$ とする. $\mathcal{M}$ がある非退化な錐 C に含まれるとする. 必要ならば, 平行移動し C は, $C = \{x \in \mathbb{R}^n : x \cdot \nu \geq \|x\|\}$ という形としてよい. X を $\mathcal{M}$ 上のブラウン運動とすると, 調和性より X は $\mathbb{R}^n$ のマルチンゲールとなる. $\mathcal{M} \subset C$ より $X \cdot \nu$ は正値マルチンゲールとなるから, マルチンゲールの収束定理より

$$\lim_{t \to \infty} X_t \cdot \nu$$

が a.s. に有限な値に収束することがわかる. 特に, $\sup_t \|X_t\| < \infty$ a.s. となる.

今, $\phi(x) = \|x\|^2$ と置く. $\phi(X)$ に伊藤の公式を適用すると,

$$\phi(X_t) - \phi(X_0) = B\left(\int_0^t \|\nabla_{\mathcal{M}} \phi\|^2 (X_s) ds\right) + \frac{1}{2} \int_0^t \nabla_{\mathcal{M}}^2 \phi(dX_s, dX_s) \tag{5.9}$$

となる. ここで, $\|\nabla_{\mathcal{M}} \phi\|$ は $\mathcal{M}$ におけるグラディエントの長さ, $\nabla_{\mathcal{M}}^2 \phi$ は $\mathcal{M}$ におけるヘッシアンを表す. 等長性から, $\nabla_{\mathcal{M}}^2 \phi = 2 g_{\mathcal{M}}$ であり, X の固有時間は,

$$\int_0^t g_{\mathcal{M}}(dX_s, dX_s) = mt$$

となる. また, $\|\nabla_{\mathcal{M}} \phi^{1/2}\| \leq 1$ となることもわかるから, $\|\nabla_{\mathcal{M}} \phi\| \leq 2\phi^{1/2}$ となる. ブラウン運動の重複対数の法則 (定理 1.8) より, 十分大きい t に対しては, (5.9) の右辺は下から

$$-3 \left(2 \int_0^t \phi(X_s) ds \log \left(\log \int_0^t \phi(X_s) ds + 2 \log 2\right)\right)^{1/2} + mt$$

で抑えられる. 今, $\int_0^t \phi(X_s) ds \leq t \sup_s \phi(X_s)$ であるから, $\|X_t\| \to \infty$ $(t \to \infty)$ a.s. となり, 矛盾である. $\qquad \square$

　上記命題は $\mathbb{R}^n$ より広いクラスのアダマール多様体についても拡張できる[62]. 極小部分多様体が非退化な錐に入らないことは, 大森–ヤウの最大値原理と現在では呼ばれているものを用いて, 大森が断面曲率が有界な場合に最初に示した[92]. 第 3 章で見たようにリッチ曲率が下に有界ならば, 確率的完備になるので上記の命題は大森の結果を含む. 実際のところ, 大森–ヤウの最大値原理は, リッチ曲率が下に有界であれば成り立つことが知られている. また, 大森–ヤウの最大値原理より弱い, 弱最大値原理が確率的完備性と同値であることが知られている[2]. なお, [2] には上記命題の極小性の条件を弱めた場合についても取り扱われており, 興味のある読者はそちらもご覧いただきたい.

　そのほかの関連する事項について述べておく. 長らく未解決であった有名な

問題として，「$\mathbb{R}^3$ 内に完備な極小曲面で有界なものが存在するか」というカラビの問題があった．これについては，N. ナディラシュビリが例を構成し，存在することを示した[90]．上で見たように，このような極小曲面は確率的完備ではない．一般に，$\mathbb{R}^3$ 内の非平坦完備な極小曲面は負のガウス曲率を持つが，エフィモフによればこれが上から負定数で抑えられることはない[88]．また，ナディラシュビリが構成した極小曲面は確率的完備ではないから，曲率は下に有界でもないことがわかる．

一方，次が容易にわかる．

命題 5.32. $\mathbb{R}^n$ にプロパーに挿入された極小部分多様体 $\mathcal{M}$ は確率的完備である．

証明．X を $\mathcal{M}$ 上のブラウン運動とし，$\tau_r := \inf\{t > 0 : \|X_t\| \geq r\}$ とする．X の生存時間を ζ とすると，$\mathcal{M}$ がプロパーに挿入されていることから，$\tau_r \uparrow \zeta\ (r \to \infty)$ となる．前に見たように，任意の $t, r > 0$ に対し

$$E[\|X_{\tau_r \wedge t}\|^2] = mE[\tau_r \wedge t] \leq mt.$$

ファトゥーの補題より，$r \to \infty$ とすれば，

$$E[\|X_{\zeta \wedge t}\|^2] \leq mt$$

となり，$\zeta = \infty$ a.s. でなくてはならない． $\square$

プロパーな場合は，ホフマンとミークスによる強半空間定理と呼ばれる次の定理が知られている[76]．

定理 5.33. $\mathbb{R}^3$ にプロパーに挿入された非平坦完備な極小曲面は半空間に入らない．

これの確率論的証明は，今のところ知られていないと思われる．

$\mathbb{R}^3$ の極小曲面 $\mathcal{M}$ の単位法ベクトル場は，$\mathcal{M}$ にリーマン面の構造を入れることにより $\mathcal{M}$ 上の有理形関数とみなすことができる．これを $\mathcal{M}$ のガウス写像と言う．極小曲面の法ベクトルが取らない方向はどれくらいあるか，という問題はガウス写像の値分布の問題となり，関数論の問題でもある．これについては興味深い問題が色々あり，未解決問題もある (cf. [12], [26])．このような問題と極小曲面上のブラウン運動との関係を探るのも興味ある問題と思われる．

5.3 正則写像とブラウン運動

5.3.1 シュヴァルツの補題

正則写像の存在・非存在を議論する際の古典的方法の一つは，シュヴァルツ

の補題と呼ばれる正則写像存在の必要条件が基礎になっている。シュヴァルツの補題の最も原初的なものから見てみよう。

命題 5.34. $B(R) := B_0(R) \subset \mathbb{C}$ を半径 R の円板とする。正則写像 $f : B(R_1) \to B(R_2)$ が $f(0) = 0$ (原点を原点に写す) ならば,

$$|f(z)| \le \frac{R_2}{R_1}|z| \ (z \in B(R_1))$$

である。等号は $f(z) = e^{i\theta}\frac{R_2}{R_1}z$ の形のときに限る。

これにはいろいろな応用があり,例えば,$\mathbb{C}$ 上の有界な正則関数は定数に限るというリューヴィルの定理も直ちに従う。

この定理の条件 $f(0) = 0$ を一般化することを考えて見る。簡単のため,$R_1 = R_2 = 1$ の場合を考え,$B = B(1)$ と置く。ここで,B 上の 1 次変換

$$w = e^{i\theta}\frac{z - z_0}{1 - \overline{z}_0 z}$$

を利用する。これは,z_0 を 0 に写す B 上の等角写像の一般形である。$\zeta = \phi(z) := \frac{z - z_0}{1 - \overline{z}_0 z}, \nu = \psi(w) := \frac{w - w_0}{1 - \overline{w}_0 w}, w_0 = f(z_0)$ と置き,

$$F(\zeta) := \psi \circ f \circ \phi^{-1}(\zeta)$$

とする。$F : B \to B$ は正則写像であり,$F(0) = 0$ を満たす。これに先ほどのシュヴァルツの補題を用いると,

$$|F(\zeta)| \le |\zeta|$$

となるが,これを z と f で書き直すと,

$$\left| \frac{f(z) - f(z_0)}{1 - \overline{f(z_0)}f(z)} \right| \le \left| \frac{z - z_0}{1 - \overline{z}_0 z} \right|$$

を得る。両辺を $|z - z_0|$ で割って $z \to z_0$ とすると,

$$\frac{|f'(z_0)|}{1 - |f(z_0)|^2} \le \frac{1}{1 - |z_0|^2}$$

を得る。これより,正則写像 $f : B \to B$ に対しては微分の評価が成り立つことがわかるが,もう少しこの形に注目すると,双曲計量 (ポアンカレ計量) が現れている。B 上の双曲計量 ds^2 は $ds^2 = \frac{4|dz|^2}{(1 - |z|^2)^2}$ であった。これを用いて次をシュヴァルツの補題と言うことも多い。

命題 5.35 (シュヴァルツの補題). $f : B \to B$ が正則写像ならば,B 上の双曲計量に対して,

$$f^* ds^2 \le ds^2$$

が成り立つ。

これから，正則写像 $f : B \to B$ の距離の減少性：

$$d_B(f(x), f(y)) \leq d_B(x, y) \ (x, y \in B)$$

も従う．ここで，d_B は双曲計量による B 上の距離である．別の言葉で言えば，双曲計量で f の微分の長さ $||df||$ を測ると 1 以下になるということである．

これは B の特殊事情によるものであろうか．これは正則性と双曲性という性質から醸し出されたものと言えるが，これを一般化しようという数学者がいても不思議ではないだろう．例えば，距離の減少性は，小林昭七による「小林双曲性」という概念を生み出した[29]．また，S.T. ヤウは上のシュヴァルツの補題をより一般の複素多様体に拡張した．例えば，S_1, S_2 はリーマン面でそれぞれ完備な計量を持ち，対応するガウス曲率を K_1, K_2 とする．$K_1 \geq -1$, $K_2 \leq -1$ ならば，正則写像 $f : S_1 \to S_2$ の微分の長さは $||df|| \leq 1$ となる．負曲率性が双曲性を意味するという結果である．後で見るようにこれはより広く一般化できる．また，正則写像の存在・非存在問題を広く双曲性の問題と呼ぶならば，その問題に対する幾何学的条件は曲率によるものだけであろうか．

シュヴァルツの補題の一般化の一つの方向は，f の微分の長さ $||df||$ あるいは f のエネルギー密度の満たす方程式を考えるということである．また，ピカールの定理から調和写像のリューヴィル型定理への拡張が行われたように，シュヴァルツの補題もある種の調和写像へ拡張することが可能である．

我々はこのような一般化を確率論的方法を通して見ていきたいと思う．

5.3.2 山辺型微分不等式

$(\mathcal{M}, g)$ と $(\mathcal{N}, h)$ をリーマン多様体とする．$\dim \mathcal{M} = m$ とする．等角挿入 $f : (\mathcal{M}, g) \to (\mathcal{N}, h)$ を考える．等角性より，$f^*h = u^{4/(m-2)}g \ (m \geq 3)$, $f^*h = ug \ (m = 2)$ を満たす関数 u を考えることができる．この u は次の式を満たす．

$$c_m \Delta_{\mathcal{M}} - s_g u + K_{f^*h} u^{(m+2)/(m-2)} = 0 \ (m \geq 3),$$
$$\Delta_{\mathcal{M}} \log u - s_g + K_{f^*h} u = 0 \ (m = 2).$$

ここで，$c_m = 4(m-1)/(m-2)$ であり，s_g と K_{f^*h} はそれぞれ g と f^*h のスカラー曲率である．この式を少し一般化して

$$\Delta_{\mathcal{M}} u(x) + k(x)u(x) \geq l(x)u(x)^{1+a} \ (a > 0) \tag{5.10}$$

を満たす u を考える．上の等角挿入の問題は山辺英彦の仕事に由来しているので，セッティらはこれを山辺型微分不等式と呼んでいる[34]．後ほど見るように，これを満たす u の存在・非存在はより広いクラスの写像の存在・非存在に関連していることがわかる．さらにこれを簡略化し，その不等式を満たす関数の存在が定義域の多様体の体積に制限を与えることが知られている．次の結果

はピゴラら[45]と竹腰[97]による結果である.

定理 5.36. $\mathcal{M}$ を完備な非コンパクトリーマン多様体, $v(r)$ を半径 $r > 0$, 中心 x_0 の測地球の体積とする. $r(x) := d(x_0, x)$ と置く. $u \in C^2(M)$, $C > 0$, $a > 0$ と $\delta > 0$ が存在して, $\{u > \delta\} \neq \emptyset$ かつ集合 $\{u > \delta\}$ 上で

$$\Delta_{\mathcal{M}} u(x) \geq \frac{Cu(x)^{a+1}}{(1 + r(x))^b} \tag{5.11}$$

を $b \leq 2$ に対して満たすとする. このとき,
$b < 2$ ならば

$$\liminf_{r \to \infty} \frac{\log v(r)}{r^{2-b}} = \infty,$$

$b = 2$ ならば

$$\liminf_{r \to \infty} \frac{\log v(r)}{\log r} = \infty$$

でなければならない.

　この結果は解析的方法を用いて示されたが, 確率論的手法を使うことにより, 次のように拡張することができる[60].

　今, ρ を $[0, \infty)$ 上の非増加, 正値連続関数とし, $\int_0^\infty \sqrt{\rho}(t) dt = \infty$ を満たすとする. これに対し $\Phi(t) := \int_0^t \sqrt{\rho}(s) ds$ と置く.

定理 5.37. $u \in C^2(\mathcal{M})$ に対し, $\delta > 0$ があって, $\{u > \delta\} \neq \emptyset$ かつ, ある $a > 0$ と $C > 0$ に対して, 集合 $\{u > \delta\}$ 上で

$$\Delta_{\mathcal{M}} u(x) \geq C\rho(r(x)) u^{a+1}(x) \tag{5.12}$$

を満たすとする. このとき,

$$\liminf_{r \to \infty} \frac{\log v(r)}{\Phi(r)^2} = \infty$$

となる.

　簡単のため u を C^2 級と仮定したが, これは緩めることができる. また, より一般の2階の楕円型微分作用素に対しても示すことができる. これは確率論的方法の柔軟さを示すものである. また, $\rho(t) = (1+t)^b$ と置けば, 定理 5.36 が従うことも直ぐにわかるだろう.

　この結果がシュヴァルツの補題の延長線上にあるということは見えにくいかもしれない. また, 山辺型微分不等式 (5.10) との関係を述べておくことも意味があるだろう.

系 5.38. 山辺型微分不等式 (5.10) において, k, l は $\mathcal{M}$ 上の連続関数とし, 定数 $H > 0$ に対し

$$k(x) \leq Hl(x), \ l(x) \geq \rho(r(x)) \quad (\forall x \in \mathcal{M})$$

を満たすとする. $\liminf_{r\to\infty} \frac{\log v(r)}{\Phi(r)^2} < \infty$ ならば, $\sup_{\mathcal{M}} u(x) \leq H^{1/a}$.

u は写像の微分の長さあるいはエネルギー密度であったから, この結論はシュヴァルツの補題の結論に類似している. 実際, 次のように歪曲度に制限を与えた調和写像に対して応用することができる.

$(\mathcal{M}, g_{\mathcal{M}})$ と $(\mathcal{N}, g_{\mathcal{N}})$ を完備なリーマン多様体とし, $\dim \mathcal{M} = m, \dim \mathcal{N} = n$ とする. 調和写像 $f: \mathcal{M} \to \mathcal{N}$ を考えよう.

$f^* g_{\mathcal{N}}$ を $T_x\mathcal{M}$ 上の対称双線形形式と見る. s をその階数とする. $e_1, \ldots, e_m$ を $T_x\mathcal{M}$ の正規直交基底で, $f^* g_{\mathcal{N}} = \sum_{k=1}^{s} \lambda_k \omega_k \otimes \omega_k$ ($\lambda_1 \geq \lambda_2 \geq \ldots \lambda_s > 0$, ω_k は e_k の双対 1-形式) を満たすとする. f の歪曲度に関する条件を次で与える.

$\mathcal{M}$ 上の正値連続関数 $a(x)$ があって,

$$\lambda_1(x) \leq a(x)\lambda_2(x) \ (x \in \mathcal{M}) \tag{5.13}$$

を満たすとする.

今,

$$\mathrm{Ric}_{\mathcal{M}} \geq -b(x) \ (x \in \mathcal{M}), \ \mathrm{Sect}_{\mathcal{N}} \leq -K(z) \ (z \in \mathcal{N}) \ \text{かつ} \ K(f(x)) \leq -c(x),$$

を仮定する. ここで, b, c は $\mathcal{M}$ 上の非負連続関数であり, $K(z)$ は $\mathcal{N}$ 上の非負連続関数である.

$e_f(x) = \mathrm{tr}_{g_{\mathcal{M}}} f^* g_{\mathcal{N}}$ とすると, ボホナー–ヴァイツェンベックの公式 (補遺参照) より,

$$\Delta_{\mathcal{M}} e_f(x) \geq -2b(x)e_f(x) + \frac{4}{\min\{m,n\}} \frac{c(x)}{a(x)} e_f(x)^2,$$

が従う. これは山辺型微分不等式と見ることができる. 今の状況で系 5.38 を適用すると次が言える. $\rho, \Phi, r(x)$ は前のものと同じとする.

定理 5.39. $\frac{4}{\min\{m,n\}} \frac{c(x)}{a(x)} \geq \rho(r(x))$ かつ $\liminf_{r\to\infty} \frac{\log v(r)}{\Phi(r)^2} < \infty$ ならば, $\sup_{x\in\mathcal{M}} e_f(x) \leq H$ である. ここで, $H = \sup_{x\in\mathcal{M}} \frac{\min\{m,n\}a(x)b(x)}{2c(x)}$.

ここで強調したいのは, 曲率に関する条件をかなり拡張した (緩めた) ことに伴ってそれに代わる条件として体積の増大度の条件が現れたことである. 体積の増大度に関する条件は曲率の条件に比べると非常に弱い条件となる. また, 第 3 章で見たようにブラウン運動の大域的ふるまいについても意味するところがあった.

定理 5.37 の証明の概要を見ることにしよう.

まず我々が考える確率過程は $\mathcal{M}$ 上のブラウン運動の時間変更過程である. すなわち, $L = \frac{1}{2}\rho(r(x))^{-1}\Delta$ を生成作用素とする拡散過程を考える. X をブラウン運動とし, Y をこの拡散過程とすると,

$$X_t = Y_{\eta_t}, \ \eta_t = \int_0^t \rho(r(X_s))ds \qquad (5.14)$$

となる. $dm := \rho(r(x))dv(x)$ と置くと, L は $L^2(m)$ 上の自己共役作用素に拡張されることがわかる.

$$\theta(x) = \int_0^{r(x)} \sqrt{\rho(s)}ds$$

と置くと, θ は $\mathcal{M}$ のエグゾースチョン関数となる.

また, 式 (5.12) は, $\{u > \delta\}$ 上で

$$Lu(x) \geq Cu^{a+1}(x) \qquad (5.15)$$

となる. ストゥルムの判定条件 (定理 3.73) より, 次がわかる.

補題 5.40.
$$\liminf_{r \to \infty} \frac{\log v(r)}{\Phi(r)^2} < \infty \qquad (5.16)$$

ならば, Y は保存的である.

証明. Y に対しストゥルムの判定条件は

$$\liminf_{R \to \infty} \frac{\log m(\{\theta(x) < R\})}{R^2} < \infty$$

であったが, $R = \Phi(r)$ と変数変換し,

$$m(\{\theta(x) < R\}) = \int_{\{r(x) < r\}} \rho(r(x))dv(x)$$

となるから, これに ρ の非増加性を考慮すると与えられた条件が十分であることがわかる. $\qquad \square$

この条件を仮定して話を進めよう. 式 (5.15) を満たす u の代わりに $u_\delta := u \vee \delta - \delta = (u - \delta) \vee 0$ を考えよう. 田中の公式と福島分解を合わせると,

$$u_\delta(Y_t) - u_\delta(Y_0) = M_t^{[u_\delta]} + \int_0^t 1_{\{u > \delta\}}dA^{[u]} + l_t$$

となる. ここで, $M_t^{[u_\delta]}$ はマルチンゲール部分, $dA^{[u]} = Lu(Y_t)dt$, l は Y の集合 $\{u = \delta\}$ 上での局所時間である. ルヴュズ測度 $\mu^{[u_\delta]}$ は,

$$d\mu^{[u_\delta]} \geq 1_{\{u > \delta\}}Lu(x)dm(x) \geq Cu^{a+1}1_{\{u > \delta\}}dm(x)$$

となり, 結局,

$$d\mu^{[u_\delta]} \geq Cu_\delta^{a+1}dm$$

となる. すなわち, u の満たす条件は, $\mathcal{M}$ 上で

$$Lu \geq Cu^{a+1} \qquad (5.17)$$

とすればよいことがわかる．必要ならば時間変更することにより，$C = 1$ と仮定してよい．

u は非負 L-劣調和であるから，$u(Y)$ の破綻関数の類似 $\tilde{N}_x(T, u(Y))$ を考えることができる．$\tau_r := \inf\{t > 0 : \theta(Y_t) > r\}$ とする．

$$\tilde{N}_x(T, u(Y)) = \liminf_{r \to \infty} E_x[u(Y_{\tau_r}) : \tau_r < t]$$

とする．多少の評価が必要だが，次がわかる．

補題 5.41. 体積増大条件 (5.16) を仮定する．このとき，$T_0 \in (0, \infty]$ が存在して，$\tilde{N}_x(t, u(Y)) = 0$ $(t \in (0, T_0))$，m-a.e. x が成り立つ．

定理 5.37 の証明．上の補題 5.41 の結論を満たす x を取る．このとき，$E_x[u(Y_{\tau_R}) : \tau_R \leq t] \to 0$ $(R \to \infty)$ となるから，十分大きい R を取れば，$E_x[u(Y_{\tau_R}) : \tau_R \leq t] \leq u(x)$ $(0 < t < T_0)$ となる．よって，

$$E_x[u(Y_t) : \tau_R > t] \geq E_x[u(Y_{t \wedge \tau_R})] - u(x) \geq E_x\left[\int_0^{t \wedge \tau_R} u(Y_s)^{1+a} ds\right]$$

が成り立つ．イェンセンの不等式と u の正値性から，

$$E_x[u(Y_t)^{1+a} 1_{\{\tau_R > t\}}] \geq E_x\left[\int_0^t u(Y_s)^{1+a} 1_{\{\tau_R > s\}} ds\right]^{1+a}.$$

$f_R(t) := E_x[\int_0^t u(Y_s)^{1+a} 1_{\{\tau_R > s\}} ds]$ と置くと，$f_R'(t) \geq f_R(t)^{1+a}$ $(t \in (0, T_0))$ を満たす．これより，

$$f_R(s)^{-a} - f_R(t)^{-a} \geq a(t - s) \quad (0 < s < t < T_0)$$

となる．

いくつかの場合に分けて矛盾を導こう．

1) $R \to \infty$ のとき，$f_R(s) \uparrow \infty$ となるなら，矛盾が生じる．

2) $T_0 = \infty$ ならば，$t \to \infty$ とすればよい．

3) $\sup_R f_R(s) < \infty$ かつ $T_0 < \infty$ のとき．

$$\lim_{R \to \infty} f_R(t) = E_x\left[\int_0^t u(Y_s)^{1+a}\right]$$

となるが，$t = 3T_0/4$, $s = T_0/2$ とすれば，

$$E_x\left[\int_0^{T_0/2} u(Y_s)^{1+a}\right]^a \leq 4/T_0 a \quad m\text{-a.e.}\, x$$

となる．劣マルチンゲール性より，$E_x[u(Y_{T_0/4})] \leq E_x[u(Y_t)]$ $(T_0/4 \leq t \leq T_0/2)$ となるから，$\operatorname{ess.sup}_x E_x[u(Y_{T_0/4})] < \infty$ となる．これとマルコフ性より $E_x[u(Y_t)] < \infty$ $(\forall t > 0)$, m-a.e. x となり，$u \in \mathcal{U}_2$ となる．結局，$\tilde{N}_x(t, u(Y)) = 0$ $(\forall t > 0)$ が言え，$t \to \infty$ として矛盾が出る． $\square$

5.3.3 　正則写像のリューヴィル型定理

前節と同じように，写像のエネルギー密度の満たす不等式からリューヴィル型定理を導いてみよう．特に，リーヤウの結果として知られるリューヴィル型定理[85]，およびその拡張であるピゴラらの結果[45]の拡張を得る．

$(\mathcal{M}, g_{\mathcal{M}})$ を完備ケーラー多様体，$\mathcal{N}$ をエルミート多様体とする．$f : \mathcal{M} \to \mathcal{N}$ を正則写像とする．今までも同様な記号を用いてきたが，今一度次の記号の使用を確認する．参照点を一つ固定し，それを中心とする半径 r の測地球を $B(r) := \{x \in \mathcal{M} \mid r(x) < r\}$ と書く．$K(y)$ は $\mathcal{N}$ の正則双断面曲率の y における上限，$e_f(x) := \mathrm{tr}_{g_{\mathcal{M}}} f^* g_{\mathcal{N}}$ は f のエネルギー密度である．$R(x)$ を $\mathcal{M}$ 上の連続関数で，$\mathrm{Ric}_{\mathcal{M}}(\xi, \xi) \geq R(x)$ $(\forall \xi \in T_x \mathcal{M}, \|\xi\| = 1)$ を満たすものとし，$R_-(x) := \max\{0, -R(x)\}$ とする．

今節の基本となるものは，次のチャーン–ルーの公式 (補遺参照) である．$e_f(x) \neq 0$ のとき，

$$\frac{1}{2}\Delta_{\mathcal{M}} \log e_f(x) \geq -K(f(x))e_f(x) - R_-(x). \tag{5.18}$$

我々は次の定理を得る．ρ, Φ は前節の定理 5.37 と同じである．

定理 5.42. $\mathcal{M}$ 上のブラウン運動は過渡的とする．$K(f(x)) \leq -\rho(r(x))$，$\int_M R_-(x) dv(x) < \infty$ かつ

$$\liminf_{r \to \infty} \frac{1}{\Phi(r)^2} \log \mathrm{vol}(B(r)) < \infty,$$

ならば，f は定数である．

ブラウン運動が過渡的という仮定は外せない．$\mathcal{M}$ がリーマン面のときに反例がある．

この定理の条件とチャーン–ルーの公式から

$$\frac{1}{2}\Delta_{\mathcal{M}} \log e_f(x) \geq \rho(r(x))e_f(x) - R_-(x) \ (e_f(x) \neq 0) \tag{5.19}$$

を考えることになる．これも前と同じ形をしており，ブラウン運動 X の (5.14) によって定義される ρ を用いた時間変更過程 Y を考える．

任意の $\delta > 0$ に対し，$u(x) = (\log e(x)) \vee (\log \delta) - \log \delta \geq 0$ と置く．前と同じ議論によって，

$$Lu \geq \frac{1}{2} 1_{\{e(x) > \delta\}} \delta e^{u(x)} - \rho^{-1} R_-(x) \geq \frac{\delta}{4} u(x)^2 - \rho^{-1} R_-(x).$$

$g(x) = \rho^{-1} R_-(x)$ と置くと，R_- が可積分という条件より，

$$\int_{\mathcal{M}} g(x) dm(x) = \int_{\mathcal{M}} R_- dv < \infty$$

となり，過渡性は時間変更によって不変だから，

$$E_x \left[\int_0^\infty g(Y_s) ds \right] < \infty$$

となる．結局，定理 5.42 は次の定理に帰着される．

定理 5.43. g を $\mathcal{M}$ 上連続で，m-可積分な関数とする．$u \in C^2(\mathcal{M})$ がある $C > 0, a > 0$ に対して

$$Lu \geq Cu(x)^{a+1} - g(x)$$

を満たすならば，

$$\liminf_{r \to \infty} \frac{\log m\left(B(r)\right)}{r^2} = \infty$$

となる．

　前の定理にポテンシャル項が付いた形になっており，前の定理の摂動形と言える．前と同じように $E_x[u(Y_t)]$ を考えると右辺に $E_x[\int_0^t g(Y_s) ds]$ が現れるが，過渡性より $E_x[\int_0^\infty g(Y_s) ds] < \infty$ となり寄与は小さいので，同様な処理が可能である．再帰的ならば $g = 0$ でない限り $t \to \infty$ とすると発散してしまい，前と同じようにはできない．

　定理 5.43 を認めれば，

$$\liminf_{r \to \infty} \frac{\log m\left(B(r)\right)}{r^2} < \infty$$

とすると，$e_f(x) = 0 \ (\forall x)$ が証明できる．よって，f は定数である．詳細は省略する[60]．

第 6 章
ネヴァンリンナ理論とブラウン運動

本章では，ネヴァンリンナ理論とブラウン運動，確率微積分の手法との関係について考察する．まず，古典的ネヴァンリンナ理論を復習し，それが複素ブラウン運動を用いて記述されることを見る．この対応をより一般の複素多様体に拡張し，確率微積分の手法を用いてネヴァンリンナ理論の主要定理が導かれることを見る．

6.1 古典的ネヴァンリンナ理論

6.1.1 古典的ネヴァンリンナ関数

この節では，$\mathbb{C}$ 上の有理形関数の値分布に関するネヴァンリンナ理論を復習しよう．f を $\mathbb{C}$ 上の非定数有理形関数とする．f の値域は $\mathbb{C} \cup \{\infty\}$ であったが，これはリーマン球面と同一視でき，さらにこれは 1 次元複素射影空間 $\mathbb{P}^1(\mathbb{C})$ とも同一視できる．今後，f が有理形関数と言ったときは，正則写像 $f : \mathbb{C} \to \mathbb{P}^1(\mathbb{C})$ とも見ることに注意しておく．

ネヴァンリンナ理論には，ネヴァンリンナ関数とも言える 3 つの関数が登場する．これをまず定義しよう．ここでの設定は，概ね F. ネヴァンリンナによるものと言われている (F. ネヴァンリンナは R. ネヴァンリンナの兄).

今，リーマン球面上の**弦距離**を次で定義する．

$$[w, a] = \begin{cases} \frac{|w-a|}{\sqrt{|w|^2+1}\sqrt{|a|^2+1}} & (a \neq \infty \text{ のとき}), \\ \frac{1}{\sqrt{|w|^2+1}} & (a = \infty \text{ のとき}). \end{cases}$$

この距離は，$\mathbb{R}^3$ のユークリッド計量からリーマン球面に誘導される距離であるが，$\mathbb{P}^1(\mathbb{C})$ 上のケーラー計量 $\frac{2}{(1+|z|^2)^2} dz d\bar{z}$ (フビニ–スタディ計量) に付随する距離であることを注意しておく．また，$[w, a] \leq 1$ である．

定義 **6.1** (近接関数).

$$m(a, r) := \int_0^{2\pi} \log[f(re^{i\theta}), a]^{-2} \frac{d\theta}{2\pi} \tag{6.1}$$

を f の a における**近接関数** (proximity function) と呼ぶ.

これは接近関数とも言う. 近接関数は, その名の通り, $\{|z| = r\}$ の f による像と点 a の近さを測る関数である.

定義 **6.2** (個数関数).

$$N(a, r) := 2 \sum_{f(\zeta)=a, |\zeta|<r} \log \frac{r}{|\zeta|} \tag{6.2}$$

と置く. 右辺の和は重複度を込めて足し合わせる. $N(a, r)$ を f の a に対する**個数関数** (counting function) と言う.

定義 **6.3.**

$$T(r) = \int_{|z|<r} \frac{2|f'(z)|^2}{(1+|f(z)|^2)^2} \frac{1}{\pi} \log \frac{r}{|z|} dx dy \quad (z = x + iy) \tag{6.3}$$

と置く. $dxdy$ は 2 次元ルベーグ測度を表す. $T(r)$ を f の (アールフォルス–清水の) **特性関数**と言う.

特性関数に現れる $\frac{2|f'(z)|^2}{(1+|f(z)|^2)^2} dxdy$ は $\mathbb{P}^1(\mathbb{C})$ のフビニ–スタディ計量の f による引き戻しによって定義される測度であるから,

$$\int_{|z|<r} \frac{2|f'(z)|^2}{(1+|f(z)|^2)^2} dxdy$$

は f による $\{|z| < r\}$ の像の重複度を込めた面積と見ることができる. すなわち, $T(r)$ は重み $\log \frac{r}{|z|}$ を付けた像の面積によって像の大きさを測っている. 後に見るように, f が非定数ならば, $T(r) \geq O(\log r)$ であり, 特に, $T(r) \uparrow \infty \ (r \to \infty)$ である.

明らかなことだが, この 3 つの関数はいずれも非負の値を取ることも注意しておく.

f が単位円板 $D := \{|z| < 1\}$ 上の有理形関数の場合, すなわち $f : D \to \mathbb{P}^1(\mathbb{C})$ が正則写像の場合は, $0 < r < 1$ として上記と同様に定義される.

注意 **6.4.** 本書では議論の展開の都合上, $\log[f(z), a]^{-2}$ を用いてネヴァンリンナ関数を定義したが, 文献によってはネヴァンリンナ関数を $\log[f(z), a]^{-1}$ を用いて定義している. その場合, ネヴァンリンナ関数はすべて本書の半分になる. 以下のネヴァンリンナ理論の主定理では, 第 2 主定理の剰余項にその影響が出るので注意されたい. これは見かけのことであって本質的ではない.

6.1.2 古典的ネヴァンリンナ理論の主定理

ネヴァンリンナ理論は大雑把に言って，上で述べたネヴァンリンナ関数の関係に関する二つの主定理で構成される．第1主定理は3つのネヴァンリンナ関数に関する等式関係である．

定理 6.5 (古典的第1主定理)．$f(o) \neq a, \infty$ とする．$r > 0$ に対して，

$$m(a, r) + N(a, r) = T(r) + O(1).$$

右辺に $O(1)$ という項があるが，具体的に表示可能である．今関心があるのは $r \to \infty$ のときであるので，慣習的にこのような表示になっている．この等式の右辺において $O(1)$ の項に a は含まれるが $T(r)$ には含まれないことに注意しよう．すなわち，定数を除いて $m(a, r) + N(a, r)$ は a によらないということを示している．

基本的に関心があるのは，a 点の個数と像の大きさの関係である．第1主定理から $N(a, r) \leq T(r) + O(1)$ (ネヴァンリンナの不等式) が出る．第2主定理はある意味でこの逆の関係を述べている．

定理 6.6 (第2主定理)．$a_1, a_2, \ldots, a_q \in \mathbb{C} \cup \{\infty\}$ を相異なる点とする．任意の $\epsilon > 0$ に対し，1次元ルベーグ測度有限の集合 $A_\epsilon \subset [0, \infty)$ が存在して，

$$\sum_{k=1}^{q} m(a_i, r) + N_1(r) \leq 2T(r) + O(\log T(r)) + \epsilon \log r \ (r \notin A_\epsilon) \quad (6.4)$$

が成り立つ．ここで，$N_1(r)$ は $f' = 0$ となる点の個数関数である．

ϵ を任意に固定するごとに，A_ϵ はルベーグ測度有限であるが，$\epsilon \to 0$ とすると，A_ϵ のルベーグ測度は発散しうる．また，f の位数が有限のときは，$A_\epsilon = \emptyset$ とできることも知られている．

(6.4) の右辺の $2T(r)$ 以外の項を**第2主定理の剰余項**と言うことがある．

補題 6.7. f を非定数有理形関数とすると，$c > 0$ が存在して

$$T(r) \geq c \log r$$

となる．特に，$T(r) = O(\log r)$ となるのは，f が有理関数のときに限る．

定義 6.8 (欠如指数)．

$$\delta_f(a) := \liminf_{r \to \infty} \frac{m(a, r)}{T(r)} = 1 - \limsup_{r \to \infty} \frac{N(a, r)}{T(r)}$$

を f の a における欠如指数 (defect) と言う．

第1主定理から $0 \leq \delta_f(a) \leq 1$ であり，f が $\mathbb{C}$ 上で a を取らない (f は a を**除外する**とも言う)，すなわち，$N(a, r) = 0 \ (\forall r > 0)$ ならば，$\delta_f(a) = 1$ で

ある.

補題 6.7 と第 2 主定理を合わせると，$r \notin A_\epsilon$ のとき，

$$\sum_{k=1}^{q} m(a_i, r) + N_1(r) \leq (2 + \epsilon)T(r) + o(T(r))$$

となる．よって，

$$\sum_{k=1}^{q} \delta_f(a_k) \leq 2 + \epsilon.$$

ϵ は任意だったから結局，

$$\sum_{k=1}^{q} \delta_f(a_k) \leq 2$$

を得る．これを**欠如関係式 (defect relation)** と言う．前に注意したように，f が a を除外すれば，$\delta_f(a) = 1$ となるので，この関係式よりピカールの小定理が得られる．

有理関数でない有理形関数を**超越的**であると言う．$\mathbb{C}$ 上の超越的有理形関数 f は $\mathbb{P}^1(\mathbb{C})$ の点を 2 点を除いて無限回取ることもわかる．超越的ならば，$T(r)/\log r \to \infty \ (r \to \infty)$ であり，$\#\{z : f(z) = a\} < \infty$ ならば，$N(r, a) = O(\log r) \ (r \to \infty)$ となるからである．f が超越的とは，f が無限遠点を真性特異点に持つことに他ならない．

後で見るように，第 1 主定理は基本的にはいつでも成り立ち，ネヴァンリンナ関数の間の自然な関係を述べている．一方，第 2 主定理は非自明な不等式であり，結果的にもピカールの定理などを導くなど興味深い対象である．我々の興味は自ずと第 2 主定理のほうへ向かうこととなる．

f が単位円板 $D := \{|z| < 1\}$ 上の有理形関数の場合，すなわち $f : D \to \mathbb{P}^1(\mathbb{C})$ が正則写像の場合も上記と同様な結果が得られる．第 1 主定理は $0 < r < 1$ に対して同じ等式が得られる．第 2 主定理は剰余項が異なる．

定理 6.9. $a_1, a_2, \ldots, a_q \in \mathbb{C} \cup \{\infty\}$ を相異なる点とする．

$$\int_A \frac{1}{1-r} dr < \infty$$

となる $A \subset [0, 1)$ が存在して，

$$\sum_{k=1}^{q} m(a_i, r) + N_1(r) \leq 2T(r) + O(\log T(r)) + 2\log \frac{1}{1-r} \quad (r \in [0, 1) \setminus A) \tag{6.5}$$

が成り立つ．ここで，$N_1(r)$ は $f' = 0$ となる点の個数関数である．

円板上では $\sup_{0 < r < 1} T(r) < \infty$ となる関数も存在する (例えば，有界関数 $f(z) = z$) から，$\mathbb{C}$ のときと違って定理 6.9 はすべての非定数関数に意味を持つわけではない．さらに，剰余項には無視できない $\log(1-r)^{-1}$ という項も

ある．このように，f の定義域によって第2主定理の不等式の右辺は形を変えてくるのである．後で見るように，この右辺は，値域だけで決まる部分: $2T(r)$ と定義域に依存する部分: 剰余項というように考えることができる．実際，「2」は $\mathbb{P}^1(\mathbb{C})$ (2次元球面) のオイラー数である．これはアールフォルスが最初に指摘した．また，円板の場合の $\log\frac{1}{1-r}$ は $|z|=r$ である点と原点 o までの双曲的距離に由来する．

このような幾何学的反映をブラウン運動と微分幾何学を用いて統一的に理解したい．今後これを見ていくことにしよう．

6.1.3 ブラウン運動による翻訳

まず，ブラウン運動を用いて古典的ネヴァンリンナ理論を書き直してみよう．以下では，Z を複素ブラウン運動，$D_r := \{|z| < r\}$，$\tau_r := \inf\{t > 0 : Z_t \notin D_r\}$ とする．

近接関数を見よう．式 (6.1) を見ると，$\log[f(z), a]^{-2}$ を $|z| = r$ 上の一様測度で積分している．$Z_0 = o$ のとき，対称性から Z_{τ_r} の分布は $|z| = r$ 上の一様分布となるので，

$$m(a, r) = E_o[\log[f(Z_{\tau_r}), a]^{-2}]$$

となる．

関数 $u(z) := \log[f(z), a]^{-2}$ は $\mathbb{C}$ 上正値 δ-劣調和関数となる．これは，f が正則なときは，$\log[f(z), a]^{-2} = \log(|f(z)|^2 + 1) - \log|f(z) - a|^2 + $ 定数となるから明らかであり，有理形のときも $f = f_1/f_2$ の形に表してみればすぐにわかる．u のリース測度を $d\mu_u = d\mu_1 - d\mu_2$ と分解すると，$d\mu_1 = \Delta u(z)|_{f \neq a} dx dy$，$d\mu_2 = 2 \sum_{f(\zeta) = a} \delta_\zeta$ となる．μ_2 は極集合に台を持つから，$u(Z_t)$ は正値局所劣マルチンゲールとなる．一方，

$$\frac{1}{2} \Delta u(z)|_{f \neq a} = \frac{2|f'(z)|^2}{(1 + |f(z)|^2)^2}$$

となる．伊藤の公式から，$u(Z)$ の増加過程部分 $A_t^{[u]}$ は

$$A_t^{[u]} = \int_0^t \frac{2|f'(Z_s)|^2}{(1 + |f(Z_s)|^2)^2} ds$$

となることがわかる．これに破綻関数の公式 (命題 1.26) を $T = \tau_r$ として適用すると，

$$E_o[u(Z_{\tau_r})] - u(o) + N(\tau_r, u(Z)) = E_o\left[\int_0^{\tau_r} \frac{2|f'(Z_s)|^2}{(1 + |f(Z_s)|^2)^2} ds\right] \quad (6.6)$$

を得る．前に見たように

$$E_o[u(Z_{\tau_r})] = m(a, r)$$

であり，リースの分解定理と合わせると，

$$N(\tau_r, u(Z)) = N(a, r)$$

もわかる. さらに,

$$E_o\left[\int_0^{\tau_r} \frac{2|f'(Z_s)|^2}{(1+|f(Z_s)|^2)^2} ds\right] = \int_{|z|<r} g_{D_r}(o, z)\frac{2|f'(z)|^2}{(1+|f(z)|^2)^2} dxdy = T(r)$$

となる. このように, ネヴァンリンナ関数はブラウン運動を用いて記述でき, 第1主定理は破綻関数の公式から導かれる式 (6.6) に他ならない.

特性関数についてもう少し見ておこう. レヴィの等角不変性より, 有理形関数 f に対しても $f(Z_0) \neq \infty$ ならば, f の極は極集合であったから, 複素ブラウン運動 $\tilde{Z}$ が存在して

$$f(Z_t) = \tilde{Z}_{\eta_t}, \quad \eta_t = \int_0^t |f'(Z_s)|^2 ds$$

と書くことができた. さらに, $\mathbb{P}^1(\mathbb{C})$ 上のフビニ–スタディ計量に対応するブラウン運動 W を $\tilde{Z}$ を用いて

$$\tilde{Z}_t = W_{\zeta_t}, \quad \zeta_t = \int_0^t \frac{2ds}{(1+|\tilde{Z}_s|^2)^2}$$

によって導入できる. これらを合わせると, Z の PCAF c_t を用いて

$$f(Z_t) = W_{c_t}$$

となる. これは出発点の取り方によらず, 大域的に成り立つ表現である. 上の場合, $c_t = \int_0^t \frac{2|f'(Z_s)|^2}{(1+|f(Z_s)|^2)^2} ds$ であった. すなわち, $f(Z_t)$ を W の時間変更と見たときの新しい時計 (PCAF) c_t を用いて, $T(r) = E_o[c_{\tau_r}]$ と書けることがわかった. 特性関数のもともとの定義が局所的な表現だったが, このように見ると値域の座標の取り方によらず $T(r)$ が定まることがわかる. さらに, ネヴァンリンナ関数は W の言葉だけで書けることもわかる. すなわち, W と止め時 T を用いて一般的に定義し直せば次のようになるだろう. 特性関数は $E[T]$ とし,

$$m(a, T) := E[\log[W_T, a]^{-2}] \quad \text{近接関数,}$$

$$N(a, T) := \lim_{\lambda \to \infty} \lambda P\left(\sup_{0 \le t \le T} \log[W_t, a]^{-2} > \lambda\right) \quad \text{個数関数}$$

とすればよいだろう. これらを用いれば, 第1主定理は,

$$m(a, T) - m(a, 0) + N(a, T) = E[T] \tag{6.7}$$

と単純に書ける. また, 少し議論すると次もわかる (cf. [48]).

命題 6.10. $D = \mathbb{C}$ または単位円板とする. D 上の有理形関数 f に対して, $T(r)$ が非有界ならば, $\mathbb{P}^1(\mathbb{C}) \setminus f(D)$ は W の極集合である. すなわち, $\mathbb{P}^1(\mathbb{C}) \setminus f(D)$ は対数容量零である.

以上の観察からより一般的な設定でネヴァンリンナ関数をブラウン運動を用いて定式化できると考えられる．次節からはブラウン運動や正則マルチンゲールを用いてより一般的な設定の下でネヴァンリンナ理論を展開したい．

6.2 第 1 主定理

6.2.1 ネヴァンリンナ関数

古典的な場合の確率論的翻訳を用いて，ネヴァンリンナ関数をケーラー多様体上に定義してみよう．この節ではなるべく一般的な設定をしたいと思う．$\mathcal{M}$ は正則写像の定義域となる多様体であるが，これを n 次元完備ケーラー多様体とし，ω をそのケーラー形式，Δ を対応するラプラシアン，それを生成作用素とするブラウン運動を (X_t, P_x) とする．第 4 章で見たように，(X_t, P_x) はディリクレ形式

$$\mathcal{E}(u,v) = c_n \int_{\mathcal{M}} du \wedge d^c v \wedge \omega^{n-1} = -\frac{1}{2} \int_{\mathcal{M}} u \Delta v dv \quad (u, v \in C_0^\infty(\mathcal{M})) \tag{6.8}$$

に対応している．dv は ω から決まる体積測度，c_n は次元 n のみによる定数である．

$o \in \mathcal{M}$ を任意の参照点として一つ取る．ケーラー計量に対応する距離 d を用いて，$r(x) := d(o, x)$ と定義する．古典的なネヴァンリンナ理論では，半径 r の円板を考えたが，ここではその代わりに測地球 $B_o(r) := \{x : r(x) < r\}$ を取ろう．$\tau_r := \tau_{B_o(r)}$ とする．

第 4 章で見たように，$\mathcal{M}$ が擬凸領域の場合も同様に正則拡散過程を定義できる．この場合もこれから述べるケーラー多様体による設定はほぼそのまま有効である．この場合，測地球の代わりにエグゾースチョン関数 $q : M \to [r_0, \infty)$ による擬球 $B(r) := \{x : q(x) < r\}$ を考える．

$B_o(r)$ も簡単のため，しばしば $B(r)$ と記すことにする．

正則写像の値域の多様体としてコンパクトな複素多様体 $\mathcal{N}$ を考える．$\mathcal{N}$ には正の正則直線束 $L \to \mathcal{N}$ が与えられているとする．$\Gamma(L, \mathcal{M})$ を正則切断の全体とする．$\Gamma(L, \mathcal{M})$ にはエルミート計量が与えられており，$\sigma \in \Gamma(L, \mathcal{M})$ の大きさを $||\sigma||$ と書くことにする．$\mathcal{N}$ はコンパクトであるから，$0 \le ||\sigma|| \le 1$ と仮定してよい．L に付随する正因子 D は対応する切断 $\sigma \in \Gamma(L, \mathcal{M})$ があって，カレントとして $D = (\sigma)$ で与えられるものとする．すると，カレントとして，

$$dd^c \log ||\sigma||^{-2} = \omega_L - [D] \tag{6.9}$$

が成り立つ．L が正であるとは，ω_L が正の実 $(1,1)$-形式であることを意味する．これは，L が豊富であることと同値であることが知られている (小平の定理．[41] 等を参照)．ω_L は $||\sigma||$ を定義するエルミート計量に依存するが，そ

の差は高々 $\mathcal{N}$ 上の滑らかな正値有界関数となることに注意しよう. この差はこれから考える我々の問題には影響しないことも注意しておく. ω_L は $\mathcal{N}$ 上のケーラー形式を与える. これが定めるケーラー計量を $g_{\mathcal{N}}$ とする.

非定数正則写像 $f : \mathcal{M} \to \mathcal{N}$ を考える. 等式 (6.9) を f によって引き戻すと,

$$dd^c \log \|\sigma \circ f\|^{-2} = f^* \omega_L - [f^* D]$$

を得る. これは, $\log \|\sigma \circ f\|^{-2}$ が $\mathcal{M}$ 上の δ-劣調和関数となることを示している.

ネヴァンリンナ関数を次のように定義しよう.

定義 6.11.
$$e_f(x) := \mathrm{tr}_{\mathcal{M}} f^* g_{\mathcal{N}}(x)$$

と置く. f の特性関数 $T(r)$ を

$$T(r) = E_o \left[\int_0^{\tau_r} e_f(X_t) dt \right] = \int_{B(r)} g_r(o, y) e_f(y) dv(y)$$

と定義する.

式 (6.8) に現れる c_n, dv を用いて, $e_f(x) = c_n \frac{f^* \omega_L \wedge \omega^{n-1}}{dv}$ とも書ける. また, $[f(X), f(X)]$ を正則マルチンゲール $f(X)$ のケーラー計量 $g_{\mathcal{N}}$ による固有時間とすると, 上に定義された $T(r)$ は $E_{f(x_0)}[[f(X), f(X)]_{\tau_r}]$ である. さらに, 式 (6.8) から

$$e_f(x) = \frac{1}{2} \Delta \log \|\sigma \circ f\|^{-2}(x) \quad (\|\sigma \circ f\|(x) \neq 0)$$

がわかるから, $\|\sigma \circ f\|(o) \neq 0$ ならば,

$$T(r) = \frac{1}{2} E_o \left[\int_0^{\tau_r} \Delta \log \|\sigma \circ f\|^{-2}(X_t) dt \right] \tag{6.10}$$

もわかる. ここで, $\{x : \|\sigma \circ f\|(x) = 0\}$ は X の極集合となることに注意しよう.

近接関数は

$$m(r, D) := E_o[\log \|\sigma \circ f\|^{-2}(X_{\tau_r})]$$

と定義する. 個数関数は破綻関数を使って

$$N(r, D) := N(\tau_r, \log \|\sigma \circ f\|^{-2}(X))$$

と定義する. 第 3 章で見た, δ-劣調和関数に対する破綻関数の公式, 伊藤の公式と式 (6.10) を合わせると次の第 1 主定理が得られる.

定理 6.12 (ケーラー多様体上の第 1 主定理). $o \in \mathcal{M}$ を $\|\sigma \circ f\|(o) \neq 0$ なるものとする.

$$m(r, D) - \log ||\sigma \circ f||^{-2}(o) + N(r, D) = T(r).$$

前節の最後 (6.7) で見たように，これらはより簡単に値域の確率過程である正則マルチンゲール $Y = f(X)$ の言葉だけでも書ける．実際，我々の定義はそれとわかるようなものである．第 1 主定理のみを見るなら値域の過程だけでもよいのだが，第 2 主定理を導くためには写像の定義域の情報が必要になるだろう．

6.2.2 特性関数とカソラッティ–ワイエルシュトラスの定理

リーマン面の型による分類で $\mathbf{O}_{HB} \subset \mathbf{O}_{MB}$ があった．$\mathbf{O}_{HB}$ は有界な調和関数は定数のみであるリーマン面，$\mathbf{O}_{MB}$ は有界な特性関数を持つ有理形関数は定数に限るというリーマン面である．ここではその一般化を見る．

$\mathcal{M}, \mathcal{N}$ は前節と同じにし，$f : \mathcal{M} \to \mathcal{N}$ を正則写像としよう．

まず，$\mathbf{O}_{HB}$ に対応する事項を見る．前に見たようにリーマン多様体の場合，Δ に対応する有界調和関数が定数に限るということは，ブラウン運動 X のずらし不変な σ-加法族が自明であることと同値であった．ケーラー多様体または上述の正則拡散過程についても同じである．よって，X のずらし不変な σ-加法族は自明としよう．すなわち，

$$1_A \circ \theta_T = 1_A \ \Rightarrow \ P_x(A) = 0 \ \text{または} \ 1 \ (\forall x \in \mathcal{M})$$

が成り立っているとする．ただし，T は $T < \zeta$ を満たす任意の止め時である．

一方，L は豊富 (ample) であると仮定する．$T(r)$ を前節で定義した f の特性関数とする．ω_L は非退化なケーラー形式となり，リーマン多様体上のマルチンゲールに関するダーリングの収束定理 (定理 5.17) が適用できる．これより，$T(r)$ が有界ならば，

$$\lim_{t \to \zeta} f(X_t) \in \mathcal{N} \ \text{a.s.}$$

が成り立つ．$\lim_{t \to \zeta} f(X_t)$ が存在するという事象は，ずらし不変な事象であるから，この極限値は定数となる．この極限値を $c \in \mathcal{N}$ とする．

L が豊富であることから，自然数 k が存在して，$L^k (= L \otimes \cdots \otimes L : L$ の k テンソル積) は非常に豊富 (very ample) な正則直線束となることが知られている (cf. [41])．また，$\omega_{L^k} = k \omega_L$ となることもわかる．すなわち，ω_{L^k} から定められる特性関数は ω_L から定まる特性関数の k 倍である．L^k が非常に豊富であることから，$\sigma \in \Gamma(L^k, N)$ で $(\sigma) = D \in |L^k|$, $f(o) \notin D, c \in D$ となるものが存在する．近接関数 $m(r, D)$ と特性関数 $T(r)$ は L^k で定めたものとし，この σ に対して第 1 主定理を適用する．すると，ファトゥーの補題より，

$$\infty = m(\infty, D) \leq \sup_r T(r) < \infty$$

となり矛盾である．以上より，次が言えた．

定理 6.13 (カソラッティ-ワイエルシュトラス型定理). $L \to \mathcal{N}$ を豊富な正則直線束とする．$\mathcal{M}$ は有界調和関数を定数以外許容しないケーラー多様体とする．正則写像 $f: \mathcal{M} \to \mathcal{N}$ が $\sup_r T(r) < \infty$ を満たすならば，f は定数に限る．

6.2.3 ネヴァンリンナ族

前節とは逆に特性関数が有界となる非定数関数が存在する場合を考えよう．リーマン面上の特性関数が有界となる有理形関数はリンデレーフ関数と呼ばれる[48]が，定義域が円板や擬凸領域上の場合，この関数族はネヴァンリンナ族と呼ばれる正則関数の族を含む．これについて見ておくことにする．この関数族は古くから多くの研究がなされている．

まず，古典的な場合を見る．$D := B_o(1) \subset \mathbb{C}$ (単位円板) とする．

定義 6.14. D 上の正則関数 f がネヴァンリンナ族 $\mathfrak{N}$ に属するとは，

$$\sup_{0<r<1} \int_{\partial B_o(r)} \log^+ |f(y)| ds_r(y) < \infty$$

を満たすことである．ここで，$ds_r(y)$ は $\partial B_o(r) = \{|z| = r\}$ 上の一様測度である．

明らかにこの関数族はハーディ関数 $H^p(D)$ $(p > 0)$ より広いクラスの関数族である．まず基本的なのは，ハーディ関数について成り立っていた非接極限に関する結果である．

定理 6.15. $f \in \mathfrak{N}$ ならば，ほとんどすべての $b \in \partial B_o(1)$ に対し，f は $z \to b$ のとき，非接極限値を持つ．

第 2 章の調和関数の非接極限値の項で見たように，複素ブラウン運動 Z_t に対し，$\lim_{t \to \tau_D} f(Z_t)$ が存在すれば，結論が得られるであろう．実際，

命題 6.16. $f \in \mathfrak{N}$ ならば，$\lim_{t \to \tau_D} f(Z_t)$ が a.s. に存在する．

証明. $\log(|z|^2 + 1) - \log 2 \leq 2\log^+ |z| \leq \log(|z|^2 + 1)$ および，伊藤の公式から

$$E_o[\log(|f(Z_{\tau_r})|^2 + 1)] = T(r)$$

となることに注意すると，

$$T(r) - \log 2 \leq 2 \int_{\partial B_r(o)} \log^+ |f(y)| ds_r(y) \leq T(r)$$

となる．すなわち，

$$f \in \mathcal{N} \quad \Leftrightarrow \quad \sup_{0 < r < 1} T(r) < \infty$$

となる．よって，前と同様に $\lim_{t \to \tau_D} f(Z_t)$ が a.s. に $\mathbb{P}^1(\mathbb{C})$ で存在すること
がわかるが，同時に $\lim_{t \to \tau_D} |f(Z_t)| < \infty$ もわかるから，極限値は $\mathbb{C}$ に存在
する．　　　　　　　　　　　　　　　　　　　　　　　　　　　　$\square$

$t \to \tau_D$ のとき $f(Z_t)$ が存在すれば，もちろん，$\lim_{t \to \tau_D} Re(f)(Z_t)$,
$\lim_{t \to \tau_D} Im(f)(Z_t)$ も存在する．第 2 章の調和関数の非接極限の議論から，
a.e. $b \in \partial D$ に対して，$Re(f)(z)$, $Im(f)(z)$ も $z \to b$ のとき非接極限を持つ．
よって，f も非接極限を持つ．

f が $\mathbb{C}^n$ の領域 D 上の正則関数のときも同様にネヴァンリンナ族が定義さ
れる．特に，滑らかな多重劣調和関数 ρ を定義関数とする強擬凸領域 D を考
えよう．すなわち，$D = \{\rho < 0\}$, $d\rho \neq 0$ とする．ネヴァンリンナ族 $\mathfrak{N}(D)$
を

$$f \in \mathfrak{N}(D) \quad \underset{\mathrm{def}}{\Leftrightarrow} \quad \sup_{\epsilon > 0} \int_{\{\rho = -\epsilon\}} \log^+ |f| d\sigma_\epsilon < \infty$$

によって定義する．ただし，$d\sigma_\epsilon$ はユークリッド計量から誘導される $\{\rho = -\epsilon\}$
上の曲面積測度である．前に見たように，$D_\epsilon := \{\rho < -\epsilon\}$ および D におけ
る調和測度 $\omega_\epsilon(z, dy)$ $(z \in D_\epsilon, y \in \partial D_\epsilon)$, $\omega(z, dy)$ $(z \in D, y \in \partial D)$ はこの
場合，それぞれ $d\sigma_\epsilon$, $d\sigma$ と互いに絶対連続で，その密度は有界であることがわ
かる (cf. [58])．よって 1 変数のときと同じように，

$$f \in \mathfrak{N}(D) \quad \Leftrightarrow \quad \sup_{\epsilon > 0} E_o[\log^+ |f|(Z_{\tau_{D_\epsilon}})] < \infty$$

が言える．さらに，前に定義した擬凸領域上の特性関数を用いれば，

$$f \in \mathfrak{N}(D) \quad \Leftrightarrow \quad \sup_r T(r) < \infty$$

となる．これを用いれば，$\exists \lim_{t \to \tau_D} f(Z_t)$ a.s. もわかる．

ネヴァンリンナ族の関数に対して注目された研究は，その零点の特徴づけで
あった．

D が単位円板のときは，$f \in \mathfrak{N}(D)$ ならば，f の零点 $\{\alpha\}$ はブラシュケ
条件:

$$\sum_{f(\alpha)=0} (1 - |\alpha|) < \infty \tag{6.11}$$

を満たす．ここで，和は重複度も込めて数えている．逆に，もし D 内の点集
合 $\{\alpha\}$ が上のブラシュケ条件 (6.11) を満たしていれば，これを零点とする正
則関数 $f \in \mathfrak{N}(D)$ が存在することが知られている．

これをネヴァンリンナ理論から見ると，$f \in \mathfrak{N}(D)$ ならば，$\sup_r T(r) <$
∞ であったから，第 1 主定理より，$N(1, 0) < \infty$ である．$N(1, 0) =$
$2 \sum_{f(\alpha)=0} \log \frac{1}{|\alpha|} \approx 2 \sum_{f(\alpha)=0} (1 - |\alpha|)$ よりブラシュケ条件が従う．

4.3.6 節で見たグリーン関数の評価を用いると，多変数の場合もこの関係が次のような形で成り立つことがわかる．

命題 6.17. $D \subset \mathbb{C}^n$ を有界強擬凸領域とする．$f \in \mathfrak{N}(D)$ ならば，

$$\int_{\{f^{-1}(0)\}} d(z, \partial D)\nu_f(z)dH_{2n-2}(z) < \infty \tag{6.12}$$

が成り立つ．ここで，$\nu_f(z)$ は f の零点の重複度を表し，dH_{2n-2} は $2n-2$ 次元ハウスドルフ測度である．

このような形のブラシュケ条件 (6.12) はマリアヴァン[89] による．ネヴァンリンナ族の零点の特徴づけについては，マリアヴァンの後，ヘンキン[75] とスコダ[93] が独立に，条件 (6.12) が $\mathfrak{N}(D)$ の関数の零点になる十分条件であることを示した．

6.3 有理形関数の第 2 主定理

6.3.1 設定

ネヴァンリンナ理論の神髄は第 2 主定理である．ネヴァンリンナ理論を一般化しようとするとき，値域の多様体を一般化することは大きな問題となっている (cf. [40])．ここでは，値域は最も簡単な場合，$\mathbb{P}^1(\mathbb{C})$ とし，定義域を少し拡張して見よう．多変数の有理形関数の場合，その特異点が問題となるが，ここでは不確定特異点を持たず，$\mathcal{M}$ から $\mathbb{P}^1(\mathbb{C})$ への正則写像と見ることができるものに話を限ることにする．不確定特異点を持つ場合は有理形写像と言われ，その場合も同様に話を展開することができるが，いくつか注意と準備も必要であり，本書では割愛する．

定義域のケーラー多様体 $\mathcal{M}$ は完備であり，次の曲率条件を満たすとする．

$$\mathrm{Sect}_{\mathcal{M}} \leq 0, \quad \mathrm{Ric}_{\mathcal{M}} \geq R(x) \geq -(2n-1)\kappa^2. \tag{6.13}$$

ここで，$R(x)$ は $\mathcal{M}$ 上の連続関数，$\dim_{\mathbb{C}} \mathcal{M} = n$, $\kappa \geq 0$ とする．簡単のため，$\mathcal{M}$ は単連結とする．すると，$\mathcal{M}$ はリーマン多様体としてはアダマール多様体となり，位相的にはユークリッド空間と同相である．また，リッチ曲率が下に有界であることから，第 4 章で見たように $\mathcal{M}$ 上のブラウン運動は保存的である．

我々の第 2 主定理を得る方針は，定義域の性質と値域の性質を分けて考えるということである．等角不変性により，正則写像 $f : \mathcal{M} \to \mathbb{P}^1(\mathbb{C})$ によって $\mathcal{M}$ 上のブラウン運動 X は，$\mathbb{P}^1(\mathbb{C})$ 上のブラウン運動 W の時間変更過程に写されるということが基本にあった．X と W についてそれぞれの性質から従う基本補題 1 と 2 を証明し，それらを合わせて第 2 主定理を得るということである．

6.3.2 基本補題 1

ここでは，$\mathcal{M}$ をリーマン多様体として扱う．仮定より $\mathcal{M}$ はアダマール多様体である．

補題 6.18. $K(x)$ を $\mathcal{M}$ 上の非負局所可積分関数とし，$o \in \mathcal{M}$ のある近傍で有界とする．このとき，任意の $\epsilon > 0$ に対して，ルベーグ測度有限な集合 $E_\epsilon \subset [0, \infty)$ と K によらない $C(r) > 0$ が存在して，

$$E_o[K(X_{\tau_r})] \le C(r) \left(E_o[\int_0^{\tau_r} K(X_t)dt] \right)^{(1+\epsilon)^2}$$

が $r \notin E_\epsilon$ に対して成り立つ．

この証明のためにネヴァンリンナ理論でしばしば使われる初等的な事実を注意しておく．

補題 6.19. $h(t)$ を $[0, \infty)$ 上の非負関数でルベーグ測度に関し局所可積分とする．$c > 0$ に対し $\int_0^c h(t)dt > 0$ ならば，任意の $\epsilon > 0$ に対しルベーグ測度有限な集合 $A_\epsilon \subset [c, \infty)$ が存在して，

$$h(t) \le \left(\int_c^t h(s)ds \right)^{1+\epsilon}$$

が $t \in (c, \infty) \setminus A_\epsilon$ に対して成り立つ．

証明．$H(t) := \int_0^t h(t)dt$ と置く．$A_\epsilon := \{t \in [c, \infty) : h(t) > H(t)^{1+\epsilon}\}$ と置くと

$$\int_{A_\epsilon} dt \le \int_c^\infty \frac{dH}{H^{1+\epsilon}} < \infty$$

となり，A_ϵ の測度は有限となる． $\square$

補題 6.18 の証明．$r > 1$ に対して示す．3.2.3 節の結果より，定数 $C_1, C_2 > 0$ が存在して，

$$C_1 \Phi(r)^{-1} \int_{r(y)}^r G(t)^{1-2n}dt \le g_r(o, y),$$

$$d\pi_o(y) \le \frac{C_2}{r^{2n-1}}dS_r$$

であった．ここで，$d\pi_o$ は $\partial B_o(r)$ 上の調和測度，dS_r はリーマン計量から誘導される $\partial B_o(r)$ 上の曲面測度である．また，$G(t)$ はリッチ曲率の下限から定義される方程式 (3.9) の解であり，

$$\Phi(r) = \int_1^r G(t)^{1-2n}dt \ (r > 1),$$

である．以下，$B(r) := B_o(r)$ とする．

$$E_o\left[\int_0^{\tau_r} K(X_s)ds \right] = \int_{B(r)} K(y)g_r(o, y)dv(y)$$

$$\geq C_1 \Phi(r)^{-1} \int_{B(r) \setminus B(1)} \int_{r(y)}^r G(s)^{1-2n} ds K(y) dv(y)$$

$$= C_1 \Phi(r)^{-1} \int_1^r m(t) \int_t^r G(s)^{1-2n} ds dt \qquad (6.14)$$

となる. ここで,

$$m(t) = \int_{\partial B(t)} K(y) dS_t(y)$$

として, 余積公式 (補遺参照) を用いた. (6.14) の最後の項を $C_1 \Phi(r)^{-1} J(r)$ と置くと, 補題 6.19 より, ルベーグ測度有限な集合 A_ϵ があって,

$$J'(r) = G(r)^{1-2n} \int_1^r m(t) dt \geq G(r)^{1-2n} m(r)^{\frac{1}{1+\epsilon}} \quad (r \notin A_\epsilon)$$

が成り立つ. 再び, 補題 6.19 を用いれば, ルベーグ測度有限な集合 B_ϵ があって,

$$J'(r) \leq J(r)^{1+\epsilon} \quad (r \notin B_\epsilon)$$

を得る. また, 先に見たような比較定理からの帰結として,

$$C_2 r^{1-2n} m(r) \geq E_o[K(X_{\tau_r})]$$

であった. $E_\epsilon = A_\epsilon \cup B_\epsilon$ と置いてこれらを合わせると, $r \notin E_\epsilon$ ならば

$$\begin{aligned}
E_o[K(X_{\tau_r})] &\leq C_2 r^{1-2n} m(r) \\
&\leq C_2 r^{1-2n} (G(r)^{2n-1} J'(r))^{1+\epsilon} \\
&\leq C_2 r^{1-2n} G(r)^{(1+\epsilon)(2n-1)} J(r)^{(1+\epsilon)^2} \\
&\leq C(r) \left(E_o[\int_0^{\tau_r} K(X_s) ds] \right)^{(1+\epsilon)^2}
\end{aligned}$$

となる. ここで,

$$C(r) = C_1^{-(1+\epsilon)^2} C_2 \Phi(r)^{(1+\epsilon)^2} r^{1-2n} G(r)^{(1+\epsilon)(2n-1)}.$$

$\square$

6.3.3 基本補題 2

W を $\mathbb{P}^1(\mathbb{C})$ 上のブラウン運動とする. これから証明する補題については, 一般のコンパクトリーマン面でも同様なことが証明できる.

今, $a_1, \ldots, a_q \in \mathbb{P}^1(\mathbb{C})$ に対し,

$$k(w) := \left(\prod_{k=1}^q [w, a_k] \log[w, a_k]^{-2} \right)^{-2}$$

と置く. 弦距離を定数倍して, $[w, a] < 1$ となるようにしておく. すると, $k(w)$ は $w \neq a_1, \ldots, a_q$ のとき有限な値を取り, フビニ–スタディ計量より決

まる面積測度 dv に関して可積分となる.

補題 6.20. $a_1, \ldots, a_q$ を $\mathbb{P}^1(\mathbb{C})$ の相異なる点とする. $w_0 \neq a_1, \ldots, a_q$ ならば, $c_1, c_2 > 0$ が存在して, $E_{w_0}[T] < \infty$ となる任意の止め時 T に対して

$$E_{w_0}\left[\int_0^T k(W_t)dt\right] \leq c_1 E_{w_0}[T] + c_2$$

が成り立つ.

証明. Δ を前述したフビニ–スタディ計量から決まるラプラシアンとし, $w, a \in \mathbb{P}^1(\mathbb{C})$ に対し $u_a(w) := \log[w, a]^{-2}$ と置くと, $\frac{1}{2}\Delta u_a(w) = 1 - \pi\delta_a(w)$ であることがわかる. よって, 任意の $h \in C_0^\infty(\mathbb{P}^1(\mathbb{C}))$ に対して, $\psi(w) := \int_{\mathbb{P}^1(\mathbb{C})} u_a(w)h(a)dv(a)$ と置くと,

$$\frac{1}{2}\Delta\psi(w) = \int_{\mathbb{P}^1(\mathbb{C})} h(a)dv(a) - \pi h(w) \tag{6.15}$$

となる. 今, $a_1, \ldots, a_q$ の ϵ-近傍を U_ϵ とする. $\phi_\epsilon \in C_0^\infty(\mathbb{P}^1(\mathbb{C}))$ を $0 \leq \phi_\epsilon \leq 1$, $\operatorname{supp} \phi_\epsilon \subset \mathbb{P}^1(\mathbb{C}) \setminus U_\epsilon$, $\phi_\epsilon \nearrow 1$ $(\epsilon \to 0)$ を満たすものとする.

$$\psi_\epsilon(w) := \int_{\mathbb{P}^1(\mathbb{C})} u_a(w)k(a)\phi_\epsilon(a)dv(a)$$

と置くと, ψ_ϵ は滑らかな関数であるから伊藤の公式が適用でき, (6.15) より,

$$E_{w_0}[\psi_\epsilon(W_T)] - \psi_\epsilon(w_0)$$

$$= \int_{\mathbb{P}^1(\mathbb{C})} k(a)\phi_\epsilon(a)dv(a)E_{w_0}[T] - \pi E_{w_0}\left[\int_0^T k(W_t)\phi_\epsilon(W_t)dt\right]$$

となる. $\epsilon \to 0$ とすると, 右辺は

$$\int_{\mathbb{P}^1(\mathbb{C})} k(a)dv(a)E_{w_0}[T] - \pi E_{w_0}\left[\int_0^T k(W_t)dt\right]$$

に収束する.

$\lim_{\epsilon \to 0} \psi_\epsilon(w_0)$ は有限な値を取り, ψ_ϵ は非負だから, 左辺は定数で下からおさえられる. $\square$

上の証明で ψ_ϵ を用いるのはカーンのアイディアによる[64]. 一般のリーマン面の場合も, そのリーマン面のブラウン運動の推移密度関数 $p(t, x, y)$ を用いて同様な関数を作ることことができる.

6.3.4 アダマール多様体上の第2主定理

正則写像 $f : \mathcal{M} \to \mathbb{P}^1(\mathbb{C})$ に対して, 次の第2主定理を示す.

ネヴァンリンナ関数のほかに, 次の関数を用意する.

$$N(r, \operatorname{Ric}) = -E_o\left[\int_0^{\tau_r} R(X_s)ds\right].$$

ここで, $R(x)$ は (6.13) に現れるリッチ曲率の各点における下界である. また,

$$N_1(r) = \lim_{\lambda \to \infty} \lambda P_o \left(\sup_{0 \le s \le \tau_r} \log^- e_f(X_s) > \lambda \right),$$

と置く.

定理 6.21. $a_1, \ldots, a_q \in \mathbb{P}^1(\mathbb{C})$ を相異なる点とし, $f(o) \ne a_k$ $(k = 1, \ldots, q)$ とする. 曲率条件 (6.13) を仮定する. $\lim_{r \to \infty} T(r) = \infty$ ならば, 任意の $\delta > 0$ に対し, ルベーグ測度有限な集合 $E_\delta \subset [0, \infty)$ が存在し,

$$\sum_{j=1}^{q} m(r, a_j) + N_1(r) \le 2T(r) + N(r, \mathrm{Ric}) + (2 + (1 + \delta)^2) \log T(r) + S(r)$$

が $r \notin E_\delta$ に対して成り立つ. ここで,

$$S(r) = (1 - 2n) \log r + (2n - 1)(\delta + 1) \log G(r) + (1 + \delta)^2 \log \Phi(r) + C_0,$$

$G(r)$ は (3.9) において $\kappa(r) = -\kappa^2$ としたときの解, $\Phi(r)$ は

$$\Phi(r) = \int_1^r G(t)^{1-2n} dt \ (r > 1),$$

C_0 は正定数である.

注意 6.22. $\kappa = 0$ のとき $G(r) = r$, $\kappa \ne 0$ のとき $G(r) \asymp e^{\kappa r}$ である. また, $\log \Phi(r)$ は, $n = 1$ かつ $\kappa = 0$ のとき $O(\log \log r)$, その他のとき有界である. よって, 上の定理は $\mathcal{M} = \mathbb{C}$ の場合の古典的第 2 主定理を含む.

第 5 章でも用いられたボホナー–ヴァイツェンベックの公式の特別な形であるチャーン–ルーの公式 (補遺参照) を思い出そう.

補題 6.23. 集合 $\{e_f(x) \ne 0\}$ 上で

$$\frac{1}{2} \Delta_{\mathcal{M}} \log e_f(x) \ge -2 e_f(x) + R(x)$$

が成り立つ.

これを伊藤の公式と破綻関数の公式に適用する.

補題 6.24.

$$E_o[\log e_f(X_{\tau_r})] \ge N_1(r) - N(r, \mathrm{Ric}) - 2T(r).$$

証明. $T_\lambda = \inf\{t > 0 : \log^- e_f(X_t) > \lambda\}$ と置く. $\log e_f$ は $B(r)$ 上で上に有界である. 伊藤の公式と補題 6.23 より,

$$E_o[\log e_f(X_{\tau_r \wedge T_\lambda})] = E_o \left[\int_0^{\tau_r \wedge T_\lambda} \frac{1}{2} \Delta_{\mathcal{M}} \log e_f(X_s) ds \right]$$

$$\geq -2E_o\left[\int_0^{\tau_r \wedge T_\lambda} e_f(X_s)ds\right] + E_o\left[\int_0^{\tau_r \wedge T_\lambda} R(X_s)ds\right].$$

左辺は

$$E_o[\log^+ e_f(X_{\tau_r}) : \tau_r \leq T_\lambda] - E_o[\log^- e_f(X_{\tau_r}) : \tau_r \leq T_\lambda] - \lambda P_o(\tau_r > T_\lambda)$$

に等しい. f は非定数と仮定しているから, f の微分の零点 ($e_f(x) = 0$ となる点) は極集合である. よって, $T_\lambda \uparrow \infty (\lambda \to \infty)$ であり, $P_o(\tau_r > T_\lambda) = P_o(\sup_{0 \leq s \leq \tau_r} \log^- e_f(X_s) > \lambda)$ かつ $P_o(\tau_r \leq T_\lambda) \to 1 \ (\lambda \to \infty)$ が成り立つ. よって $\lambda \to \infty$ とすると, 単調収束定理より所望の不等式を得る. □

定理 6.21 の証明. $k(w)$ を基本補題 2 の関数とする. 第 1 主定理 (6.12), イェンセンの不等式および補題 6.24 より,

$$E_o[\log k(f(X_{\tau_r}))e_f(X_{\tau_r})]$$
$$\geq \sum_{j=1}^q m_x(r, a_j) + N_1(r) - 2T(r) + N(r, \mathrm{Ric}) - 2\log T(r).$$

一方, イェンセンの不等式, 補題 6.18, 補題 6.20 より, ルベーグ測度有限な E_δ が存在して, $r \notin E_\delta$ に対して,

$$E_o[\log k(f(X_{\tau_r}))e_f(X_{\tau_r})]$$
$$\leq \log E_o[k(f(X_{\tau_r}))e_f(X_{\tau_r})]$$
$$\leq (1+\delta)^2 \log E_o\left[\int_0^{\tau_r} k \circ f(X_s)e_f(X_s)ds\right] + \log G(r)^{(2n-1)(\delta+1)}$$
$$\quad + (1-2n)\log r + (1+\delta)^2 \log \Phi(r) + O(1)$$
$$\leq (1+\delta)^2 \log T(r) + (1-2n)\log r + (2n-1)(\delta+1)\log G(r)$$
$$\quad + (1+\delta)^2 \log \Phi(r) + O(1)$$

となる. これらの不等式を合わせて所望の不等式が得られる. □

注意 6.25. 曲率条件 (6.13) において, κ が r に依存する場合, すなわち,

$$\inf_{x \in \partial B_0(r)} R(x) \geq -(2n-1)\kappa^2(r)$$

としたときも同様に第 2 主定理を示すことができるが, 煩雑になるのでここでは簡単な場合のみを扱った.

上で述べた第 2 主定理は $\mathcal{M}$ が負の定曲率空間のときは, 簡明な形となる.

定理 6.26. $a_1, \ldots, a_q \in \mathbb{P}^1(\mathbb{C})$ を相異なる点とし, $f(o) \neq a_k \ (k = 1, \ldots, q)$ とする. $\mathrm{Sect}_{\mathcal{M}} = -\kappa^2 \ (\kappa > 0)$ とする. $\lim_{r \to \infty} T(r) = \infty$ ならば, 任意の $\delta > 0$ に対しルベーグ測度有限な集合 $E_\delta \subset [0, \infty)$ が存在し,

$$\sum_{j=1}^{q} m(r,a_j) + N_1(r) \leq 2T(r) + (2+(2n-1)\delta)\kappa r + (2+(1+\delta)^2)\log T(r) + O(1)$$

が $r \notin E_\delta$ に対して成り立つ.

証明は,基本補題 1 において比較定理を用いた調和測度の上からの評価に注意することと,動径過程の比較定理から従う次の事実に注意すればよい. すなわち,τ_r を $B_o(r)$ からの脱出時間とすると,

$$E[\tau_r] \leq \frac{2r}{(2n-1)\kappa}$$

となる.

$\mathbb{C}$ 上の単位円板では,ガウス曲率 -1 の双曲計量を入れるとができ,$|z| = \rho$ とすると,原点と z の双曲距離 r は $r = \log(1-\rho)^{-1} + \log(1+\rho)$ となる. よって,定理 6.26 は古典的第 2 主定理の円板上の場合の拡張と考えられる.

6.3.5 欠如関係式

古典的な場合と同じように,第 2 主定理 6.21 より欠如関係式が得られる.

定義 6.27.

$$\delta(a) := \liminf_{r \to \infty} \frac{m(r,a)}{T(r)} = 1 - \limsup_{r \to \infty} \frac{N(r,a)}{T(r)}. \tag{6.16}$$

もし,f が $a \in \mathbb{P}^1(\mathbb{C})$ を取らなければ,$\delta(a) = 1$ となる.

命題 6.28. 単連結完備ケーラー多様体 $\mathcal{M}$ は曲率条件 (6.13) を満たすものとし,$f : \mathcal{M} \to \mathbb{P}^1(\mathbb{C})$ を非定数正則写像とする. もし,$\delta_0 > 0$ があって

$$\liminf_{r \to \infty, r \notin E_{\delta_0}} \frac{r^2}{T(r)} = 0 \tag{6.17}$$

ならば,

$$\sum_{k=1}^{q} \delta(a_k) \leq 2$$

となる. ここで,E_{δ_0} は定理 6.21 の r に関する除外集合である.

証明. 曲率条件より,$N(r, \mathrm{Ric}) \leq \kappa^2 E_o[\tau_r]$ である. X の動径過程の比較定理 (式 (3.16)) により,$E_o[\tau_r] \leq r^2$ となる. $\qquad \square$

注意 6.29. 曲率条件 (6.13) のうち,断面曲率に関する条件をある定数 $c > 0$ に対して $\mathrm{Sect}_{\mathcal{M}} \leq -c < 0$ とすると,再び比較定理を用いれば $E_o[\tau_r] = O(r)$ となることがわかるので,上の命題の仮定 (6.17) は

$$\liminf_{r \to \infty, r \notin E_{\delta_0}} \frac{r}{T(r)} = 0$$

とすることができる.

定理 6.26 からは次が得られる.

命題 6.30. 単連結完備ケーラー多様体 $\mathcal{M}$ は $\mathrm{Sect}_{\mathcal{M}} = -\kappa^2 \, (\kappa > 0)$ を満たすとする. $f : \mathcal{M} \to \mathbb{P}^1(\mathbb{C})$ を非定数正則写像とする. $T(r) \to \infty \, (r \to \infty)$ ならば,

$$\sum_{k=1}^{q} \delta(a_k) \le 2 + 2\kappa \limsup_{r \to \infty} \frac{r}{T(r)}$$

となる.

次の例は, f が 3 点以上を除外するとき, 上の欠如関係式がシャープになる例である.

例 12. f を単位円板 D から $\mathbb{P}^1(\mathbb{C}) \setminus \{a_1, \dots, a_q\} \, (q \ge 3)$ への普遍被覆写像とする. D にガウス曲率 -1 の双曲計量を入れ, 対応するブラウン運動によって定義される f の特性関数を $T(r)$ とする. このとき,

$$\lim_{r \to \infty} \frac{T(r)}{2r} = \frac{1}{q-2}$$

となる.

注意 6.31. ネヴァンリンナ理論を上述のように一般化すると剰余項に技術的理由によって生じた本質的とは思われない部分が現れる. ネヴァンリンナ関数の取り方を変えることによって, 負曲率ケーラー多様体の場合は本質的に剰余項はリッチ曲率による項で抑えられることを [61] では主張している.

6.4 対数微分の補題

対数微分の補題とは, 次のような有理形関数 f の対数微分の評価に関する結果である.

定理 6.32 (対数微分の補題). f を $\mathbb{C}$ 上の有理形関数とする. このとき, 定数 $C_1, C_{>}0$ とルベーグ測度有限な集合 $E \subset [0, \infty)$ が存在して,

$$\frac{1}{2\pi} \int_0^{2\pi} \log^+ \left| \frac{f'}{f} \right| (re^{i\theta}) d\theta \le C_1 \log^+ T(r) + C_2 \log r \quad (r \notin E)$$

が成り立つ.

対数微分の補題の形はほかにもある (cf. [6]) が, ネヴァンリンナ理論への応用を考えると本質的にはこの形であろう. R. ネヴァンリンナの第 2 主定理のオリジナルの証明にはこの事実が主要な役割を果たした (cf. [17]). また, 次節で述べる高次元複素射影空間への正則写像に対する H. カルタンによる第 2 主定理の拡張にはこの補題が有効に使われる.

6.4.1 バークホルダー型不等式

我々はこの補題を確率微積分を使って証明する．一つ一つの命題は非常に簡明なもので，バークホルダーの不等式，強マルコフ性，時間変更，田中の公式といった確率微積分の基本事項に基づいて示される．

ここで最も基本的なのが，次に述べるバークホルダー型不等式である．これは，B-D-G 不等式を述べた際に言及したバークホルダーによる "good-λ" 不等式の一種である．ここでは，カーンが $\mathbb{P}^1(\mathbb{C})$ 上のブラウン運動について示した不等式のアイディア[64]を借用して，より一般的なディリクレ過程について成り立つ不等式を求めよう．

今，一般的な状態空間 $\mathcal{M}$ 上の拡散過程 X に対し，非負関数 u は $u(X_t)$ が連続局所劣マルチンゲールになるものとする．ドゥーブ–メイエ分解より，

$$u(X_t) = u(X_0) + M_t + A_t$$

となる．ここで，M は局所マルチンゲール，A は増加過程である．

$$u_t^* := \sup_{0 \leq s \leq t} u(X_s)$$

と置く．

補題 6.33. $\beta > 1$, $0 < \delta < 1$ とする．T を任意の止め時とするとき，次が成り立つ．

　i)
$$P(A_T \geq \beta\lambda, u_T^* \leq \delta\lambda) \leq \frac{\delta}{\beta - 1} P(A_T \geq \lambda), \qquad (6.18)$$

　ii)
$$P(u_T^* > \beta\lambda, T \leq \delta\lambda) \leq \frac{1 + \delta}{\beta} P(u_T^* \geq \lambda). \qquad (6.19)$$

証明. i) $S_\lambda := \inf\{t > 0 : u(X_t) > \lambda\}$, $T_\lambda := \inf\{t > 0 : A_t > \lambda\}$ と置く．$\{A_T \geq \beta\lambda\}$ 上では，$T \geq T_\lambda$ であり，$A_T \circ \theta_{T_\lambda} = A_T - A_{T_\lambda} \geq \beta\lambda - \lambda$ となる．また同じ事象の上では，$u_T^* \circ \theta_{T_\lambda} = \sup_{T_\lambda \leq t \leq T \circ \theta_{T_\lambda} + T_\lambda} u(X_t) \leq u_T^*$ となることに注意する．強マルコフ性より次が成り立つ．

$$
\begin{aligned}
P(A_T \geq \beta\lambda, u_T^* \leq \delta\lambda \mid \mathcal{F}_{T_\lambda}) &\leq P_{X_{T_\lambda}}(A_T \geq \beta\lambda - \lambda, u_T^* \leq \delta\lambda) \\
&= P_{X_{T_\lambda}}(T \geq T_{(\beta-1)\lambda}, T \leq S_{\delta\lambda}) \\
&\leq P_{X_{T_\lambda}}(T_{(\beta-1)\lambda} \leq S_{\delta\lambda}) \\
&= P_{X_{T_\lambda}}(A_{S_{\delta\lambda}} \geq (\beta-1)\lambda) \\
&\leq \frac{1}{(\beta-1)\lambda} E_{X_{T_\lambda}}[A_{S_{\delta\lambda}}] \\
&\leq \frac{1}{(\beta-1)\lambda} E_{X_{T_\lambda}}[u(X_{S_{\delta\lambda}})] \\
&= \frac{\delta\lambda}{(\beta-1)\lambda} = \frac{\delta}{\beta - 1}.
\end{aligned}
$$

これより示すべき不等式が得られる．

ii) まず，$\{u_T^* > \beta\lambda\}$ 上では，$u_T^* \circ \theta_{S_\lambda} > \beta\lambda$ となるから，

$$
\begin{aligned}
P(u_T^* > \beta\lambda, A_T \le \delta\lambda) &= P(u_T^* > \beta\lambda, T \le T_{\delta\lambda}, S_\lambda < T) \\
&\le P(u_{T_{\delta\lambda}}^* \circ \theta_{S_\lambda} > \beta\lambda, T > S_\lambda) \\
&\le E[P(u_{T_{\delta\lambda}}^* \circ \theta_{S_\lambda} > \beta\lambda \mid \mathcal{F}_{S_\lambda}) : T > S_\lambda]
\end{aligned}
$$

となることに注意する．被積分関数の条件付き期待値について見る．

$$
\begin{aligned}
P(u_{T_{\delta\lambda}}^* \circ \theta_{S_\lambda} > \beta\lambda \mid \mathcal{F}_{S_\lambda}) &= P_{S_\lambda}(u_{T_{\delta\lambda}}^* > \beta\lambda) \\
&= P_{S_\lambda}(T_{\delta\lambda} > S_{\beta\lambda}) \\
&\le \frac{1}{\beta\lambda} E_{S_\lambda}[u(X_{T_{\delta\lambda} \wedge S_{\beta\lambda}}) : T_{\delta\lambda} > S_{\beta\lambda}] \\
&\le \frac{1}{\beta\lambda}\{E_{S_\lambda}[A_{T_{\delta\lambda} \wedge S_{\beta\lambda}}] + u(X_{S_\lambda})\} \\
&\le \frac{1}{\beta\lambda}(\delta\lambda + \lambda) = \frac{1+\delta}{\beta}.
\end{aligned}
$$

よって，所望の不等式が得られた． $\square$

定理 6.34. X, u は補題 6.33 のものとする．

i) $0 < p$ に対し，p のみによる定数 C_p が存在して，任意の止め時 T に対して，

$$
E[A_T^p] \le C_p E[(u_T^*)^p]
$$

が成り立つ．

ii) $0 < p < 1$ に対し，p のみによる定数 c_p が存在して，任意の止め時 T に対して，

$$
c_p E[(u_T^*)^p] \le E[A_T^p]
$$

が成り立つ．

証明. i), ii) ともに証明は同様なので，p に制限の付いている ii) のみ示す．不等式 (6.19) より，

$$
\begin{aligned}
E\left[\left(\frac{u_T^*}{\beta}\right)^p\right] &= \int_0^\infty P(u_T^* > \beta\lambda)d\lambda^p \\
&\le \int_0^\infty \{P(u_T^* > \beta\lambda, T \le \delta\lambda) + P(T > \delta\lambda)\}d\lambda^p \\
&\le \frac{1+\delta}{\beta}\int_0^\infty P(u_T^* \ge \lambda)d\lambda^p + E\left[\left(\frac{T}{\delta}\right)^p\right] \\
&\le \frac{1+\delta}{\beta}E[(u_T^*)^p] + E\left[\left(\frac{T}{\delta}\right)^p\right].
\end{aligned}
$$

$0 < p < 1$ より，$\beta > 1, 0 < \delta < 1$ を適当に取れば，$\beta^{-p} > \frac{1+\delta}{\beta}$ とできる．
$\square$

この不等式の簡単な応用として，標準ブラウン運動の局所時間に関する不等式を示そう．これは次項で用いられる．以下では，ある定数 $c_1, c_2 > 0$ が存在して $c_1 A \leq B \leq c_2 B$ となることを $A \asymp B$ と表すことにする．

命題 6.35. B を $\mathbb{R}$ 上の標準ブラウン運動とし，L_t^0 を B の 0 における局所時間とする．$0 < p < 1$ ならば，任意の止め時 S に対して，

$$E[(L_S^0)^p] \asymp E[S^{p/2}]$$

となる．

*証明．*田中の公式より

$$|B_t| = \text{局所マルチンゲール} + L_t^0$$

となるから，定理 6.34 において，$X = B$, $u(x) = |x|$ $(x \in \mathbb{R})$ とすれば，

$$E[(\sup_{0 \leq t \leq S} |B_t|)^p] \asymp E[(L_S^0)^p].$$

一方，B-D-G 不等式より $E[(\sup_{0 \leq t \leq S} |B_t|)^p] \asymp E[S^{p/2}]$ である． $\square$

6.4.2 ゴルドバーグ型不等式

ゴルドバーグは対数微分の補題より強い形のゴルドバーグの不等式 (cf.[6]) を示し，それを用いて対数微分の補題を示した．我々は，上のバークホルダー型不等式より従う複素ブラウン運動に関する不等式と基本補題 1 を用いて，次のようにゴルドバーグの不等式の拡張を得る．

定理 6.36 (ゴルドバーグ型不等式). $\mathcal{M}$ を非正曲率条件 (6.13) を満たす単連結な完備ケーラー多様体とする．$0 < \alpha < 1/2$ とする．$B_o(r) \subset \mathcal{M}$ を中心 o,半径 $r > 0$ の球とする．$\mathcal{M}$ 上の有理形関数 f に対して，o が f の極でも零点でもなければ，ルベーグ測度有限な集合 $E \subset [0, \infty)$ と f によらない $\Xi(r)$ と定数 $C >$ が存在して，

$$\int_{\partial B_o(r)} \left| \frac{\nabla f}{f} \right|^\alpha dS_r \leq \Xi(r) (T(r)^\alpha + C) \quad (r \notin E)$$

が成り立つ．ここで，dS_r はケーラー計量より誘導された $\partial B_o(r)$ 上の面測度である．

これを示すためにまず次を示そう．

補題 6.37. Z を $Z_0 = z_0 \neq 0$ である $\mathbb{C}$ 上の複素ブラウン運動とする．$0 < p < 1$ とする．定数 $C_1, C_2 > 0$ が存在して，任意の止め時 T に対し

$$E_{z_0} \left[\left(\int_0^T \frac{ds}{|Z_s|^2} \right)^{p/2} \right] \leq C_1 E_{z_0} \left[\left(\int_0^T \frac{ds}{(|Z_s|^2 + 1)^2} \right)^p \right] + C_2.$$

証明. まず,

$$\rho_t = \int_0^t \frac{ds}{|Z_s|^2}, \quad \eta_t = \int_0^t \frac{ds}{(|Z_s|^2 + 1)^2}$$

と置くと, 標準ブラウン運動 B が存在して,

$$\log |Z_t| - \log |Z_0| = B(\rho_t),$$

また,

$$\log(|Z_t|^2 + 1) = \log(|Z_0|^2 + 1) + \text{局所マルチンゲール} + \eta_t$$

となることに注意する. 田中の公式より,

$$B(\rho_t) \vee 0 = \text{局所マルチンゲール} + \frac{1}{2} L_{\rho_t}^0$$

となるから, 命題 6.35 より,

$$E[\rho_T^{p/2}] \asymp E\left[\left(\sup_{0 \le t \le \rho_T} (B_t \vee 0)\right)^p\right] = E\left[\left(\sup_{0 \le t \le \rho_T} \log^+ \frac{|Z_t|}{z_0}\right)^p\right]$$

となる. 定理 6.34 より,

$$E\left[\left(\sup_{0 \le t \le \rho_T} \log^+ \frac{|Z_t|}{z_0}\right)^p\right]$$
$$\le 2^{p-1} E\left[\left(\sup_{0 \le t \le \rho_T} \log(|Z_t|^2 + 1)\right)^p\right] + 2^{p-1}\left(\log\left(1 + \frac{1}{|z_0|^2}\right)\right)^p$$
$$\asymp E[\eta_T^p] + 2^{p-1}\left(\log\left(1 + \frac{1}{|z_0|^2}\right)\right)^p$$

となる. $\qquad\qquad\square$

定理 6.36 の証明. X を定理の条件を満たすケーラー多様体 $\mathcal{M}$ 上のブラウン運動とする. $\tau_r = \inf\{t > 0 : X_t \notin B_o(r)\}$ とする. ここで, $o \in \mathcal{M}$ は任意の参照点である.

基本補題 1 と調和測度の比較定理より, f によらない $\Psi(r)$ があって,

$$\int_{\partial B_o(r)} \left|\frac{\nabla f}{f}\right|^\alpha ds_r \le \Psi(r) E\left[\int_0^{\tau_r} \left|\frac{\nabla f}{f}\right|^\alpha (X_t) dt\right].$$

イェンセンの不等式とコーシー―シュヴァルツの不等式より,

$$E\left[\int_0^{\tau_r} \left|\frac{\nabla f}{f}\right|^\alpha (X_t) dt\right] \le E\left[\tau^{1-\alpha/2}\left(\int_0^{\tau_r} \left|\frac{\nabla f}{f}\right|^2 (X_t) dt\right)^{\alpha/2}\right]$$
$$\le E[\tau^{2-\alpha}]^{1/2} E\left[\left(\int_0^{\tau_r} \left|\frac{\nabla f}{f}\right|^2 (X_t) dt\right)^\alpha\right]^{1/2}.$$

$$T = \int_0^{\tau_r} |\nabla f(X_s)|^2 ds$$

と置くと, 複素ブラウン運動 Z が存在して,

$$f(X_{\tau_r}) = Z_T$$

となるから，補題 6.37 とイェンセンの不等式より，

$$E\left[\left(\int_0^{\tau_r}\left|\frac{\nabla f}{f}\right|^2(X_t)dt\right)^\alpha\right] \le C_1 E\left[\left(\int_0^T\frac{ds}{(|Z_s|^2+1)^2}\right)^{2\alpha}\right] + C_2$$

$$\le C_1 T(r)^{2\alpha} + C_2$$

となる．結局，

$$\int_{\partial B_o(r)}\left|\frac{\nabla f}{f}\right|^\alpha dS_r \le \mathrm{const.}\Psi(r)E[\tau_r^{2-\alpha}]^{1/2}(T(r)^\alpha + C)$$

となる． □

注意 6.38. X の動径過程 $r(X_t)$ を見ると，比較定理により，$2m$ 次元ベッセル過程 $r_t^{(0)}$ が存在して，

$$r(X_t) \le r_t^{(0)}, \quad r(X_0) = r_0^{(0)} > 0 \quad (t \ge 0)$$

となるから，$\tau_r \le \tau_r^0 := \inf\{t > 0 : r_t^{(0)} \ge r\}$ となる．よって，

$$E[\tau_r^{2-\alpha}]^{1/2} \le O(r^{2-\alpha})$$

となる．

6.5　カルタンの第 2 主定理

H. カルタンは次の第 2 主定理を示した．

定理 6.39 (H. カルタン). $f : \mathbb{C} \to \mathbb{P}^n(\mathbb{C})$ を線形非退化な正則写像とする．$H_1, \ldots, H_q$ $(q > n+1)$ を一般の位置にある $\mathbb{P}^n(\mathbb{C})$ の超平面とすると，

$$\sum_k m(r, H_k) + N_1(r) \le (n+1)T(r) + O(\log r + \log T(r))$$

が，r に関しルベーグ測度有限な集合を除いて成り立つ．

ここで，f が線形非退化とは，$f(\mathbb{C})$ がいかなる超平面にも含まれないことを言う．また，$\mathbb{P}^n(\mathbb{C})$ の超平面 $H_1, \ldots, H_q$ が一般の位置にあるとは，$1 \le k \le n$ ならば任意の組 $1 \le i_1 < \cdots < i_k \le q$ に対し

$$\dim H_{i_1} \cap \cdots \cap H_{i_k} = n - k$$

となることを言う．

この定理に現れる $m(r, H)$, $T(r)$ はそれぞれ，f の H への近接関数と f の特性関数である．以下で見るように，これらは $n = 1$ の場合と同様に定義され

る．$N_1(r)$ は f のロンスキアンの零点に関する個数関数である．我々はこの定理の定義域の多変数化について見る．

　筆者の方法では確率論的手法を使うのは対数微分の補題までで，カルタン型の第 2 主定理の証明はヴィッターによるアイディア[100]に従う．基本的には古典的なカルタンの場合の類似である．以下の話では確率論は本質的ではないが，対数微分の補題がどのように使われるかを見るために，カルタン型の第 2 主定理の証明を見てみよう．

6.5.1　複素射影空間とネヴァンリンナ関数

　複素射影空間 $\mathbb{P}^n(\mathbb{C})$ は次で定義される同値関係 $\sim$ から $\mathbb{C}^{n+1}/\sim$ によって定義される．$\xi_1, \xi_2 \in \mathbb{C}^{n+1} \setminus \{0\}$ に対し

$$\xi_1 \sim \xi_2 \iff \xi_1 = c\xi_2 \text{ ある } c \in \mathbb{C}.$$

$z \in \mathbb{P}^n(\mathbb{C})$ は $(z_0, z_1, \ldots, z_n) \in \mathbb{C}^{n+1} \setminus \{0\}$ に対応する．z を $[z_0; z_1; \ldots; z_n]$ と表し，斉次座標と呼ぶ．$U_k := \{[z_0; z_1; \ldots; z_n] \mid z_k \neq 0\}$ とすると，$\{U_k\}_k$ は $\mathbb{P}^n(\mathbb{C})$ の開被覆となる．U_k 上で $(w_1, \ldots, w_n) := (z_0/z_k, \ldots, z_j/z_k, \ldots, z_n/z_k)$ は z の局所座標を与えるが，これを非斉次座標と呼ぶ．$\phi_k : z = [z_0; z_1; \ldots; z_n] \mapsto (z_0/z_k, \ldots, z_j/z_k, \ldots, z_n/z_k) \in \mathbb{C}^n$ $(j \neq k)$ と置くとき，$\{(U_k, \phi_k)\}$ は $\mathbb{P}^n(\mathbb{C})$ の正則局所座標系を与える．これにより，$\mathbb{P}^n(\mathbb{C})$ は n 次元複素多様体となる．ベクトル $(a_0, \ldots, a_n) \in \mathbb{C}^{n+1} \setminus \{0\}$ に対し超平面 H を $H = \{[z_0; z_1; \ldots; z_n] \in \mathbb{P}^n(\mathbb{C}) \mid \overline{a_0}z_0 + \cdots \overline{a_n}z_n = 0\}$ によって定義する．$(1, 0, \ldots, 0)$ に対応する超平面を H_∞ と置き，無限遠超平面と呼ぶことにする．定義より $\mathbb{P}^n(\mathbb{C})$ は U_0 と H_∞ の非交和である．$L \to \mathbb{P}^n(\mathbb{C})$ を超平面束とする．L の正則切断 σ に対し $(\sigma)_0$ (σ の零因子) は $\mathbb{P}^n(\mathbb{C})$ の超平面である．$(\sigma)_0 = H$ となる切断を σ_H と書くことにする．σ_H の標準的エルミート計量による長さ $||\sigma_H(z)||$ は

$$||\sigma_H(z)|| = \frac{|\overline{a_0}z_0 + \cdots + \overline{a_n}z_n|}{\sqrt{|z_0|^2 + \cdots + |z_n|^2}\sqrt{|a_0|^2 + \cdots + |a_n|^2}}$$

と斉次座標を用いて表される．ここで，$(a_0, \ldots, a_n)$ は H に対応するベクトルである．U_0 上の非斉次座標 $z = (w_1, \ldots, w_n)$ を使って書くと，

$$||\sigma_H(z)|| = \frac{|\overline{a_0} + \overline{a_1}w_1 + \cdots + \overline{a_n}w_n|}{\sqrt{1 + |w_1|^2 + \cdots + |w_n|^2}\sqrt{|a_0|^2 + \cdots + |a_n|^2}}$$

となる．カレントの等式として

$$dd^c \log ||\sigma(z)||^2 = (\sigma)_0 - w_0,$$

が成り立つ．ここで，$(\sigma)_0$ は σ の零点因子，w_0 は $\mathbb{P}^n(\mathbb{C})$ のフビニ–スタディ計量である．

$\mathcal{M}$ をケーラー多様体とし，$f : \mathcal{M} \to \mathbb{P}^n(\mathbb{C})$ を非定数正則写像とする．ま
ず，前と同様に，$\log \|\sigma \circ f(z)\|^{-2}$ は $\mathcal{M}$ 上の δ-劣調和関数となる．これを用
いて，前と同じようにネヴァンリンナ関数を定義することができる．

以下では，X を $\mathcal{M}$ のケーラー計量から定まるブラウン運動とし，$o \in \mathcal{M}$
を参照点とする．

定義 6.40. $\tau_r := \inf\{t > 0 \,|\, X_t \notin B_o(r)\}$ と置き，H を超平面，$f(o) \notin H$ と
する．

$$T(r) = E_o \left[\int_0^{\tau_r} e_f(X_s) ds \right],$$

$$N(r, H) = \lim_{\lambda \to \infty} \lambda P_o \left(\sup_{0 \le s \le \tau_r} \log \|\sigma_H \circ f(X_s)\|^{-2} > \lambda \right),$$

$$m(r, H) = E_o[\log \|\sigma_H \circ f(X_{\tau_r})\|^{-2}].$$

前と同じように伊藤の公式と破綻関数の公式から，次の第 1 主定理が得ら
れる．

命題 6.41. $f(o) \notin H$ とする．このとき

$$m(r, H) - m(0, H) + N(r, H) = T(r)$$

が成り立つ．

カルタンの第 2 主定理を前の節で証明した対数微分の補題を使って証明しよ
う．基本的にはこれはヴィッター[100]のアイディアによる．ヴィッターはカー
ルソン–グリフィスによる負曲率の計量を用いる方法 (cf. [41], [39]) で多変数
有理形関数の対数微分の補題の証明を行い，それを利用して多変数のカルタン
の定理を示している．ここでは，その後半部分を参照する．

簡単のため，$\mathcal{M}$ は $\mathbb{C}^m$ か $\mathbb{C}^m$ の単位球に双正則な複素多様体とする．前者
の場合は，ユークリッド計量を考え，後者の場合は完備な負定曲率なケーラー
計量が与えられているとする．ブラウン運動はこれらの計量に対応するものと
する．

6.5.2 対数微分の補題とカルタン型第 2 主定理

今，一般化されたロンスキアン[100]を用いて f の非退化性を定義する．f の
既約表現 $f = (f_0, \dots, f_n)$ を考える．すなわち，f は $\mathcal{M}$ から $\mathbb{C}^{n+1}$ への正則
写像であり，$\{f_0, \dots, f_n\}$ は同時に 0 になることはなく，既約であるとする．

次のような条件を満たす多重指数 $\alpha_j^k = (\alpha_{j,1}^k, \dots, \alpha_{j,m}^k)$ $(j = 0, \dots, n,\ k = 0, \dots, n)$ が存在すると仮定する．ただし，

$$\frac{\partial^k f_j}{\partial^{\alpha_j^k} z} = \frac{\partial^k f_j}{\partial^{\alpha_{j,1}^k} z_1 \cdots \partial^{\alpha_{j,m}^k} z_m}$$

とする.

- $\alpha^k_{j,l} \le \alpha^{k-1}_{j,l} + 1$,
- $|\alpha^k_j| = k$,
- $\mathcal{M}$ 上で

$$\frac{\partial^{k+1} f_j}{\partial^{\alpha^{k+1}_j} z} = \frac{\partial}{\partial z_l} \frac{\partial^k f_j}{\partial^{\alpha^k_j} z},$$

となる $l \in \{1, 2, \ldots, m\}$ が存在する.

$n+1$ 次正方行列 $\left(\dfrac{\partial^k f_j}{\partial^{\alpha^k_j} z} \right)_{k=0,\ldots,n\,;j=0,\ldots,n}$ の行列式を W_f と置き, f の (一般化された) ロンスキアンと呼ぶ. f が非退化とは, $\mathcal{M}$ 上で $W_f \not\equiv 0$ となる上のような多重指数が存在することとする. $\mathcal{M} = \mathbb{C}$ のときは, W_f は通常のロンスキアンであり, 非退化性は線形非退化であることを意味する (cf. [12]).

$H_1, \ldots, H_q$ を $\mathbb{P}^n(\mathbb{C})$ 内の超平面で, それぞれはベクトル $\mathbf{a}_1, \ldots, \mathbf{a}_q$ ($\mathbf{a}_k = (a^{(k)}_0, \ldots, a^{(k)}_n)$ $(k = 1, \ldots, q)$) に対応するものとする.

$H_1, \ldots, H_q$ が一般の位置にあるとは, 任意の $1 \le i_1 < \cdots < i_k \le q$ $(1 \le k \le n+1)$ に対し $\mathbf{a}_{i_1}, \ldots, \mathbf{a}_{i_k}$ が $\mathbb{C}$ 上 1 次独立であることを言う. これはこの節の最初に述べた定義に一致する.

これらに対し $g_k = (f, \mathbf{a}_k) := f_0 \overline{a}_1 + \cdots + f_n \overline{a}_n$ $(k = 1, \ldots, q)$, $\|f\|^2 = |f_0|^2 + \cdots + |f_n|^2$ と置く.

ヴィッターのアイディアを実行するには次の補題が基本的である.

補題 6.42 (cf. [100], [40] Lemma 4.2.3). $H_1, \ldots, H_q$ を $\mathbb{P}^n(\mathbb{C})$ 内の一般の位置にある超平面とし, f は非退化とする. このとき, 定数 $C > 0$ があって

$$\prod_{k=1}^q \|\sigma_{H_k} \circ f\|^{-1} \le C \|f\|^{n+1} |W(f)|^{-1} \sum_k \frac{|W(g_k)|}{|g_k|^{n+1}}$$

が成り立つ.

証明は [100] および [40] Lemma 4.2.3 を合わせてみると得られる. [40] では定義域が 1 次元の場合を扱っているが, [100] の設定に合わせると証明が得られる. また, [40] はノチカの重みによる精密化を行っているが, 本書では簡単な重み 1 の場合のみを考える.

$\log |W(f)|$ は $\mathcal{M}$ 上の劣調和関数となるので,

$$N_1(r, f) = \lim_{\lambda \to \infty} \lambda P_o \left(\sup_{0 \le s \le \tau_r} \log^- |W(f)(X_s)|^2 > \lambda \right)$$

が定義できる. これは古典的ネヴァンリンナ理論における f' の零点の個数関数 N_1 に対応するものである. $\log |W(f)|^2$ のリース測度を μ_{W_f} とするとこれは非負測度になり, $N_1(r, f)$ は

$$N_1(r, f) = \int g_r(o, x) d\mu_{W_f}$$

となることがリース分解の公式よりわかる．ここで，$g_r(o,x)$ は $B_o(r)$ 上のグリーン関数である．

定理 6.43. $\mathcal{M}$ は上で述べたものとする．$H_1,\ldots,H_q$ を $\mathbb{P}^n(\mathbb{C})$ 内の一般の位置にある超平面とし，$f:\mathcal{M}\to\mathbb{P}^n(\mathbb{C})$ は非退化な正則写像とする．このとき，

$$\sum_{k=1}^{q} m(r,H_k) + N_1(r,f) \le (n+1)T(r) + S_r$$

が r についてルベーグ測度有限な集合を除いて成り立つ．ここで，S_r は

$$S_r = \begin{cases} O(\log r) & (\mathcal{M}\ \text{が}\ \mathbb{C}^m\ \text{に双正則のとき}), \\ O(r) & (\mathcal{M}\ \text{が単位球に双正則のとき}) \end{cases}$$

という評価を持つ剰余項を表す．

略証．補題 6.42 の両辺を 2 乗して log を取り，さらにブラウン運動を適当な止め時で止めたものを代入して期待値を取れば，定理の不等式の左辺から右辺にかけて $(n+1)T(r)$ の項まではすぐに得られる．これは今までの議論と全く一緒である．$E[\log\sum_k \frac{|W(g_k)|}{|g_k|^{n+1}}(X_{\tau_r})]$ が S_r と同じ評価となることを言えばよい．ここに対数微分の補題を用いるわけだが，まず，$\frac{|W(g_k)|}{|g_k|^{n+1}}$ の各成分は $\partial^\alpha g/g$ の形をしていることに注意する（∂^α は多重指数 α 次の偏微分を表す）．簡単のために，$m=1$ のときを考える．g を正則関数とする．

$$\log^+\frac{|g^{(k)}|}{|g|} = \log^+\frac{|g^{(1)}|}{|g|}\frac{|g^{(2)}|}{|g^{(1)}|}\cdots\frac{|g^{(k)}|}{|g^{(k-1)}|}$$

だから，$\log(a+b)\le\log^+ a+\log^+ b+\log 2$ に注意すれば，各 $\frac{|g^{(l)}|}{|g^{(l-1)}|}$ について評価ができればよい．対数微分の補題より，$E[\log^+\frac{|g^{(l)}|}{|g^{(l-1)}|}(X_{\tau_r})]=O(\log T_{g^{(l-1)}}(r))+S_r$ となる．ここで，$T_{g^{(k)}}(r)$ は $g^{(k)}$ の特性関数である．さらに対数微分の補題を用いると，

$$\begin{aligned}T_{g^{(l-1)}}(r) &= E[\log(|g^{(l-1)}|^2+1)(X_{\tau_r})]\\ &\le E[\log(|g^{(l-2)}|^2+1)(X_{\tau_r})] + E\left[\log\left(\frac{|g^{(l-1)}|^2}{|g^{(l-2)}|^2}+1\right)(X_{\tau_r})\right]\\ &\le O(T_{g^{(l-2)}}(r)) + S_r\end{aligned}$$

となる．よって対数微分の補題を繰り返し用いることで，$E[\log^+\frac{|g^{(l)}|}{|g|}(X_{\tau_r})]=O(\log T_g(r))+S_r$ を得る． □

注意 6.44. 写像 f の定義域を一般にすると，値域での大域的な f の表現が得られなくなり，$W(f)$ は局所的には定義できるが，扱いが難しくなる．現在のところ，このような条件を外した一般領域における第 2 主定理は得られていないと思われる．この点が値域を高次元にした場合の大きな違いである．

ネヴァンリンナ理論の定義域の一般化については，W. シュトールの仕事が良く知られている．一般化のために複雑化したものもあるが，最終的には放物型多様体 (parabolic manifold) という概念に至って，ネヴァンリンナ理論の主定理を一般化している．ここで言う『放物型』とはユークリッド空間を一般化したように見える．これについては [50] を参照されたい．

第 7 章
補遺

7.1 確率論の基本事項

7.1.1 期待値と収束

ここでは，積分論に登場する積分=期待値と被積分関数=確率変数に関係する諸定理をまとめておく．確率空間 $(\Omega, \mathcal{F}, P)$ は固定し，X_n, X 等はその上の確率変数である．積分の定義から得られる最も基本的なものは，次である．

定理 7.1 (単調収束定理)．$X_n \geq 0 \ (\forall n)$, $X_n \uparrow X \ (n \to \infty)$ (単調増大極限)とする．このとき，

$$\lim_{n \to \infty} E[X_n] = E[X].$$

次も有用．

定理 7.2 (ファトゥーの補題)．$X_n \geq 0 \ (\forall n)$ とする．

$$E[\liminf_{n \to \infty} X_n] \leq \liminf_{n \to \infty} E[X_n].$$

上の二つの定理では $X_n \geq 0 \ (\forall n)$ であるから，極限を含む等式や不等式は正の無限大を込めて成立するということに注意せよ．

次はファトゥーの補題の逆といえる．

補題 7.3. $|X_n| \leq V \ (\forall n)$, $E[V] < \infty$ とする．このとき，

$$\limsup_{n \to \infty} E[X_n] \leq E[\limsup_{n \to \infty} X_n].$$

証明．すべての n に対して X_n は可積分であることに注意する．$Y_n :=$ $V - X_n \geq 0$ と置く．これにファトゥーの補題を使え． □

定理 7.2 と補題 7.3 を合わせると直ちに，次が得られる．

定理 7.4 (ルベーグの優収束定理). $|X_n| \leq V \ (\forall n)$, $E[V] < \infty$ とする. このとき, $X_n \to X \ (n \to \infty)$ a.s. ならば,

$$\lim_{n \to \infty} E[X_n] = E[X].$$

7.1.2 確率変数列の収束

確率変数の収束に関する諸概念をまとめておく.

定義 7.5 (概収束). 確率空間 $(\Omega, \mathcal{F}, P)$ 上の確率変数列 $\{X_n\}$ が X に概収束するとは,

$$P(\lim_{n \to \infty} X_n = X) = 1$$

となることを言う. このとき, $\lim_{n \to \infty} X_n = X$ a.s. と書く.

定義 7.6 (確率収束). 確率空間 $(\Omega, \mathcal{F}, P)$ 上の確率変数列 $\{X_n\}$ が X に確率収束するとは, 任意の $\epsilon > 0$ に対して,

$$\lim_{n \to \infty} P(|X_n - X| > \epsilon) = 0$$

となることを言う. このとき, $\lim_{n \to \infty} X_n = X$ in prob. と書く.

定義 7.7 (L^p-収束). $p > 0$ とする. 確率空間 $(\Omega, \mathcal{F}, P)$ 上の確率変数列 $\{X_n\}$ が X に L^p-収束する, または, p 次平均収束するとは,

$$\lim_{n \to \infty} E[|X_n - X|^p] = 0$$

となることを言う. このとき, $\lim_{n \to \infty} X_n = X$ in L^p と書く.

定義 7.8 (分布収束). 確率空間 $(\Omega_n, \mathcal{F}_n, P_n)$ 上の実数値確率変数 X_n の分布を μ_n とする. μ_n がある確率空間上の実数値確率変数 X の分布 μ に収束するとは, 任意の $\phi \in C_b(\mathbb{R})$ に対して,

$$\lim_{n \to \infty} \int_{\mathbb{R}} \phi(x) d\mu_n(x) = \int_{\mathbb{R}} \phi(x) d\mu(x)$$

となることを言う. このとき, X_n は X に法則収束するということがある (これを $\lim_{n \to \infty} X_n = X$ in Law と書くことがある).

法則収束の場合は, 前の3つの収束の場合と異なり, X_n, X の分布のみを問題にしているので, X_n, X の値域がすべて同じであれば, X_n, X が定義されている確率空間は異なっていてもよいことに注意せよ.

確率変数の収束には次のような階層がある.

命題 7.9.

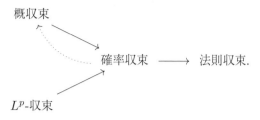

ここで，点線の矢印は部分列を取れば収束することを意味する．

確率収束と L^1-収束の関係は次の一様可積分性という概念を通じて結び付く．

定義 7.10. 確率変数列 $\{X_n\}$ が一様可積分であるとは，

$$\sup_n E[|X_n| : |X_n| > K] \to 0 \quad (K \to \infty)$$

を満たすことである．

定理 7.11. $X_n \to X$ in $L^1 \Leftrightarrow X_n \to X$ in prob. かつ $\{X_n\}$ は一様可積分．

$\sup_n |X_n|$ が可積分ならば，$\{X_n\}$ は一様可積分となるから，前述した確率空間におけるルベーグの優収束定理はこの定理の系となる．

7.1.3 条件付き期待値

定義 7.12. X を可積分な確率変数，$\mathcal{G}$ を $\mathcal{F}$ の部分 σ-加法族とする．次の条件を満たす確率変数 Y を X の条件付期待値という．

　i) Y は $\mathcal{G}$ 可測．

　ii) $E[X : A] = E[Y : A]$ ($\forall A \in \mathcal{G}$).

この Y は零集合を除いて一意的である．これを $E[X|\mathcal{G}]$ と書く．

　[条件付期待値の意味]

条件付き期待値は上のように定義できるが，数学的対象としては次のように言い換えることもできる．

　i) $\mu(A) = E[X : A]$ ($A \in \mathcal{G}$) によって，$\mathcal{G}$ 上の測度を定義する．明らかにこれは，P に関し絶対連続である．よって，ラドン–ニコディム微分 $\frac{d\mu}{dP}$ が存在するが，

$$\frac{d\mu}{dP} = E[X|\mathcal{G}], \quad \text{a.s.}$$

　ii) X を 2 乗可積分な確率変数とする．2 乗可積分な $\mathcal{G}$-可測な確率変数全体を $L_{\mathcal{G}}^2$ と置く．$E[X|\mathcal{G}]$ は，X の L^2-空間における $L_{\mathcal{G}}^2$ への射影である．すなわち，$\mathcal{G}$-可測確率変数のうちで次のように L^2 ノルムを最小にするものである．

$$E[|X - E[X|\mathcal{G}]|^2] = \inf\{E[|X - Y|^2] : Y \text{ は } \mathcal{G}\text{-可測 }\}.$$

以下ではすべての確率変数 X_n, X, Y などは可積分とする. $\mathcal{G}, \mathcal{H}$ は $\mathcal{F}$ の部分 σ-加法族とする. 以下の条件付き期待値に関する等式, 不等式は, 記載がなくとも "a.s." の意味で考える.

1. $E[E[X|\mathcal{G}]] = E[X]$.

2. X が $\mathcal{G}$-可測ならば, $E[X|\mathcal{G}] = X$ a.s.

3. $E[aX + bY|\mathcal{G}] = aE[X|\mathcal{G}] + bE[Y|\mathcal{G}]$.

4. $X \geq 0 \implies E[X|\mathcal{G}] \geq 0$.

5. $X_n \uparrow X \implies E[X_n|\mathcal{G}] \uparrow E[X|\mathcal{G}] \ (n \to \infty)$.

6. $X_n \geq 0 \implies E[\liminf_{n\to\infty} X_n|\mathcal{G}] \leq \liminf_{n\to\infty} E[X_n|\mathcal{G}]$.

7. $|X_n| \leq V, \ E[V] < \infty, \ X_n \to X \ \text{a.s.}(n \to \infty)$
   $\implies E[X_n|\mathcal{G}] \to E[X|\mathcal{G}] \ (n \to \infty)$.

8. (イェンセンの不等式) $\phi : \mathbb{R} \to \mathbb{R}$ が凸関数で $E[|\phi(X)||\mathcal{G}] < \infty$
   $\implies \phi(E[X|\mathcal{G}]) \leq E[\phi(X)|\mathcal{G}]$.

9. $\mathcal{H} \subset \mathcal{G} \implies E[E[X|\mathcal{G}]|\mathcal{H}] = E[X|\mathcal{H}]$.

10. Z が $\mathcal{G}$-可測, ZX が可積分ならば, $E[XZ|\mathcal{G}] = ZE[X|\mathcal{G}]$.

11. $\sigma(\sigma(X), \mathcal{G})$ が $\mathcal{H}$ と独立 $\implies E[X|\sigma(\mathcal{G}, \mathcal{H})] = E[X|\mathcal{G}]$.
    特に, X が $\mathcal{H}$ と独立 $\implies E[X|\mathcal{H}] = E[X]$.

7.2 解析学の基本事項

7.2.1 超関数, リースの (表現) 定理

U を $\mathbb{R}^m$ または $\mathbb{C}^m$ の開集合とする. $\mathcal{D}(U) := C_0^\infty(U)$ と置く. $\mathcal{D}(U)$ 上のセミノルム $||\cdot||_l \ (l = 0, 1, \dots)$ を

$$||\phi||_l := \sup\{|D^\alpha \phi(x)|; x \in U, \ |\alpha| \leq l\}$$

と定義する. D^α は多重指数 $\alpha = (\alpha_1, \dots, \alpha_m)$ に関する偏微分 $D^\alpha = \frac{\partial^{\alpha_1}}{\partial x_1^{\alpha_1}} \cdots \frac{\partial^{\alpha_m}}{\partial x_m^{\alpha_m}}$ を表す.

$\mathcal{D}(U)$ 上の線形汎関数 T が各コンパクト集合 $K \subset U$ に対し, $C_K > 0$, l_K が存在して,

$$|T(\phi)| \leq C_K ||\phi||_{l_K}$$

を満たすとき, T を超関数という. これは, 任意のコンパクト集合 $K \subset U$ に対し, $\phi_j \in \mathcal{D}(K)$ が $||\phi_j||_{l_K} \to 0 \ (j \to \infty)$ ならば, $|T(\phi_j)| \to 0 \ (j \to \infty)$ となることと同じである. 上記のセミノルムで $\mathcal{D}(U)$ に位相を入れれば, T は $\mathcal{D}(U)$ 上の連続線形汎関数となる. U 上の超関数全体を $\mathcal{D}'(U)$ と書く. $n \to \infty$ のときの収束 $T_n \to T \in \mathcal{D}'(U)$ を $T_n(\phi) \to T(\phi) \ (n \to \infty) \ (\forall \phi \in \mathcal{D})$ と定義する. また, 任意の $\phi \geq 0$ となる $\phi \in \mathcal{D}(U)$ に対して $T(\phi) \geq 0$ となるとき, T を正の超関数という.

上の定義で, $l = 0$ のときを考えよう. このとき, $\|\cdot\|_0$ は U 上の広義一様収束の位相を与える. $\mathcal{D}(U) \subset C_0(U)$ はこの位相に関し稠密だから, T は $C_0(U)$ 上に拡張でき, T は $C_0(U)$ 上の連続線形汎関数とみることができる.

定理 7.13 (リースの表現定理). T を $C_0(U)$ 上の連続線形汎関数で, $\mathcal{D}(U)$ 上では正の超関数となっているとする. このとき, U 上のラドン測度 μ_T が存在して,

$$T(\phi) = \int_U \phi d\mu_T \quad (\phi \in C_0(U))$$

が成り立つ.

U 上のラドン測度とは, U 上の局所有限, 正則な測度のことである (cf. [25]).

7.2.2 対数容量・ニュートン容量

ブラウン運動とニュートン容量や対数容量など古典的なポテンシャル論との関係については, [46] が参考になるだろう.

まず, ニュートン容量について見よう. X を $\mathbb{R}^m$ $(m \geq 3)$ 上のブラウン運動とし, $p(t, x)$ を X_t の P_o の下での分布の密度関数とする.

$$g(x) = \int_0^\infty p(t, x) dt = \frac{\Gamma(m/2 - 1)}{2\pi^{m/2}} \|x\|^{2-m}$$

と置く. $g(x)$ は局所可積分である. $g(x, y) := g(x - y)$ と置く. $g(x, y) = g(y, x)$ である. $\mathbb{R}^m$ 上の測度 μ に対し $g\mu(x) := \int g(x, y) d\mu(y)$ と置く. $g\mu$ を μ のニュートンポテンシャルと呼ぶ. μ が有限測度ならば, フビニの定理からわかるように $g\mu$ は局所可積分であり, ほとんどすべての点で有限値を取る.

次はニュートンポテンシャルの一意性定理である.

命題 7.14. B をボレル集合とする. μ, ν は有限測度で, その台は B^r (B の正則点の全体) 上に集中しているとする. B^r 上で $g\mu = g\nu$ ならば, $\mu = \nu$ である.

B を有界ボレル集合とする. 上の一意性定理から, B^r 上で $g\mu = 1$ となる B^r 上の測度は高々一つである. もし, このような測度があるとき, この測度を B の**平衡測度**と言い, μ_B と書くことにする. μ_B の全測度 $\mu_B(\mathbb{R}^m)$ を B の **(ニュートン) 容量**と言い, $C(B)$ と書くことにする. $g\mu_B$ を B の**平衡ポテンシャル**という.

$\sigma_B := \{t > 0 : X_t \in B\}$ を X の B への到達時間とする.

例 13. $B(R) := B_o(R)$ の平衡測度は,

$$d\mu_{B(R)} = \frac{2\pi^{m/2} R^{m-2}}{\Gamma(m/2 - 1)} ds_R$$

であり，$C(B(R)) = \frac{2\pi^{m/2}R^{m-2}}{\Gamma(m/2-1)}$ である．平衡ポテンシャルは，

$$g\mu_{B(R)}(x) = P_x(\sigma_{B(R)} < \infty) = \frac{R^{m-2}}{||x||^{m-2}} \wedge 1$$

である．

次の定理から，ブラウン運動の極集合と容量零の集合との関係がわかるだろう．

定理 7.15. B を有界なボレル集合とし，$B \subset B_R$ とする．B の平衡測度 μ_B は，

$$\mu_B = \int d\mu_{B_R}(y) H_B(y, \cdot)$$

となり，平衡ポテンシャルは $g\mu_B(x) = P_x(\sigma_B < \infty)$ となる．B の容量は，

$$C(B) = \int P_x(\sigma_B < \infty) d\mu_{B_R}$$

となる．ここで，H_B は B への到達分布である．

$m = 2$ のときは，$\int_0^\infty p(t, x) dt$ は発散するので，ポテンシャル核を定義するには別のものを考える必要がある．

$$k(x) = \int_0^\infty \left(p(t, x) - \frac{1}{2\pi t} e^{-\frac{1}{2t}} \right) dt$$

を考えると，これは収束し，

$$k(x) = \frac{1}{\pi} \log \frac{1}{||x||}$$

となる．測度 μ に対して，対数ポテンシャル $k\mu$ を前と同様に，$k\mu(x) = \int k(x - y) d\mu(y)$ で定義する．

対数ポテンシャルの一意性定理は次のようになる．

定理 7.16. 有界ボレル集合 B は非極集合とする．μ, ν を確率測度で B^r に集中しているとする．ある定数 α があって，B^r 上で $k\mu = k\nu + \alpha$ ならば，$\mu = \nu$ である．

この定理により，B^r 上で $k\mu$ が定数となる B^r 上の確率測度は存在すれば一意に定まる．これを B の平衡測度と言い，前と同様に μ_B と書く．定義より，$k\mu_B$ は B^r 上で定数であるが，この定数を**ロバン定数**と言い，$R(B)$ で表す．B が有界で非極集合であれば，$R(B) < \infty$ であることがわかる．極集合のとき，$R(B) = \infty$ と定義する．$C(B) = e^{-R(B)}$ 置き，$C(B)$ を対数容量という．一方，ロバン定数は

$$R(B) = \inf_{\mu \in \mathfrak{P}(B)} \int \int k(x - y) d\mu(x) d\mu(y)$$

とも捉えることができる．ここで，$\mathfrak{P}(B)$ は B 上の確率測度の全体である．このようにすると，B が極集合のときは，$R(B) = \infty$ となることがわかる．なお，このロバン定数の定義において，ポテンシャル核 k の定数 $1/\pi$ を付けない文献も多いことを注意しておく．対数容量の関数論的扱いについては，辻 [52], [53] を見よ．

7.3 リーマン多様体

7.3.1 リーマン計量とラプラシアン

$(\mathcal{M}, g)$ をリーマン多様体とする．ここで，g はリーマン計量を表す．局所表示では，$g = (g_{ij})$ であり，(g_{ij}) は $m \times m$ 正定値対称行列となる．

$\mathfrak{X}(\mathcal{M})$ で $\mathcal{M}$ 上のベクトル場を表す．

定義 7.17. $\nabla_X Y : \mathfrak{X}(\mathcal{M}) \times \mathfrak{X}(\mathcal{M}) \to \mathfrak{X}(\mathcal{M})$ が $\mathcal{M}$ のアフィン接続とは，次の 3 条件を満たすことである．

1. $\nabla_{f_1 X_1 + f_2 X_2} Y = f_1 \nabla_X Y + f_2 \nabla_X Y$ $(f_1, f_2 \in C^\infty(\mathcal{M}))$.
2. $\nabla_X(a_1 Y_1 + a_2 Y_2) = a_1 \nabla_X Y_1 + a_2 \nabla Y_2$ $(a_1, a_2 \in \mathbb{R})$.
3. $\nabla_X(fY) = f \nabla_X Y + (Xf)Y$ $(f \in C^\infty(\mathcal{M}))$.

一般に $\mathcal{M}$ 上にはアフィン接続はたくさんあり得るが，$\mathcal{M}$ がリーマン多様体のとき，次の 2 条件を満たす接続は一意に存在することが知られている．

定義 7.18. アフィン接続 ∇ がさらに次の 2 条件を満たすとき，∇ をレヴィ-チビタ接続という．

(i) $\nabla_X Y - \nabla_Y X - [X, Y] = 0$.
(ii) $Xg(Y, Z) - g(\nabla_X Y, Z) - g(Y, \nabla_X Z) = 0$.

上の条件のうち最初のほうは捩れがない (torsion free) と言われる．2 番目の条件は，$\nabla g = 0$ と表現され，平行であると言う．$\mathcal{M}$ がリーマン多様体であるとき，本書で扱う接続はレヴィ-チビタ接続を意味する．

$\mathcal{M}, \mathcal{N}$ をリーマン多様体とするとき，滑らかな写像 $f : \mathcal{M} \to \mathcal{N}$ の微分を $df \in \Gamma(T^*\mathcal{M} \otimes f^{-1}T\mathcal{N})$ とする．

定義 7.19. 実数値関数 $f \in C^\infty(\mathcal{M})$ に対して，∇df を f のヘッシアンという．

$X, Y \in \mathfrak{X}(\mathcal{M})$ に対して，

$$\nabla df(X, Y) = X(Yf) - \nabla_X Y f$$

となる．これは $\nabla^2 f$ とも書く．$\nabla df \in \Gamma(T^*(\mathcal{M}) \times T^*(\mathcal{M}))$ であるから，

$(0, 2)$-テンソルである.

定義 7.20. $f \in C^2(\mathcal{M})$ のとき, $\Delta_{\mathcal{M}} f := \mathrm{tr}_g \nabla df$ と置き, $\Delta_{\mathcal{M}}$ を $\mathcal{M}$ のラプラシアンまたはラプラス–ベルトラミ作用素という.

局所表示を用いると,

$$\Delta_{\mathcal{M}} = \frac{1}{G^{1/2}} \frac{\partial}{\partial x_i} \left(G^{1/2} g^{ij} \frac{\partial}{\partial x_j} \right)$$

となる. ここで, $G = \det(g_{ij})$, $(g^{ij}) = (g_{ij})^{-1}$ である.

7.3.2 グリーンの公式

任意の点 $p \in \mathcal{M}$ の近傍 U における $x \in U$ の局所座標を $x = (x_1, \ldots, x_m)$ とする. このときのリーマン計量が $g = (g_{ij})$ と局所表示されたとする. このとき, U 上の測度 dv を $v(A \cap U) := \int_{A \cap U} \det(g_{ij})^{1/2} dx_1 \wedge \cdots \wedge dx_m$ $(A \in \mathcal{B}(\mathcal{M}))$ で定める. これが U の取り方によらず定義され, $\mathcal{M}$ 上の測度 dv を一意に定める. これを $\mathcal{M}$ 上の g から定まる体積測度ということにする. また, $D \subset \mathcal{M}$ を境界 ∂D が滑らかな相対コンパクトな領域とする. すると, g から ∂D 上に誘導される計量により, ∂D 上に測度 $dS_{\partial D}$ が得られる. これを ∂D の面測度と呼ぶことがある.

次の公式はよく知られている.

定理 7.21 (グリーンの公式). $f, h \in C^2(D) \cap C^1(\overline{D})$ とする. このとき,

$$\int_D \left(f \Delta_{\mathcal{M}} h + \langle \nabla f, \nabla h \rangle \right) dv = \int_{\partial D} f \frac{\partial h}{\partial n} dS_{\partial D}$$

が成り立つ. ここで, $\frac{\partial}{\partial n}$ は ∂D 上の外向き法線微分である.

上の公式から直ちに得られる次もグリーンの公式と呼ぶこともある.

系 7.22. i) $f, h \in C^2(D) \cap C^1(\overline{D})$ とする. このとき,

$$\int_D \left(f \Delta_{\mathcal{M}} h - h \Delta_{\mathcal{M}} f \right) dv = \int_{\partial} \left(f \frac{\partial h}{\partial n} - h \frac{\partial f}{\partial n} \right) dS_{\partial D}.$$

ii) $f, h \in C_0^2(D)$ とする. このとき,

$$-\int_D f \Delta_{\mathcal{M}} h \, dv = \int_D \langle \nabla f, \nabla h \rangle dv.$$

7.3.3 余積公式

我々の解析では次の公式も有用である.

定理 7.23. $D \subset \mathcal{M}$ を領域とし, ρ を D 上の滑らかな関数とする. $\|\nabla \rho\|(x) \neq 0$ $(x \in D)$, $f \in \mathcal{B}_+(D)$ ならば,

$$\int_D f||\nabla\rho||dv = \int_{-\infty}^{\infty}\int_{\rho=t} f dS_t dt$$

が成り立つ．ここで，dS_t は $\{\rho = t\}$ 上の $\mathcal{M}$ の計量から誘導される面測度である．

　サードの定理によれば，ルベーグ測度に関してほとんどすべての t に対して $\{\rho = t\}$ は特異点を持たないから，余積公式の右辺の積分は意味を持つ．

　ここで，余積公式の持つ確率論的意味を注意しておこう．X を $\mathcal{M}$ 上のブラウン運動とする．$\rho(X)$ はセミマルチンゲールになる．$\rho(X)$ の a における局所時間を l_t^a とする．これは，X の PCAF にもなっていることに注意する．滞在時間公式は

$$\int_0^t f(\rho(X_s))d\langle\rho(X)\rangle_s = \int_{\mathbb{R}} f(a)l_t^a da$$

であった．$d\langle\rho(X)\rangle_s = ||\nabla\rho||^2(X_s)ds$ だったから，

$$E_x[\int_0^t f(\rho(X_s))||\nabla\rho||^2(X_s)ds] = E_x[\int_{\mathbb{R}} f(a)l_t^a da].$$

両辺に $h(x)$ を掛けて dv で積分すると，

$$\int_0^t \int_{\mathcal{M}} f(\rho(x))p_s h(x)||\nabla\rho||^2 dv(x)ds = \int_{\mathbb{R}} f(a)E_x[l_t^a]h(x)dv(x)da.$$

これより，l^a のルヴュズ測度を μ^a とすると，余積公式より，

$$\int_{\mathbb{R}} f(a)\int_{\mathcal{M}} h(x)d\mu^a(x)da = \int_{\mathcal{M}} f(\rho(x))h(x)||\nabla\rho||^2 dv(x)$$
$$= \int_{\mathbb{R}} f(t)\int_{\rho=t} ||\nabla\rho||h dS_t dt$$

となる．すなわち，

$$\int_{\mathcal{M}} h(x)d\mu^a(x) = \int_{\rho=a} ||\nabla\rho||h dS_a \quad \text{a.e. } a$$

となる．

7.3.4 曲率

　本書では，関数論的性質を導く幾何学的性質の指標としていくつかの曲率を用いている．その一部について述べておく．

　∇ をレヴィ-チビタ接続とする．

$$R(X,Y)Z = \nabla_X\nabla_Y Z - \nabla_Y\nabla_X Z - \nabla_{[X,Y]}$$

と置き，

$$R(X,Y,Z,W) := g(R(X,Y)Z,W)$$

とする. $R(\cdot,\cdot,\cdot,\cdot)$ を曲率テンソルと呼ぶ. 曲率はこれを用いて定義される.

1) 断面曲率. $p \in \mathcal{M}$, $X, Y \in T_p\mathcal{M}$ を 1 次独立とするとき,

$$K(X,Y)_p := -\frac{R(X,Y,X,Y)}{g(X,X)g(Y,Y) - g(X,Y)^2}$$

と置く. $K(X,Y)_p$ は X と Y の張る $T_p\mathcal{M}$ の 2 次元平面 σ のみによることがわかる. これを $\mathrm{Sect}_{\mathcal{M}}(\sigma)$ と書いて, $\mathcal{M}$ の p における断面曲率という.

2) リッチ曲率. $p \in \mathcal{M}$ において, $T_p\mathcal{M}$ の正規直交基底 $\{e_k\}_{k=1}^m$ を取り, $\mathrm{tr}_g R(X,\cdot,Y,\cdot)_p = \sum_k R(X,e_k,Y,e_k)_p$ を考える. これを p におけるリッチテンソルと言い, $\mathrm{Ric}_{\mathcal{M}}(X,Y)_p$ と書く. $\mathrm{Ric}_{\mathcal{M}}(X,X)_p$ $(\|X\| = 1)$ をしばしばリッチ曲率と呼ぶ.

7.3.5 ヘッシアン比較定理

多様体上のマルチンゲールを解析する際に用いられるヘッシアン比較定理を述べておく. 証明等の詳細は [15] または, [45] などを見よ. 以下は [45] に従っている.

任意に参照点 $o \in \mathcal{M}$ を取る. 距離関数 $r(x) := d(x,o)$ と定義する. 動径断面曲率 Sect_{rad} とは, ∇r を含む接空間の 2 次元平面の断面曲率である.

定理 7.24 (ヘッシアン比較定理). $D_o = \mathcal{M} \setminus \mathrm{Cut}(o)$ とする. G を $\mathbb{R}$ 上の滑らかな関数とし, これに対して微分方程式

$$\begin{cases} h'' - Gh = 0 \\ h(0) = 0, \ h'(0) = 1 \end{cases}$$

の解 h が区間 $[0, r_0)$ で存在するとする.

i)
$$\mathrm{Sect}_{rad} \geq -G(r(x)) \quad (x \in B_o(r_0))$$

ならば,

$$\nabla^2 r \leq \frac{h'(r(x))}{h(r(x))}(g - dr \otimes r) \quad (x \in B_o(r_0) \cup D_o)$$

が成り立つ.

ii)
$$\mathrm{Sect}_{rad} \leq -G(r(x)) \quad (x \in B_o(r_0))$$

ならば,

$$\nabla^2 r \geq \frac{h'(r(x))}{h(r(x))}(g - dr \otimes r) \quad (x \in B_o(r_0) \cup D_o)$$

が成り立つ. ここで, g はリーマン計量である.

7.3.6 調和写像，ボホナー–ヴァイツェンベックの公式

調和写像に関しては，[54] が良い入門書になるだろう．また，ボホナー–ヴァイツェンベックの公式は，[34] や [33] が参考になるだろう．証明についてはそちらをご覧いただきたい．

$(\mathcal{M}, g), (\mathcal{N}, h)$ をリーマン多様体とし，$f : \mathcal{M} \to \mathcal{N}$ を滑らかな写像とする．

$$e_f(x) := \|df\|^2(x) = \mathrm{tr}_g f^* h$$

を f のエネルギー密度と言う．ここで，右辺は h の f による引き戻しを g に関してトレース tr_g を取ったものである．これを局所座標を使って書くと，

$$e_f = g^{ij} \frac{\partial f^\alpha}{\partial x^i} \frac{\partial f^\beta}{\partial x^j} h_{\alpha\beta}$$

となる．$D \subset \mathcal{M}$ を相対コンパクトな領域とする．

$$E_D(f) := \frac{1}{2} \int_D e_f(x) dv(x)$$

と置く．これを f の D 上でのエネルギーという．$E_D(f)$ を滑らかな写像の汎関数と見たとき，各 D 上で停留点を考える．このときのオイラー–ラグランジュの方程式は，

$$\tau(f)_x = 0 \quad (x \in \mathcal{M})$$

となる．ここで，

$$\tau(f) := \mathrm{tr}_g Ddf, \quad Ddf \in \Gamma(T^*(\mathcal{M}) \otimes T^*(\mathcal{M}) \otimes f^{-1} T(\mathcal{N}))$$

であり，$\tau(f)$ は f のテンション場と呼ばれる．$\tau(f) \in \Gamma(f^{-1} T\mathcal{N})$ である．局所座標で書くと，

$$\tau(f)^\gamma = g^{ij} \left(\frac{\partial^2 f^\gamma}{\partial x^i \partial x^j} - {}^{\mathcal{M}}\Gamma_{ij}^k \frac{\partial f^\gamma}{\partial x^k} + {}^{\mathcal{N}}\Gamma_{\alpha\beta}^\gamma \frac{\partial f^\alpha}{\partial x^i} \frac{\partial f^\beta}{\partial x^j} \right)$$

となる．

定義 7.25. 滑らかな写像 $f : \mathcal{M} \to \mathcal{N}$ が調和とは，$\tau(f)_x = 0 \ (\forall x \in \mathcal{M})$ を満たすことである．

エネルギー密度のラプラシアンが f の解析において重要な役割を果たすわけであるが，これを計算，評価する際に次の公式が非常に役に立つ．$\omega \in T^*(\mathcal{M})$ に対し，$\omega^\#$ は ω の双対 $\omega^\#(\omega, X) = \omega(X)$ を表す．u が $\mathcal{M}$ 上の関数で $\omega = du$ のときは，$\omega^\# = \nabla u$ である．

定理 7.26 (ボホナー–ヴァイツェンベックの公式).

$$\frac{1}{2} \Delta_{\mathcal{M}} \|df\|^2 = \|Ddf\|^2 - \mathrm{tr}_g(D\tau(f), df) + \sum_i (df(\mathrm{Ric}_{\mathcal{M}}(e_i, \cdot)^\#), df(e_i))$$

$$-\sum_{i,j} R_{\mathcal{N}}(df(e_i), df(e_j), df(e_j), df(e_i))$$

が成り立つ. ここで, $\mathrm{Ric}_{\mathcal{M}}$ は $\mathcal{M}$ のリッチ曲率, $R_{\mathcal{N}}$ は $\mathcal{N}$ の曲率テンソルである.

f が調和ならば,

$$\frac{1}{2}\Delta_{\mathcal{M}}||df||^2 = ||Ddf||^2 + \sum_i (df(\mathrm{Ric}_{\mathcal{M}}(e_i, \cdot)^{\#}), df(e_i))$$
$$-\sum_{i,j} R_{\mathcal{N}}(df(e_i), df(e_j), df(e_j), df(e_i))$$

となる. また, $\mathcal{N} = \mathbb{R}$ のとき, すなわち, f が実数値関数のときは, Ddf はヘッシアン ∇df であり, $\tau(f) = \Delta_{\mathcal{M}}$ となるから,

$$\frac{1}{2}\Delta_{\mathcal{M}}||df||^2 = ||\nabla df||^2 + \mathrm{Ric}_{\mathcal{M}}(\nabla f, \nabla f) + g(\nabla\Delta f, \nabla f)$$

を得る. さらに f が調和関数ならば,

$$\frac{1}{2}\Delta_{\mathcal{M}}||df||^2 = ||\nabla df||^2 + \mathrm{Ric}_{\mathcal{M}}(\nabla f, \nabla f)$$

が直ちにわかる.

7.4 複素多様体

7.4.1 カレント

複素多様体上のカレントについては, [41], [39] の第 3 章がコンパクトな入門になるだろう. なお, [39] は [41] の英訳であるが, 新しく書き改めているところもある. 以下は基本的にこれに基づいている. 古典的教科書としてはルロンの本 [32] がある.

$\mathcal{M}$ を (複素) m 次元複素多様体とする. 今, 局所座標系 $((z_1, \ldots, z_n), U)$ を取り, U 上で考える. この節では, $\mathscr{D}(U)$ は U 上のコンパクトな台を持つ複素数値 C^{∞} 級関数全体とする.

$p, q \in \{1, \ldots, n\}$ に対し,

$$\psi dz_{j_1} \wedge \cdots \wedge dz_{j_p} \wedge d\bar{z}_{k_1} \wedge \cdots \wedge d\bar{z}_{k_q}$$
$$(\{j_1, \ldots, j_p, k_1, \ldots, k_q\} \subset \{1, \ldots, m\}, \ \psi \in \mathscr{D}(U)) \tag{7.1}$$

の形の 1 次結合で書ける微分形式の全体を $\mathscr{D}^{(p,q)}(U)$ と書き (p,q)-形式という. 以降, $J = (j_1, \ldots, j_p), K = (k_1, \ldots, k_q)$ に対し, 式 (7.1) で書ける微分形式を ϕ とすると, $\phi =: \psi dz_J \wedge d\bar{z}_K$ のように書くことにする.

$\mathscr{D}(U)$ を係数とする k 次微分形式全体を $\mathscr{D}^k(U)$ と書くことにすると, $\mathscr{D}^k(U) = \bigoplus_{p+q=k} \mathscr{D}^{(p,q)}(U)$ $(k \in \{1, \ldots, 2m\})$ が成り立っている.

$\phi \in \mathscr{D}^k(U)$ の各係数のセミノルムを前に定義した $\mathcal{D}(U)$ のセミノルムとし，その係数のセミノルムの内で最大のものを ϕ のセミノルムとして定義することにより，$\mathscr{D}^k(U)$ に位相を入れることができる．これより超関数のときと全く同じようにして，$\mathscr{D}^k(U)$ 上の連続線形汎関数を考えることができる．

定義 7.27. $p+q = 2m-k$ とする．$\mathscr{D}^k(U)$ 上の連続線形汎関数を k 次カレントと言う．この全体を $\mathscr{D}'^k(U)$ と書く．さらに，$T \in \mathscr{D}'^k(U)$ で

$$T(\phi) = 0 \ (\phi \in \mathscr{D}^{s,t}, \ s+t = k, \ (s,t) \neq (m-p, m-q))$$

となるものを (p,q)-カレント呼ぶ．U 上の (p,q)-カレント全体を $\mathscr{D}'^{(p,q)}(U)$ と書く．

　形式的には，(p,q)-カレントとは，超関数（$\mathscr{D}'(U)$ の元）を係数とする (p,q)-形式ということができる．微分形式と同じように，$\mathscr{D}'^k(U) = \bigoplus_{p+q=k} \mathscr{D}'^{(p,q)}(U) \ (k \in \{1,\ldots,2m\})$ となっている．

　$\{T_n\} \subset \mathscr{D}'^k(U)$ の収束は，超関数のときと同じように，

$$\lim_{n\to\infty} T_n = T \in \mathscr{D}'^k(U) \ \Leftrightarrow \ \lim_{n\to\infty} T_n(\phi) = T(\phi) \ (\forall \phi \in \mathscr{D}^{m-k}(U))$$

と定義する．

例 14. i) u を U 上の局所可積分な関数とする．

$$[u] : \phi \in \mathscr{D}^{2m}(U) \mapsto \int_{\mathcal{M}} u\phi$$

とすると，$[u]$ は $(0,0)$-カレントとなる．

　ii) ω を (p,q)-形式とすると，

$$[\omega] : \phi \in \mathscr{D}^{2m-p-q}(U) \mapsto \int_{\mathcal{M}} \omega \wedge \phi$$

によって，$[\omega]$ は (p,q)-カレントとなる．

　$T \in \mathscr{D}'^k(U)$ に対し，

$$\partial T : \phi \in \mathscr{D}^k(U) \mapsto -T(\partial\phi) \in \mathbb{C},$$
$$\bar{\partial} T : \phi \in \mathscr{D}^k(U) \mapsto -T(\bar{\partial}\phi) \in \mathbb{C}$$

によって T の外微分を定義する．$\partial T, \bar{\partial} T \in \mathscr{D}'^{k+1}(U)$ である．また，$dT = \partial T + \bar{\partial} T$ である．

定義 7.28. $dT = 0$ となるとき，T を閉カレントと呼ぶ．

　$\phi = \psi dz_J \wedge d\bar{z}_K$ に対し，$\bar{\phi} = \psi d\bar{z}_J \wedge dz_K$ と定義する．これより $\phi \in \mathscr{D}^k(U)$ に対しても $\bar{\phi}$ の定義を線形に拡張しておく．明らかに，ϕ が実形式であること

は, $\phi = \bar{\phi}$ と同値である.

$T \in \mathscr{D}'^k(U)$ に対し, $\bar{T}(\phi) := \overline{T(\bar{\phi})}$ と定義する.

定義 7.29. $T \in \mathscr{D}'^k(U)$ とする. $\bar{T} = T$ のとき, T を実カレントと呼ぶ.

今,

$$\epsilon_k := \begin{cases} 1 & (k : \text{偶数}), \\ i & (k : \text{奇数}) \end{cases}$$

と置く.

定義 7.30. $T \in \mathscr{D}'^{(p,p)}(U)$ とする. $\eta \in \mathscr{D}^{(m-p,0)}(U)$ に対し, $T(\epsilon\eta \wedge \bar{\eta})$ が正の超関数となるとき, T を正カレントと言う.

正の超関数はリースの表現定理により, ラドン測度と同一視できるから, 正カレントは測度を定義するものともみなすことができる. 正則拡散過程に関連したディリクレ形式の議論では, この正かつ閉カレントが活躍する. また, 形式的には, 正カレントは測度係数の微分形式とみなすことができる.

次に, 閉・正カレントの例を見る.

例 15. u を $\mathcal{M}$ 上の多重劣調和関数とする. $T = dd^c[u]$ は閉正カレントである.

証明. 多重劣調和関数は局所可積分関数となることから, 前に見たように $[u]$ はカレントして意味を持つ. T が閉カレントになることは明らかだろう. また, 一般に, 実数値関数 v に対して, $dd^c v$ は実 $(1,1)$-カレントになる. 多重劣調和性から, 正カレントになることがわかる. □

X_j $(j = i, \ldots, l)$ を $\mathcal{M}$ の既約解析的超曲面とする. $D = \sum_{j=1}^l \nu_j X_j$ $(\nu_j \in \mathbb{Z})$ を因子と呼ぶ. $\nu_j \geq 0$ $(j = i, \ldots, l)$ のとき, D は正因子と呼ばれる. f が U 上の正則関数とすると, 重複度を込めた f の零点集合は U 上の正因子となる. これは f の零因子とも呼ばれ, $(f)_0$ と書く. $\mathcal{M}$ 上の有理形関数 f に対しては, U 上の既約な正則関数 h_U, g_U を用いて U 上で $h_U = f g_U$ と書けたとすると, 極から決まる因子を $(f)_\infty = (g)_0$ で定義すれば, $(f) = (f)_0 - (f)_\infty$ と定義する. このようにして f から決まる因子を定義することができることは知られている ([39]).

純 k 次元解析的集合 X に対して,

$$[X] : \phi \in \mathscr{D}^{(k,k)}(\mathcal{M}) \mapsto \int_X \phi$$

によって, $(m-k, m-k)$-カレント $[X]$ を定義することができる. これを線形に拡張することにより, 因子 D に対しても $(1,1)$-カレント $[D]$ を定義することができる.

次の定理は，ポアンカレ-ルロンの公式と呼ばれ，多変数複素関数論では基本的な役割を果たす．

定理 7.31. f を複素多様体 $\mathcal{M}$ 上の有理形関数とする．カレントとしての等式

$$dd^c[\log|f|^2] = [(f)]$$

が成り立つ．

注意 7.32. ここでの dd^c の係数は [41] 等とは異なる．したがって，右辺のカレントの係数はこれらの参考文献の定数倍となる．本文の記述に合わせてそのようにした．

例 16. D を $\mathcal{M}$ 上の正因子とする．$[D]$ は正閉カレントとなる．

証明．正カレントになることは明らかだろう．閉になることは，$\mathcal{M}$ の開被覆 $\{U_\lambda\}$ と U_λ 上の有理形関数 ϕ_λ が存在して $D|_{U_\lambda} = (\phi_\lambda)$ となることと，ポアンカレ-ルロンの公式からわかる．詳細については [39] を見よ． $\square$

最後にベッドフォード-テイラーの近似公式 ([63], Theorem 2.1, Theorem 2.4) について述べておく．多重劣調和関数から作られるカレントの不等式を証明する際に，しばしば有用である．$U \subset \mathcal{M}$ を領域とする．

定理 7.33. $\{v_j^0, \ldots, v_j^k\}_{j=1}^\infty$ を U 上の局所可積分な多重劣調和関数の列で，各 $i = 0, \ldots, k$ に対し，$\{v_j^i\}_{j=1}^\infty$ は減少列とする．局所可積分な多重劣調和関数 v^i $(i = 0, \ldots, k)$ に対し，$\lim_{j \to \infty} v_j^i = v^i$ （各点収束，$i = 0, \ldots, k$）とする．このとき

$$\lim_{j \to \infty} v_j^0 dd^c v_j^1 \wedge \cdots \wedge dd^c v_j^k = v^0 dd^c v^1 \wedge \cdots \wedge dd^c v^k$$

がカレントの収束の意味で成り立つ．

7.4.2 エルミート多様体，ケーラー多様体

引き続き $\mathcal{M}$ は複素多様体とする．J を概複素構造とする．すなわち，J は接空間上の作用素で，$J^2 = -\mathrm{id}$ を満たす．$\mathcal{M}$ 上の計量 h が，

$$h(X, Y) = h(JX, JY)$$

を満たすとき，h をエルミート計量という．h がエルミート計量ならば，$h'(X - iJX, Y - iJY) = h(X, Y) + ih(X, JY)$ によって複素数値計量 h' が与えられる．h' がエルミート性を持つことはすぐにわかるだろう．

接続 ∇ がエルミート計量 h に関してレヴィ-チビタ接続とする．さらに

$$\nabla_X(JX) - J(\nabla_X Y) = 0$$

を満たすとき，h をケーラー計量という．正則局所座標 $z = (z_1, \ldots, z_m)$ に関して，$h = (h_{jk})$ と表示するとき，$\omega = h_{ij} dz_j \wedge d\bar{z}_k$ をケーラー形式という．次は同値である．

命題 7.34. i) h はケーラー計量である．

ii) h のケーラー形式 ω は閉形式である．すなわち，$d\omega = 0$.

iii) $\mathcal{M}$ 上に局所的に多重劣調和関数 u が存在して，$h' = \partial\bar{\partial}u$ と書ける．

iii) の性質から，本文で述べた，擬凸領域やベルグマン計量を持つ有界領域はケーラー多様体となる．

次の性質も実際の計算に役に立つ．

命題 7.35. $(\mathcal{M}, g)$ がケーラー多様体であるためには，次のような複素正規座標が入ることが必要十分である．すなわち，

$x \in \mathcal{M}$ に対し，正則局所座標 $z = (z_1, \ldots, z_m)$ で，

   i) $z_1(x) = \cdots = z_m(x) = 0$,

   ii) $g_{\alpha\beta} = \delta_{\alpha\beta} + O(\|z\|^2)$

となるものが存在する．

エルミート計量が与えられたときの曲率について述べておく．

$p \in \mathcal{M}$ とする．

1) 正則断面曲率．K_p を断面曲率とするとき，X, JX によって張られる平面 σ の断面曲率

$$H(\sigma)_p = K_p(X, JX)$$

を正則断面曲率という．

2) 正則双断面曲率．R を曲率テンソルとする．σ, σ' をそれぞれ，X, JX，Y, JY で張られる J-不変な $T_p\mathcal{M}$ の平面とすると，

$$H(\sigma, \sigma') = \frac{R(X, JX, Y, JY)}{\|X\|^2 \|Y\|^2}$$

によって定義される曲率を正則双断面曲率という．明らかに，$H(\sigma, \sigma) = H(\sigma)$ であるから，正則双断面曲率のほうが正則断面曲率より多くの情報を持っていると言える．

7.4.3 エルミート多様体の標準接続と複素ラプラシアン

本文中で使用したチャーン–ルーの公式を説明するために，少々準備を行う．ここで，導入するのは，標準接続とそれに対応する複素ラプラシアンである．後で述べるように，$\mathcal{M}$ がケーラー多様体のときは，この複素ラプラシアンは，レヴィ-チビタ接続より定まるラプラシアン (の定数倍) に一致するが，ケーラーでないエルミート多様体のときは，標準接続 (チャーン接続) と呼ばれる

接続に対応するものである.

　ここでは，局所枠を用いた表現を考える．実際の計算ときはこのようにしたほうが便利のように思われる．以下は文献 [86] および [27] に従っている．この本はこの辺りの話題をコンパクトにまとめ，平易に解説している．また，チャーンによる教科書 [5] や [37] も参照せよ．

　$T'\mathcal{M}$ を $\mathcal{M}$ の正則接束とする．各点における接空間のエルミート計量に関する正規直交基底を $e_1,\dots,e_m$ とし，各点に関し滑らかに変化するものとする．これはユニタリ枠と呼ばれる．正則接束の双対を $T^{(1,0)}\mathcal{M}$ と書き，正則余接束という．この束の切断は滑らかな $(1,0)$-形式である．各点における余接空間の基底を $e_1,\dots,e_m$ の双対で取る．これを $(1,0)$-形式 $\theta_1,\dots,\theta_m$ と置く．すなわち，$\theta_j(e_k)=\delta_{jk}$ である．また，$\mathcal{M}$ のエルミート計量は，$ds^2=\sum_k \theta_k\otimes\bar\theta_k$ となる．

　接続形式 θ_{ij} と捩れ Θ_i は

$$d\theta_i = \sum_{j=1}^m \theta_j \wedge \theta_{ji} + \Theta_i$$

を満たすものとする．これらが次の 2 条件を満たすとき，標準接続という．すなわち，

- $\theta_{ij}+\bar\theta_{ij}=0$
- Θ_i は $(2,0)$-形式である．すなわち，$\{\theta_i \wedge \theta_j,\ i,j=1,\dots,m\}$ の 1 次結合で書ける．

を満たすときを言う．ケーラーのときは，$\Theta_i=0$ である．

　Θ_{ij} を

$$\Theta_{ij} := d\theta_{ij} - \sum_{k=1}^m \theta_{ik} \wedge \theta_{kj}$$

で定義し，曲率形式と呼ぶ．Θ_{ij} は $(1,1)$-形式であり，次のように曲率テンソルを与える．

$$\Theta_{ij} = \frac{1}{2} \sum_{k,l=1}^m R_{ijkl}\theta_k \wedge \bar\theta_l.$$

リッチ曲率テンソル R_{ij} は，

$$R_{ij} = \sum_k R_{ijkk}$$

で与えられる．

　今，u を $\mathcal{M}$ 上の滑らかな関数としよう．まず，

$$du = \sum_{i=1}^m (u_i\theta_i + \bar u_i\bar\theta_i)$$

とする．接続形式 θ_{ij} に関する u の 2 次微分 (ヘッセ行列) u_{ij}, u'_{ij} を次で定める．

$$du_i = \sum_j u_j \theta_{ij} + \sum_j (u'_{ij}\theta_j + u_{ij}\bar{\theta}_j).$$

複素ラプラシアン $\Delta_{\mathbb{C}}$ を

$$\Delta_{\mathbb{C}} = \sum_i u_{ii}$$

で定める.

7.4.4 チャーン–ルーの公式

$(\mathcal{M}, g)$, $(\mathcal{N}, h)$ をエルミート多様体とし, $\dim_{\mathbb{C}}\mathcal{M} = m, \dim_{\mathbb{C}}\mathcal{N} = n$ とする. $f: \mathcal{M} \to \mathcal{N}$ を正則写像とし, $u = \mathrm{tr}_g f^* h$ と置く. チャーン–ルーの公式は, 複素ラプラシアン $\Delta_{\mathbb{C}}$ に対し, $\Delta_{\mathbb{C}} u$ を評価する公式である.

$\mathcal{M}, \mathcal{N}$ の局所余枠, 接続形式, 捩れ, 曲率形式, 曲率テンソルをそれぞれ, $\theta_i, \theta_{ij}, \Theta_i, \Theta_{ij}, R_{ijkl}$ と $\omega_\alpha, \omega_{\alpha\beta}, \Omega_\alpha, \Omega_{\alpha\beta}, S_{\alpha\beta\gamma\eta}$ とする.

$$f^*\omega_\alpha = \sum_i a_{\alpha i}\theta_i$$

によって, $\{a_{\alpha i}\}$ を定める.

$$u = \sum_{\alpha, i} a_{\alpha i}\bar{a}_{\alpha i}$$

となる. これより, du を計算すると,

$$du = \sum_{\alpha, i, j} \left(\bar{a}_{\alpha i}a_{\alpha ij}\theta_j + a_{\alpha i}\bar{a}_{\alpha ij}\bar{\theta}_j\right)$$

となる $\{a_{\alpha ij}\}$ が取れる. これが u のヘッシアンとなる. $du = \sum_{i=1}^m (u_i\theta_i + \bar{u}_i\bar{\theta}_i)$ であったから,

$$u_j = \sum_{\alpha, i} \bar{a}_{\alpha i}a_{\alpha ij}$$

となる.

定理 7.36 (チャーン–ルーの公式). $u = \mathrm{tr}_g f^* h$ とする.

$$\Delta_{\mathbb{C}} u = \sum_{\alpha, i, k} |a_{\alpha ik}|^2 + \frac{1}{2}\sum_{\alpha, i, j} a_{\alpha i}\bar{a}_{\alpha j}R_{ij} - \frac{1}{2}\sum_{i, j}\sum_{\alpha\beta\gamma\eta} a_{\alpha i}\bar{a}_{\beta i}a_{\gamma j}\bar{a}_{\eta j}S_{\alpha\beta\gamma\eta}$$

が成り立つ.

証明は, [86] または [27] を見よ. この定理の系として次が得られる.

系 7.37. u は上の定理と同じとする.

$$\Delta_{\mathbb{C}} \log u \geq \frac{1}{2u}\sum_{\alpha, i, j} a_{\alpha i}\bar{a}_{\alpha j}R_{ij} - \frac{1}{2u}\sum_{i, j}\sum_{\alpha\beta\gamma\eta} a_{\alpha i}\bar{a}_{\beta i}a_{\gamma j}\bar{a}_{\eta j}S_{\alpha\beta\gamma\eta}$$

が成り立つ. 特に, $\mathrm{Ric} \geq R(x)$ かつ $H(\sigma, \sigma')_y \leq K(y)$ ($H(\sigma, \sigma')_y$ は $\mathcal{N}$ の

y における正則双断面曲率) ならば,

$$\Delta_{\mathbb{C}} \log u(x) \geq \frac{1}{2} R(x) - \frac{1}{2} K(f(x)) u \quad (x \in \mathcal{M}, u(x) \neq 0)$$

が成り立つ.

証明. 前半については,

$$\Delta_{\mathbb{C}} \log u = \frac{1}{u} \Delta_{\mathbb{C}} u - \frac{1}{u^2} \sum_i u_i \bar{u}_i$$

とシュヴァルツの不等式を用いれば, 最初の不等式が得られる. また, 後半の主張は, 正則双断面曲率の定義を思い出せばよい. □

参考文献

[単行本]

[1] 相川弘明, 『複雑領域上のディリクレ問題』, 岩波書店, 2008.

[2] L.J. Alías, P. Mastrolia and M. Rigoli, Maximum Principles and Geometric Applications, Springer, 2016.

[3] R. Bass, Probabilistic Techniques in Analysis, Springer, 1995.

[4] R. Bass, Diffusions and Elliptic Operators, Springer, 1997.

[5] S.S. チャーン, 藤木明 (訳), 本多宣博 (訳), 『複素多様体講義』, シュプリンガー数学クラシックス, 丸善, 2012.

[6] W. Cherry and Z. Ye, Nevanlinna's Theory of Value Distribution, Springer, 2001.

[7] C. Dellacherie and P.A. Meyer, Probabilities and Potential, North Holland, 1978.

[8] J.L. Doob, Classical Potential Theory and Its Probabilistic Counterpart, Springer, 1984.

[9] R. Durrett, Brownian Motion and Martinagles in Analysis, Wordsworth, 1984.

[10] M. Emery, Stochastic Calculus in Manifolds, Springer, 1989.

[11] H. Federer, Geometric Measure Theory, reprint, Springer, 1996.

[12] H. Fujimoto, Value Distribution Theory of the Gauss Map of Minimal Surfaces in $\mathbb{R}^m$, Vieweg, 1993.

[13] M. Fukushima, Y. Oshima and M. Takeda, Dirichlet Forms and Symmetric Markov Processes, 2nd ed., De Gruyter, 2010.

[14] 福島正俊, 竹田雅好, 『マルコフ過程』, 培風館, 2008.

[15] R.E. Green and H. Wu, Function Theory on Manifolds Which Possess a Pole, Lect. Notes in Math. 699, Springer, 1979.

[16] V. Guedj (ed), Complex Monge-Ampère Equations and Geodesics in the Space of Kähler Metrics, Lect. Notes in Math. 2038, Springer, 2012.

[17] W.K. Hayman, Meromorphic Functions, Oxford University Press, 1968.

[18] W.K. Hayman and P.B. Kennedy, Subharmonic Functions I, Academic Press, 1976.

[19] W.K. Hayman, Subharmonic Functions II, Academic Press, 1989.

[20] 一松信, 『多変数解析函数論』, 復刻版, 培風館, 2016.

[21] E.P. Hsu, Stochastic Analysis on Manifolds, AMS, 2001.

[22] N. Ikeda and S. Watanabe, Stochastic Differential Equations and Diffusion Processes, 2nd ed., North Holland, 1992.

[23] 伊藤清, 『確率論』, 岩波基礎数学選書, 岩波書店, 1991.

[24] K. Itô and H. Mckean, Jr, Diffusion Processes and their Sample Paths, Springer, 1964.

[25] 伊藤清三, 『ルベーグ積分入門』, 裳華房.

[26] 川上裕, 藤森祥一, 『極小曲面論入門 その幾何学的性質を探る』, SGC ライブラリ–147, サイエンス社, 2019.

[27] K.T. Kim and H. Lee, Schwarz's Lemma from a Differential Geometric Viewpoint, World Scientific, 2011.

[28] 小林昭七, 『複素幾何』, 岩波書店.

[29] S. Kobayashi, Hypebolic Manifolds and Holomorphic Mappings, Marcel Dekker, 1970.

[30] K. Kodaira, T. Osawa (trans.), Nevanlinna Theory, Springer Briefs in Mathematics, Springer, 2017.

[31] S.G. Krantz, Geometric Analysis of the Bergman kernel and metric, Springer, 2013.

[32] P. Lelong, Plurisubharmonic Functions and Positive Differential Forms, Gordon and Breach, 1969.

[33] P. Li, Geometric analysis, Cambridge, 2012.

[34] P. Mastolia, M. Rigoli and A.G. Setti, Yamabe-type Equations on Complete, Noncompact Manifolds, Birkhäuser, 2012.

[35] P.A. Meyer, Probability and Potentials, Blaisdell, Waltham, 1966.

[36] F. モーガン (儀我美一監訳), 『幾何学的測度論』, 共立出版, 1997.

[37] J. Morrow and K. Kodaira, Complex Manifolds, reprint, Chelsea, 2006.

[38] 野口潤次郎, 『多変数解析関数論―学部生へおくる岡の連接定理―』, 朝倉書店, 2013.

[39] J. Noguchi and T. Ochiai, Geometric Funcntion Theory in Several Complex Variables, Amer. Math. Soc., 1990.

[40] J. Noguchi and J. Winkelmann, Nevanlinna Theory in Several Complex Variables and Diophantine Approximation, Springer, 2018.

[41] 落合卓四郎, 野口潤次郎, 『幾何学的関数論』, 岩波オンデマンドブックス, 岩波書店, 2015.

[42] 大沢健夫, 『多変数複素解析』, 岩波書店, 2008.

[43] R. Osserman, A Survey of Minimal Surface, Dover, 1986.

[44] R. Osserman (ed.), Geometry V Minimal Surface, Encyclopedia of Mathematics vol.90, Springer, 1997.

[45] S. Pigola, A.G. Setti and M. Rigoli, Vanishing and Finiteness Results in Geometric Analysis, Birkhäuser, 2008.

[46] S.C. Port and C.J. Stone, Brownian Motion and Classical Potential Theory, Academic Press, 1978.

[47] D. Revuz and M. Yor, Continuous Martingales and Brownian Motion, 3rd ed., Springer, 2004.

[48] L. Sario and M. Nakai, Classification Theory of Riemann Surfaces, Springer, 1970.

[49] R. Schoen and S.T. Yau, Lectures on Differential Geometry, International Press, 1994.

[50] W. Stoll, Value Distribution Theory for Meromorphic Maps, Vieweg, 1985.

[51] 辻 元, 『複素多様体論講義 広範な基礎を身につけるために』, SGC ライブラリ–94, サイエン

ス社, 2012 (電子版：2020).

[52] 辻正次, 『函数論』上・下, 復刊版, 朝倉書店, 2005.

[53] M. Tsuji, Potential theory in modern function theory, Chelsea, 1975.

[54] 浦川肇, 『変分法と調和写像』, 裳華房, 1990.

[55] F-Y. Wang, Functional Inequalities, Markov Semigroups and Spectral Theory, Science press, 2005.

[56] F-Y. Wang, Analysis for Diffusion Processes on Riemannian Manifolds, World Scientific, 2014.

[57] 『岩波 数学辞典 第3版』, 日本数学会編集, 岩波書店, 1985.

[論文]

[58] H. Arai, Singular elliptic operators related harmonic analysis and complex analysis of several variables, "Trends in Probability and Related Analysis" (Sheh, Kono eds), World Sci. (1999), 1–34.

[59] H. Arai, Hardy spaces, Carleson measures and a gradient estimate for harmonic functions on negatively curved manifolds, Adv. Stud. Pure Math., 31 (2001), 1–49.

[60] A. Atsuji, Remarks on harmonic maps into a cone from a stochastically complete manifold, Proc. Japan Acad. Ser. A, 75 (1999), 105–108.

[61] A. Atsuji, Nevanlinna-type theorems for meromorphic functions on non-positively curved Kähler manifolds, Forum Math., 30 (2017), 171–189.

[62] A. Atsuji, Default functions and Liouville type theorems based on symmetric diffusion, J. Math. Soc. Japan, 73 (2021), 525–551.

[63] E. Bedford and B.A. Taylor, A new capacity for plurisubharmonic functions, Acta Math., 149 (1982), 1–44.

[64] T.K. Carne, Brownian motion and Nevanlinna theory, Proc. London Math. Soc., 52 (1986), 349–368.

[65] R.W.R. Darling, Convergence of martingales in a Riemannian Manifold, Publ. RIMS Kyoto Univ., 19 (1983), 753–763.

[66] R.W.R. Darling, Martingales on noncompact manifolds: maximal inequalities and prescribed limits, Ann. Inst. Henri Poincaré, 32 (1996), 431–454.

[67] B. Davis, Brownian Motion and Analytic Functions, Ann. Probab., 7 (1979), 913–932.

[68] A. Debiard, B. Gaveau and E. Mazet, Theoremes de comparaison en geometrie riemannienne, Publi. R.I.M.S. Kyoto, 12 (1976), 390–425.

[69] D. Elworthy, X.M. Li and M. Yor, The importance of strictly local martingales; applications to radial Ornstein-Uhlenbeck processes, Probab. Theory Relat. Fields, 115 (1999), 325–355.

[70] M. Fukushima, A stochastic approach to the minimum principle for the complex Monge-Ampère operator, "Stochastic Processes and Their Applications", Lect. Notes in Math.

1203 (1986), Springer, 38–50.

[71] M. Fukushima and M. Okada, On Conformal Martingale Diffusions and Pluripolar Sets, Jour. Funct. Anal., 55 (1984), 377–388.

[72] M. Fukushima and M. Okada, On Dirichlet forms for plurisubharmonic functions, Acta Math., 159 (1987), 171–213.

[73] R.K. Getoor and M.J. Sharpe, Conformal martingales, Invent. Math., 16 (1972), 271–308.

[74] A. Grigoryan, Analytic and geometric background of recurrence and non-explosion of the Brownian motion on Riemannian manifolds, Bull. Amer. Math. Soc., 36 (1999), 135–249.

[75] G.M. Henkin, Solutions with estimates of the H. Lewy and Poincaré-Lelong equations. The construction of functions of a Nevanlinna class with given zeros in a strictly pseudo-convex domain, Soviet Math. Dokl., 16 (1975), 1310–1314.

[76] D.A. Hoffman and W.H. Meeks, The strong half-spce theorem for minimal surfaces, Invent. Math., 101 (1990), 373–377.

[77] H. Kaneko, Liouville theorems based on symmetric diffusions, Bull. Soc. math. France, 124 (1996), 545–557.

[78] 金子宏, 多重劣調和関数と複素多様体上の正則拡散過程, 数学 41 (1989), 345–375.

[79] H. Kaneko and S. Taniguchi, A stochastic approach to the Šilov boundary, Jour. Funct. Anal., 74 (1987), 415–429.

[80] W.S. Kendall, The radial part of Brownian motion on a manifold: a semimartingale property, Ann. Probab., 15 (1987), 1491–1500.

[81] W.S. Kendall, Probability, convexity, and harmonic maps with small image I: Uniqueness and fine existence, Proc. London Math. Soc., (3) 61 (1990), 371–406.

[82] W.S. Kendall, Nonnegative Ricci curvature and the Brownian coupling property, Stochastics, 19 (1986), 111–129.

[83] K. Kuwada, Couplings of the Brownian motion via discrete approximation under lower Ricci curvature bounds, Probabilistic approach to geometry, Adv. Stud. Pure Math., vol.57 (2010), Math. Soc. Japan, 273–292.

[84] P. Li and R. Schoen, L^p and mean value properties of subharmonic functions on Riemannian manifolds, Acta Math., 153 (1984) 279–301.

[85] P. Li and S.T. Yau, Curvature and holomorphic mappings of complete Kähler manifolds, Comp. Math., 73 (1990), 125–144.

[86] Y.C. Lu, Holomorphic mappings of complex manifolds, J. Diff. Geom., 2 (1968), 299–312.

[87] P. Malliavin, Asymptotic of the Green's Function of a Riemannian Manifold and Ito's Stochastic Integrals, Proc. Nat. Acad. Sci. USA, 71 (1974), 381–383.

[88] T.K. Milnor, Efimov's theorem about complete immersed surfaces of negative curvature, Adv. Math., 8 (1972), 474–543.

[89] P. Malliavin, Classe de Nevanlinna sur un ouvert strictement pseudo convexe, C. R. H. Acad. Sci. Ser. A, 278 (1974), 141–144.

[90] N. Nadirashvili, Hadamard's and Calabi–Yau's conjectures on negatively curved and minimal surfaces, Invent. Math., 126 (1996), 457–465.

[91] B. Øksendal, Dirichlet forms, quasiregular functions and Brownian motion, Invent. Math., 91 (1988), 273–297.

[92] H. Omori, Isometric immersion of Riemannian manifolds, J. Math. Soc. Japan, 19 (1967), 205–214.

[93] H. Skoda, Valeurs au bord pour les solutions de l'opérateur d" et caractérisation des zéros des fonctions de la classe de Nevanlinna, Bull. Soc. Math. France, 104 (1976), 225–229.

[94] K.T. Sturm, Analysis on local Dirichlet spaces I. Recurrence, conservativeness and L^p-Liouville properties, J. Reine Angew. Math., 456 (1994) 173–196.

[95] M. Takeda, On a martingale method for symmetric diffusion process and its application, Osaka J. Math., 26 (1989), 605–623.

[96] K. Takegoshi, Energy estimates and Liouville theorems for harmonic maps, Ann. Scient. Éc. Norm. Sup., 23 (1990), 563–592.

[97] K. Takegoshi, A pripri upper bounds for solutions satisfying a certain differential inequality on complete manifolds, Osaka J. Math., 43 (2006), 791–806.

[98] S. Taniguchi, Kähler diffusion processes associated with the Bergman metric and domains of holomorphy, Proc. Japan Acad. Ser. A, 64 (1988), 184–186.

[99] S. Taniguchi, Explosion problem for holomorphic diffusion processes and its applications, Osaka J. Math., 26 (1989), 931–951.

[100] A. Vitter, The lemma of the logarithmic derivative in several complex variables, Duke Math., 44 (1977), 89–104.

[101] M.-K. von Renesse, Intrinsic coupling on Riemannian manifolds and polyhedra, Electron, J. Prob., 9 (2004), 411–435.

索　引

著 者 略 歴

厚地 淳
あつ じ あつし

1986 年 東京大学理学部卒業
1988 年 東京大学大学院理学系研究科修士課程修了
1989 年 同博士課程中退
1994 年 博士（数理科学）
1989 年 東京大学教養学部助手
1995 年 大阪大学理学部講師
2001 年 慶應義塾大学経済学部助教授
2004 年 同教授
2016 年 同大理工学部教授　現在に至る.

専門・研究分野　確率論，関数論

SGC ライブラリ-176

確率論と関数論

伊藤解析からの視点

2022 年 5 月 25 日 Ⓒ　　　　　　初 版 発 行

著　者　厚地淳　　　　　　　発行者　森 平 敏 孝
　　　　　　　　　　　　　　印刷者　山 岡 影 光

発行所　　　株式会社　サ イ エ ン ス 社

〒151-0051　東京都渋谷区千駄ヶ谷 1 丁目 3 番 25 号
営業 ☎ (03) 5474-8500（代）　　振替 00170-7-2387
編集 ☎ (03) 5474-8600（代）
FAX ☎ (03) 5474-8900　　　表紙デザイン：長谷部貴志

印刷・製本　三美印刷 (株)

ISBN978-4-7819-1543-2

PRINTED IN JAPAN

サイエンス社のホームページのご案内
https://www.saiensu.co.jp
ご意見・ご要望は
sk@saiensu.co.jp　まで.